시간의
순환

KB140330

우 주 에 대 한 황 당 할 정 도 의 새 로 운 관 점

ROGER
PENROSE

시간의
순환

CYCLES
OF TIME

로저 펜로즈
이종필 옮김

승산

서평

펜로즈는 세계 최고의 수리물리학자 중 한 명이다. 그의 저작은 참으로 장엄하고 호기심을 불러일으킨다.

《스코틀랜드 온 선데이》

펜로즈 같은 학자가 과학계에는 더 많이 필요하다. 유행하는 이론 속의 결점을 지적해내고, 우리가 진정 따라가야 할 길을 제시해 줄, 의지와 능력이 있는 그런 사람이 필요하다.

《인디펜던트》

앞으로 10년 동안 이 책을 능가할 책은 없을 것이다.

《파이낸셜 타임즈》

스키코스에 비유하자면 이 책은 초고난도 등급에 속한다. 하지만 가파른 슬로프를 내려오며 이따금 틈을 내어 위를 올려다보면, 정신이 아찔할 만큼 멋진 장관이 눈 앞에 펼쳐지고 있다.

《더 보스톤 글러브》

놀라운 책. 이 환상적인 책은 우주론의 역사에서 고전으로 자리잡을 것이다.

《초이스》

우주가 왜 그토록 질서정연하고 믿기지 않을 만큼 특별한 상태에서 시작되어 약 138억 년이 지난 현 시대까지 여전히 최대의 무질서에 도달하지 못했는지 우리는 전혀 알지 못한다. 펜로즈는 이 심오하고도 아름다운 미스터리를 전력을 다해 설명한다.

《사이언스》

우주의 기원을 다룬 진정 새로운 아이디어이다. 이 책은 심각하게 받아들여져야 한다.

《더 스카츠먼》

전작인 『실체에 이르는 길』과 마찬가지로 그의 문체엔 거들먹거림이 없다. 지적으로 다양한 즐거움을 얻을 수 있는 책이다.

《더 선데이 타임즈》(런던)

목차

서문   9

감사의 글   13

프롤로그   15

1장 제2법칙과 그 밑에 깔린 미스터리

1.1   무작위의 끊임없는 행군   25

1.2   엔트로피, 상태를 세다   33

1.3   위상공간, 그리고 볼츠만의 엔트로피 정의   45

1.4   굳건한 엔트로피 개념   59

1.5   미래를 향한 엔트로피의 냉혹한 증가   71

1.6   과거는 왜 다른가?   79

2장 기묘하고도 독특한 빅뱅의 성질

2.1   팽창하는 우리 우주   89

2.2   어디에나 있는 초단파 배경   101

2.3   시공간, 영뿔(null cone), 계측, 등각 기하   117

2.4   블랙홀과 시공간 특이점   137

2.5   등각도형과 등각경계   151

2.6   빅뱅이 특별했던 방식을 이해하려면   171

3장 등각 순환 우주

3.1 무한과 접속하기 191

3.2 CCC의 구조 205

3.3 빅뱅 이전에 대한 초기의 제안들 225

3.4 제2법칙 바로잡기 239

3.5 CCC와 양자 중력 259

3.6 관측이 주는 암시 279

에필로그 297

부록 299

후주 343

찾아보기 369

서문

우주의 심오한 미스터리 가운데 하나는 우주가 과연 어디에서 왔는가 하는 수수께끼이다.

내가 케임브리지 대학의 수학과 대학원생으로 입학했던 때, 그러니까 1950년대 초엔 정상상태 모형으로 알려진 환상적인 우주 이론이 지배적이었다. 이 모형에 따르면 우주는 시작이 없으며 언제나 항상 전체적으로, 전반적으로 똑같은 모습으로 남아 있다. 정상상태 우주는 팽창하는 우주임에도 불구하고 이런 성질을 가질 수 있었는데, 우주의 팽창으로 인해 물질이 계속적으로 감소하더라도 극도로 분산된 수소 원자의 형태로 새로운 물질이 끊임없이 생겨나 이를 보상하기 때문이다. 케임브리지에서 내 친구이자 선배였고 내게 새로운 물리학의 그 엄청난 황홀감을 알게 해 준 우주학자 데니스 시아머Dennis Sciama는 그 당시 정상상태 우주론의 강력한 지지자였다. 시아머는 그 놀라운 우주론의 틀이 가진 아름다움과 위력으로 내게 큰 인상을 남겼다.

하지만 이 이론은 세월의 검증을 버티지 못했다. 내가 케임브리지에 입학한 지 10년이 지났을 때, 그리고 내가 그 이론을 아주 잘 알게 되었을 때 아노 펜지어스Arno Allan Penzias와 로버트 윌슨Robert Woodrow Wilson은 모든 방향에서 다가오며 어디에나 퍼져 있는 전자기 복사를 발견했다. 이 발견은 그들 자신에게도 놀라운 일이었다. 지금은 이것을 **우주배경 초단파**cosmic microwave background 또는 CMB라고 부른다. 머지않아 로버트 디케Robert Dicke는 이것이 **빅뱅**Big-Bang이라는 우주의 기원이 예견한 '섬광'을 암시한다고 했다. 지금은 빅뱅이 약 138억 년 전에 일어났다고 여겨진다. 빅뱅이라는 사건은 1927년 성직자인 **조르주 르메트르**Georges Lemaître가 처음으로 진지하게 예견했다. 이는 아인슈타인의 1915년 일반 상대성 이론 방정식에 대한 연구와 팽창하는 우주에 대한 초기의 관측결과가 암시하는 바였다. 데니스 시아머는 엄청난 용기와 과학적 정직함으로 (CMB 데이터가 더욱 확고해졌을 때) 자신의 이전 관점을 공공연하게 거부하고, 그때부터 계속 우주에 대한 빅뱅 기원이라는 발상을 강력하게 지지했다.

그때 이후로 우주론은 사변적 추구에서 정밀과학으로 성숙했다. CMB를 집중적으로 분석(수많은 최상의 실험에서 만들어진, 매우 자세한 데이터로부터 얻은)한 것이 이 혁명의 중요한 역할을 담당했다. 그러나 여전히 많은 미스터리가 남아 있으며, 이런 노력의 일부에는 엄청난 사변적 추측이 계속해서 자리 잡고 있다. 이 책에서 고전적인 상대론적 우주론의 주된 모형들뿐만 아니라 그 이후로 생겨난 다양한 발전들과 당혹스러운 논점도 기술해 나갈 것이다. 무엇보다도 특히, **열역학 제2법칙**과 빅뱅 바로 그 자체의 특성 밑바닥에는 심연의 기묘함이 깔려 있다. 이와 관련하여 나 자신의 사변적인 추측 덩어리를 제시하고자 한다. 이는 우리가 아는 우주의 다른 양상들에 대한 많은 가닥을 결합시키고 있다.

나 자신의 이단적인 접근은 2005년 여름까지 거슬러 가지만, 많은 자세한 부분은 더 최근의 연구에서 비롯된 것들이다. 이에 대한 설명은 몇몇 기하학에까지 깊숙이 들어가야 하지만 책의 본문에는 방정식 또는 다른 전문적인 방식으로 그 어떤 심오한 것들도 포함시키지 않았다. 부록에 그 모든 것들을 담아 놓았으니, 부록은 전문가들만 참고하기 바란다. 내가 여기서 논증하고 있는 구도는 정말로 이단적이지만, 이것은 기초가 아주 굳건한 기하학적 물리학적 발상에 기반을 두고 있다. 뭔가 완전히 다른 것이긴 해도 이 제안은 오래된 정상상태 모형의 강력한 메아리임이 드러날 것이다.

데니스 시아머라면 그걸로 무엇을 했을까 궁금해진다.

감사의 글

많은 친구와 동료들이 중요한 소재를 제공해 주었고 내가 여기서 제시하고 있는 우주론적 틀과 관계된 생각들을 그들과 나눌 수 있었던 것을 나는 무척 고맙게 여기고 있다. **폴 토드**Paul Tod와 세세하게 토론을 나눈 것이 결정적인 영향을 끼쳤다. 그 토론은 바일 곡률 가정의 등각적 확장판에 대한 그의 제안을 공식화하는 것과 관련된 것이었다. 그리고 그가 분석한 많은 부분은 내가 여기서 제시하고 있듯이 **등각 순환 우주**에 대한 방정식들을 세밀하게 개발하는 데에 사활적으로 중요했던 것으로 판명되었다. 다른 한편으로, **헬무트 프리드리히**Helmut Friedrich의 **등각 무한**에 대한 힘 있는 분석, 특히 양의 우주상수가 있는 경우에 대한 그의 연구 덕분에 이러한 틀이 강력한 수학적 생명력을 부여받게 되었다. 아주 오랜 세월 동안 한 가지 중요한 소재에 기여를 해 온 또 다른 인물로 **볼프강 린들러**Wolfgang Rindler가 있다. 특히 우주지평선에 대한 그의 이해는 독보적이며, 나와는 오랫동안 2-스피너 형식에 대해 함께 공동연구를 해 왔고 급팽창 우주론의 역할에 대해서도 논의를 해 왔다.

플로렌스 쏘우(슝 쏜)Florence Tsou(Sheung Tsan) 및 챈 홍모Hong-Mo Chan와 입자 물리학에서 질량의 본성에 대한 아이디어를 나누며 귀중한 소재를 얻었고, 제임스 보르켄James Bjorken은 또한 이와 관련해 결정적인 통찰력을 보여주었다. 내게 중요한 영향을 미친 사람 중에는 데이비드 스퍼겔David Spergel, 아미르 하지안Amir Hajian, 제임스 피블스James Peebles, 마이크 이스트우드Mike Eastwood, 에드 슈피겔Ed Speigel, 아브헤이 아쉬테카르Abhay Ashterkar, 네일 튜록Neil Turok, 페드로 페레이라Pedro Ferreira, 바헤 구르자디안Vahe Gurzadyan, 리 스몰린Lee Smolin, 폴 스타인하르트Paul Steinhardt, 앤드루 호지스Andrew Hodges, 라이오넬 메이슨Lionel Mason, 그리고 테드 뉴먼Ted Newman 등이 있다. 리처드 로렌스Richard Lawrence는 편집과정에서 이루 말할 수 없이 소중한, 혁혁한 공을 세웠고 토머스 로렌스Thomas Lawrence 또한 특히 1장과 관련해 부족한 정보를 많이 제공해 주었는데, 그것은 대단히 값진 결정적인 소재들이었다. 색인 작업을 해 준 폴 내쉬Paul Nash에게도 감사의 마음을 전한다.

종종 어려운 환경 속에서도 마음 깊이 지원해 주고 사랑해 주고 이해해 준 아내 바네사Vanessa에게 나는 충심으로 빚을 지고 있다. 아내는 또 급작스럽게 몇몇 필요한 그래프를 즉시 그려주었을 뿐만 아니라 특히 현대적인 전자기술 때문에 종종 내가 끊임없이 좌절에 빠져들 때 나를 인도해 좌절로부터 구해주었다. 그런 기술이 없었다면 도형들에 관한 한 나는 완전히 두 손 들었을 것이다. 마지막으로 나의 10살 된 아들 맥스Max는 끊임없이 격려와 용기를 북돋워 주었을 뿐만 아니라 이 황당한 기술로부터 나를 구원하는 데에 나름대로 제 역할을 하면서 일조하였다.

나는 네덜란드의 M. C. 에셔 회사가 그림 2.3에 사용된 이미지를 다시 출판할 수 있게 허가해 준 데 대해 감사드린다. 그림 2.6에 대해서는 하이델베르크 대학의 이론물리학 연구소에 감사드린다. 또한, NSF가 PHY00-90091로 지원해 준 데 대해 감사의 마음을 전한다.

프롤로그

빗줄기가 세차게 내리치고 강물의 물보라가 튀어 눈을 찌르자 톰은 눈꺼풀을 반쯤 감고 강물이 산허리를 맹렬하게 흘러 내려가며 소용돌이치는 급류를 빤히 쳐다보았다. "와아!" 톰은 케임브리지 대학의 천체물리학 교수인 숙모 프리실라에게 말했다. 그녀는 톰을 이 놀랍고도 오래된 물레방아로 데려왔다. 물레방아는 정상적으로 작동하는 상태로 아주 훌륭하게 보존돼 있었다. "이건 항상 이렇게 돌아가나요? 이처럼 낡은 기계가 모두 저렇게 대단한 속도로 계속 윙윙거릴 수 있다는 게 놀랍진 않아요."

"그게 항상 이렇게 힘차게 돌아간다고 생각하진 않아." 프리실라가 강가의 난간 뒤에서 톰 옆으로 세차게 흘러가는 물소리를 의식하여 약간 목소리를 높여 말했다. "비가 오는 날씨 탓에 오늘 물이 평소보다 훨씬 더 격렬한 거야. 저기 아래쪽을 보면 상당한 양의 물이 물레방아에서 흘어지는 걸 볼 수 있어. 평소에는 저렇게 되진 않거든. 대부분 훨씬 더 잔잔한 흐름을 만들어야 하기 때문이란다. 하지만 지금 물의 흐름 속에는 물레방아에 필요한 것보다 훨씬 더 많은 에너지가 있는 셈이지."

톰은 격렬하게 굴러다니듯 흘러가는 물속을 몇 분 동안 응시하고는 물이 공기 중에 물방울로 흩뿌려질 때 만들어지는 패턴과 소용돌이치는 표면에 놀라워했다. "저 물속에 엄청나게 많은 에너지가 있다는 걸 알 수 있어요. 그리고 수백 년 전에 사람들이 어떻게 하면 이 모든 에너지를 이용해서 이런 기계들을 움직일 수 있는지 알 만큼 아주 현명했다는 것도 알아요. 이런 기계들은 많은 사람 몫의 일을 할 수 있고 또 그 모든 훌륭한 모직물을 만들었죠. 그런데 무엇보다 산 높은 곳에 있는 그 모든 물이 가지고 있는 에너지는 대체 어디서 오는 거죠?"

"태양의 열이 대양의 물을 증발시켜 공기 중으로 올라가게 하고, 그게 결국에는 이 모든 비로 다시 돌아오는 거지. 그리고 그 비의 많은 양은 높은 산 속에 쌓이게 되지." 하고 프리실라가 대답했다. "물레방아를 돌리는 데 사용되는 에너지는 정말로 태양에서 오는 것이란다."

톰은 이 말에 약간 어리둥절해졌다. 톰은 종종 프리실라가 그에게 말했던 것들 때문에 어리둥절해지곤 했는데, 톰은 천성적으로 종종 회의적이었다. 톰은 단지 열이 어떻게 물을 공기 중으로 들어 올릴 수 있는지 도무지 알 길이 없었다. 그리고 만약 그렇게 열이 주변에 널려 있다면 왜 톰은 지금 그렇게 춥게 느껴지는 걸까? "어제가 다소 덥기는 했어요." 하고 톰은 투덜거리면서 수긍했다. 하지만 여전히 뭔가 꺼림칙한지 이렇게 내뱉었다. "하지만 태양이 저를 공기 중으로 들어 올리려고 한다는 느낌이 전혀 들지 않았어요. 지금보다 더 그런 느낌이 들지 않던 걸요."

프리실라 숙모는 웃었다. "아니, 실제로 그렇게 되지는 않아. 태양의 열 때문에 더욱 활동적으로 되는 것은 대양의 물속에 있는 아주 작은 분자란다. 그래서 이 분자들이 다른 때와는 달리 빠르게 여기저기를 무작위로 내달리지. 그러다가 이들 중 몇몇 '뜨거운' 분자들이 굉장히 빨리 움직여서 물 표면의 속박을 벗어나 공기 중으로 솟구쳐 오르는 거야. 그리고 한 번에 솟구쳐 나가는 분자들이 상대적으로 소수에 불과하더라도 대양이 워낙 광대해서 함께 공기 중으로 솟구쳐 올라가는 물이 실제로는 많단다. 이 분자들이 올라가서 구름을 만들고 결국에는 물 분자들이 비로 다시 떨어져 내리는 것이지. 그중 많은 양이 산 위 높은 곳에 떨어지는 거야."

톰은 여전히 꽤 꺼림칙했지만, 적어도 빗줄기는 이제 다소 가늘어졌다. "하지만 이 비는 저한테는 전혀 뜨겁게 느껴지지 않아요."

"태양의 열에너지가 물 분자의 급격한 무작위 운동의 에너지로 처음 바뀔 때를 생각해 보렴. 그다음으로 이 무작위 운동의 결과로 분자들의 일부 소수가 아주 빨리 움직여서 수증기의 형태로 공기 중으로 높이 솟구쳐 나가는 걸 생각해 봐. 이 분자들의 에너지는 중력 퍼텐셜 에너지라고 불리는 걸로 바뀌게 되지. 공을 공기 중으로, 위로 던지는 걸 떠올려 봐. 공을 더 힘차게 던질수록 공은 더 높이 올라가지. 하지만 공이 최고높이에 다다르면 위로 올라가는 걸 멈춰. 그 점에서는 공의 운동에너지가 모두 땅 위의 그 높이에서의 중력 퍼텐셜 에너지로 바뀐 거야. 물 분자도 마찬가지란다. 물 분자의 운동에너지 — 태양의 열로부터 얻은 에너지 — 가 이제는 산꼭대기에서 이 중력 퍼텐셜 에너지로 바뀐 거지. 그리고 그 물이 흘러 내려가면 그 에너지는 다시 운동할 때의 에너지로 바뀌는 거고, 그게 물레방아를 돌리는 데 사용되는 거란다."

"그럼 물이 저 위에 있을 때는 하나도 안 뜨거운 건가요?" 하고 톰이 물었다.

"정확히 그렇단다, 얘야. 이 분자들이 하늘 아주 높이 올라갈 때쯤이면 속도가 느려지고 실제로는 종종 아주 작은 얼음 결정으로 얼어붙지. 대부분의 구름은 바로 이 결정으로 만들어진단다. 그리고 물 분자의 에너지는 열운동으로 바뀌는 게 아니라 땅 위의 높이로 바뀐 셈이지. 따라서 비는 저 위에서는 전혀 뜨겁지가 않아. 그리고 마침내 다시 내려올 때도 공기의 저항 때문에 좀 느려지긴 한데 여전히 아주 차갑지."

"그거 놀라운 걸요!"

"그래, 정말 그렇단다." 프리실라 숙모는 조카가 흥미를 보이자 신이 나서 기를 쓰고 좀 더 얘기할 기회를 잡으려고 했다. "그거 아니? 이 강의 차가운 물속에서도 산기슭을 맹렬하게 내려가는 물의 소용돌이 흐름 속에서보다 훨씬 더 많은 열에너지가 엄청난 속도로 여기저기 무작위로 돌아다니는 개개 분자들의 운동 속에 존재한단다. 참 신기한 일이지."

"세상에나. 제가 그걸 믿어야 하는 건가요?"

톰은 처음엔 다소 혼란스러운 듯 몇 분 동안 생각하더니, 이젠 프리실라가 말한 것에 꽤 흥미를 느껴 흥분된 목소리로 말했다. "숙모 덕분에 좋은 생각이 하나 떠올랐어요! 어떤 평범한 호수 속에 있는 물 분자의 그 모든 운동에너지를 그대로 직접 사용하는 어떤 특별한 종류의 물레방아를 만들면 어때요? 아주 조그맣고 작은 풍차 같은 것을 많이 이용하는 거예요. 아마 바람에 빙빙 도는 그런 것들 같을지도 모르죠. 끝에는 작은 컵이 달려 있어서 바람이 어느 쪽에서 불어오더라도 바람 속에서 빙빙 돌 수 있게 하는 거예요. 물 분자의 속도가 물레방아를 돌릴 수 있을 정도로 물속에서 아주 작기만 하면, 그걸 이용해서 물 분자의 운동 에너지를 바꿔서 모든 종류의 기계를 돌릴 수 있을 거예요."

"귀여운 톰, 아주 훌륭한 생각이구나. 하지만 안타깝게도 그렇게 작동하진 않을 것 같구나. 그건 열역학 제2법칙으로 알려진 근본적인 물리 원리 때문이지. 대략적으로 말하자면 시간이 지남에 따라 사물은 점점 더 무질서해진다는 얘기야. 더 중요한 것은 그 법칙에 의하면 뜨거운 —
또는 차가운 — 물체의 무작위 운동에서 유용한 에너지를 얻을 수 없다
는 거야. 네가 제안한 것이 사람들이 말하는 '맥스웰의 악마'가 아닐까 싶
네."

"제발 그러지 말아요! 내가 좋은 생각을 떠올릴 때마다 할아버지가 항
상 나를 '꼬마 악마'라고 부르곤 하셨던 걸 아시잖아요. 전 그게 싫어요.
그리고 그 제2법칙 따위는 아주 좋은 부류의 법칙은 아니군요." 톰은 언
짢게 투덜거렸다. 그리고는 톰의 타고난 회의론이 되돌아왔다. "그리고
제가 어쨌든 그걸 정말로 믿을 수 있을지 확실하지 않아요." 그러고 나서
계속 말을 이었다. "제 생각엔 그런 법칙들에는 그 법칙들을 피해갈 수 있
는 똑똑한 생각들이 필요할 뿐이라고 봐요. 어쨌든 제 생각엔 숙모님이
대양을 데운 원인은 태양의 열이고 대양의 물을 산꼭대기로 내던진 것은
바로 그 무작위 운동에너지이며, 그것이 물레방아를 돌리는 것이라고 말
씀하셨잖아요."

"그래, 네 말이 맞단다. 그래서 제2법칙에 따르면 태양의 열은 사실 그
자체로는 아무 일도 못 한다는 거지. 일을 하기 위해서는 수증기가 산 위
에서 응축할 수 있도록 더 차가운 상층대기가 또한 필요해. 사실, 전체적
으로 봤을 때 지구는 태양에서 에너지를 얻지 않아."

톰은 야릇한 표정으로 숙모를 바라보았다. "위쪽의 차가운 대기는 그
와 관련해서 뭘 해야 하죠? '차갑다'는 말은 '뜨겁다'만큼 그렇게 많은 에
너지가 없다는 뜻이 아닌가요? '그렇게 많지 않은 에너지' 조각으로 무슨
도움을 줄 수 있죠? 숙모님이 하시는 말씀은 전혀 알아들을 수가 없어요.
어쨌든 제 생각엔 숙모님은 자기모순이에요." 톰은 확신에 차서 말했다.

"애초에 숙모님은 제게 태양 에너지가 물레방아를 돌린다고 말씀하셨고 이제는 태양이 지구에 전혀 에너지를 주지 않는다고 말씀하세요."

"그게 그렇지가 않단다. 만약 그렇다면 지구는 에너지를 얻을 때마다 점점 더 뜨거워질 거야. 낮 동안 지구가 태양에서 받는 에너지는 결국 모두 우주공간으로 되돌아가야만 하는데, 그건 차가운 밤하늘 때문에 가능해. 다만 지구 온난화 때문에 내 생각엔 그중 작은 일부가 지구에 붙들려 있는 거지. 그건 태양이 (만약 태양이 없다면) 차갑고 어두운 하늘 위의 아주 뜨거운 점이기 때문인데……"

톰은 숙모가 무슨 말을 하고 있는지 줄거리를 못 따라가기 시작했다. 톰은 그녀의 말에 집중할 수 없었다. 하지만 숙모는 계속 말을 이어갔다. "…그래서 명백하게 조직화된 태양 에너지 덕분에 우리가 제2법칙을 저지할 수 있지."

톰은 거의 완전히 어리벙벙해져서 프리실라 숙모를 쳐다보았다. "그 모든 걸 제가 정말로 이해한다고 생각하진 않아요." 하고 톰이 말했다. "그리고 어찌 되었든 제가 왜 '제2법칙' 따위를 믿을 필요가 있는지 잘 모르겠어요. 어쨌든 태양 속의 그 모든 조직화는 대체 어디서 오는 건가요? 숙모님의 제2법칙은 시간이 지남에 따라 태양이 점차 더 무질서해진다고 말하고 있잖아요. 그렇다면 태양은 처음 형성되었을 때 엄청나게 조직화되어 있었어야만 했겠군요. 왜냐하면, 태양은 항상 조직화된 에너지를 내보내고 있으니까요. 숙모님의 '제2법칙' 같은 것은 조직화가 계속해서 상실되고 있다고 말하잖아요."

"그건 태양이 어두운 하늘에서 그처럼 뜨거운 하나의 점이라는 것과 관련이 있단다. 이처럼 극심한 온도 불균형 때문에 필요한 조직화가 가능한 거야."

톰은 숙모의 말을 거의 이해하지 못한 채 프리실라 숙모를 빤히 바라보았다. 이제는 숙모가 자기한테 말하고 있는 어떤 것도 정말 완전히 믿지 못했다. "숙모님은 그걸 조직화로 간주한다고 말씀하시는데, 하지만 저는 왜 그래야 하는지 모르겠어요. 좋아요, 어느 정도는 그렇다고 해 두죠. 하지만 그렇다면 그렇게 웃기는 조직화가 대체 어디서 오는지 여전히 말하지 않으셨어요."

"태양이 응축되기 시작한 기체가 그전에는 균일하게 퍼져 있었다는 사실로부터 오는 거지. 그래서 중력이 기체를 덩어리지게 만들 수 있고 그 덩어리가 중력에 의해 응축돼서 별이 되는 거야. 아주 오랜 세월 전에 태양이 바로 이걸 했지. 초기에 이렇게 흩어져 있던 기체가 응축해서 태양이 만들어졌는데 그 과정에서 점점 더 뜨거워진 거야."

"숙모님은 시간을 거슬러가면서 하나하나씩 저한테 말해주실 참이시군요. 하지만 숙모님이 '조직화'라고 부르는 그런 것이 애초에, 그게 어디든 간에, 어디서부터 온 건가요?"

"궁극적으로 그건 빅뱅에서 온 거란다. 빅뱅은 끔찍하리만치 굉장한 폭발로 전체 우주를 시작하게 만든 장본인이지."

"거대하게 강타하는 폭발 같은 것이 뭔가 조직화된 것처럼 들리지는 않는군요. 전혀 이해할 수가 없어요."

"너만 그런 것은 아니란다. 너도 다른 사람들과 마찬가지로 이해하지 못할 뿐이지. 사실은 아무도 모른단다. 그 조직화가 어디서 오는 건지, 그리고 어찌 되었든 빅뱅이 정말로 어떤 방식으로 조직화를 표현하는지 그게 우주론의 가장 큰 수수께끼 중 하나란다."

"아마 빅뱅 이전에 더 조직화된 뭔가가 존재했을지도 모르잖아요? 그러면 말이 되는 거 같은데."

"실제로 사람들이 한동안은 그와 비슷한 것들을 제안하려고 노력했었지. 지금 팽창하는 우리 우주가 이전에 붕괴하는 국면이 있었고 그것이 '튕겨서' 우리의 빅뱅이 되었다는 이론들도 있단다. 그리고 다른 이론들에서는 우주의 이전 국면의 작은 조각들이 우리가 블랙홀이라고 부르는 것으로 붕괴했고, 이 조각들이 '튕겨서' 엄청나게 많은 새로운 우주들의 씨앗이 된다는 거야. 그리고 다른 이론에서는 새로운 우주들이 '가짜 진공'이라고 부르는 것들에서 생겨난다고 하지······"

"저한테는 전부 다 아주 헛소리처럼 들려요." 톰이 말했다.

"그리고, 아 그래, 내가 최근에 들었던 또 다른 이론이 있는데······"

제 1 장

제2법칙과 그 밑에 깔린 미스터리

1.1

──────

무작위의 끊임없는 행군

열역학 제2법칙 — 이것은 무슨 법칙인가? 물리적인 움직임에서 제2법칙의 핵심적인 역할은 무엇인가? 그리고 제2법칙의 진짜 심오한 미스터리는 어떤 방식으로 우리에게 드러나는가? 앞으로 이 책에서 우리는 이 미스터리의 본성이 얼마나 당혹스러운지, 그리고 이를 해결하려다 보면 왜 엄청난 분량에 이를 수도 있는지를 이해하고자 노력할 것이다. 그 결과 우리는 우주론의 미탐험 영역과 내 생각에 우리 우주의 역사에 대한 아주 급진적이고 새로운 시각으로만 해결할 수 있는 그런 이슈들에 이르게 될 것이다. 그러나 이런 것들은 나중에 우리가 관심을 가질 문제들이다. 당분간은 이 흔한 법칙과 관련된 용어들과 가까워지는 작업에 관심과 주의를 제한하고자 한다.

대개 우리는 '물리학의 법칙'이라고 하면, 서로 다른 두 개가 똑같다고 하는 어떤 주장이라고 생각한다. 예를 들어 뉴턴의 제2운동법칙은 입자의 운동량의 변화율(운동량은 질량 곱하기 속도이다)을 그 입자에 작용하는 모든 힘과 같게 놓는다. 또 다른 예를 들자면, 에너지 보존법칙은 어느 순간 고립된 계系, System의 총 에너지는 다른 여느 시간에서의 총 에너지와 같다고 주장한다. 마찬가지로, 전기 전하량 보존법칙, 운동량 보존법칙,

그리고 각운동량 보존법칙은 그 각각에 해당하는 총 전기전하량, 총 운동량, 총 각운동량에 대한 등식을 역설한다. 아인슈타인의 유명한 법칙 $E = mc^2$은 어떤 계의 에너지가 항상 그 질량과 광속제곱의 곱과 같다고 주장한다. 또 다른 예를 들자면, 뉴턴의 제3법칙은 물체 A가 물체 B에 작용하는 힘은 어느 순간에나, B가 A에 작용하는 힘과 항상 크기가 같고 방향이 반대라고 주장한다. 그리고 다른 많은 물리 법칙들도 마찬가지이다.

　이것들은 모두가 등식이다. 또한 이것은 열역학 제1법칙이라고 불리는 법칙에도 적용된다. 이 법칙은 정말로 단지 에너지 보존법칙의 재탕일 뿐이다. 단지 열역학적인 맥락에서이지만 말이다. 우리가 '열역학적'이라고 말하는 것은 열적 운동의 에너지, 즉 개개 구성 입자들의 무작위 운동의 에너지를 고려하고 있기 때문이다. 이 에너지는 계의 열에너지이며 그 계의 온도는 매 자유도(나중에 다시 다룰 것이다)당 에너지로 정의한다. 예를 들어 공기저항의 마찰력은 투사체의 속도를 늦추는데, 투사체가 느려져서 운동에너지를 잃어버리더라도 이것은 전체 에너지 보존법칙(즉 열역학 제1법칙)을 위반하지 않는다. 왜냐하면 공기 분자들 그리고 투사체의 분자들이 마찰에 의한 열 때문에 그 무작위 운동이 약간이지만 조금 더 활동적으로 되기 때문이다.

　하지만 열역학 제2법칙은 등식이 아니라 부등식으로서, 단지 한 고립계의 엔트로피entropy(이것은 그 계의 무질서도 또는 '무작위도'이다)라고 불리는 어떤 양이 초기보다 나중에 더 크다(또는 적어도 더 작지는 않다)는 것을 주장하고 있다. 이처럼 명확하게 엉성한 진술을 달고 다니다 보면, 일반적인 계의 엔트로피라는 바로 그 정의에 대한 어떤 애매함 또는 주관성이 존재함을 알게 된다. 게다가 일반적으로는 엔트로피가 증가하는 경향이 있다 하더라도 대부분의 공식에서 엔트로피가 시간에 따라 (요동을 치는 와중에) 실제로는 감소하는 것으로 여겨야만 하는 (비록 일시적일지라도) 우연적인 또는 예외적인 순간이 있다는 결론에 이르게 된다.

그러나 제2법칙(이후로는 이렇게 줄여서 쓸 것이다)에 기거하는 이처럼 외견상의 부정확성에도 불구하고, 이 법칙은 사람들이 관심을 가질 법한 여느 특별한 동역학적 규칙들의 체계를 훨씬 넘어서는 보편성을 갖고 있다. 예를 들면 제2법칙은 뉴턴 이론에 적용되는 것처럼 상대성 이론에도 똑같이 잘 적용되며, 또한 오직 불연속적인 입자들만 관계하는 이론에 적용될 뿐만 아니라 맥스웰 전자기 이론(2.6, 3.1, 3.2절에서 간단하게 다룰 것이며 부록 A1에서 좀 더 명확하게 다룰 것이다)의 연속적인 장에도 적용된다. 제2법칙은 또한 비록 뉴턴 역학 같은 현실적인 동역학적 틀에 적용될 때 가장 적절함에도 불구하고, 우리가 살고 있는 실제 우주와 관련성이 있다고 믿을 만한 충분한 이유가 없는 그런 가상적인 동역학적 이론들에도 적용된다. 현실적인 동역학적 틀은 결정론적으로 변화하며 시간에 대해 가역적이다. 따라서 미래로 허용된 모든 변화에 대해 시간의 방향을 뒤집으면 그 동역학적 틀에 따라 똑같이 허용되는 또 하나의 변화를 얻게 된다.

좀 익숙한 용어로 말하자면 상황은 이렇다. 만약 우리한테 시간에 대해 가역적인 동역학적 법칙(뉴턴 역학과 같은)과 부합하는 어떤 움직임을 찍은 동영상 필름이 있다면, 그 필름을 거꾸로 돌렸을 때 묘사하는 상황도 또한 이러한 동역학적 법칙과 부합할 것이다. 독자들이 이 사실에 당황하는 것도 당연할 것이다. 왜냐하면 달걀이 탁자 위에서 바닥으로 굴러떨어져 박살이 나는 장면을 찍은 필름은 동역학적으로 허용되는 과정

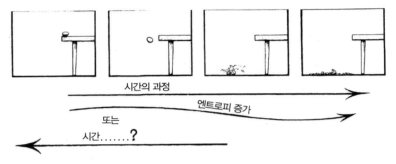

그림 1.1 시간에 대해 가역적인 동역학적 법칙에 따라 달걀이 탁자에서 바닥으로 굴러떨어져 박살이 난다.

을 표현하는 반면, 시간을 거꾸로 돌린 필름(애초에 바닥에서 박살이 나 난잡하게 널브러진 달걀이 기적적으로 깨진 껍데기 조각들을 스스로 조립하고 노른자와 흰자가 따로따로 결합해서 자기 조립된 껍데기에 둘러싸이게 되며, 그리고는 탁자 위로 뛰어오르는 장면을 묘사하는)은 우리가 실제 물리적 과정에서 언젠가 보게 되리라고 기대할 수 있는 그런 사건이 아니다(그림 1.1). 그러나 각각의 개별적인 입자들에 대한 전체 뉴턴 동역학과 각 입자에 작용하는 모든 힘에 상응하는 가속도(뉴턴 제2법칙에 부합하는), 그리고 구성 입자들 사이의 어떤 충돌과도 연관되는 탄성 반작용은 시간에 대해 완전히 가역적이다. 이것은 또한 상대론적이고 양자역학적인 입자의 정밀한 움직임에 대해서도 사실이다. 이는 현대 물리학의 표준적인 절차에 따른 것이다. 물론 일반상대론의 블랙홀 물리학에서 발생하는 몇몇 미묘한 점들이 있고 또한 양자역학과 관련해서도 그렇긴 하지만 나는 다만 아직은 여기에 휘말려 들고 싶지 않다. 이러한 몇몇 미묘한 점들은 실제로 나중에 우리에게 결정적으로 중요하기에 특히 3.4절에서 고려할 것이다. 하지만 당분간은 사물에 대한 전적으로 뉴턴적인 심상만으로도 충분할 것이다.

우리는 필름을 재생할 때 양방향 재생이 묘사하는 상황이 모두 뉴턴 동역학과 일치한다는 사실에 익숙해져야만 한다. 하지만 자기 조립하는 달걀을 보여주는 화면은 제2법칙과 불일치한 사건을 묘사한다. 그리고 이 사건은 발생 가능성이 희박해 보이는 사건들의 연속이라서 그냥 현실적인 가능성이 없다고 기각할 수 있다. 대략적으로 말해서, 제2법칙이 정말로 주장하는 바는, 사물은 언제나 점점 더 '무작위화'되어 간다는 것이다. 따라서 만약 우리가 어떤 특정한 상황을 마련하고 그것을 동역학에 따라 미래로 변화시켜 나가면 이 계는 시간이 진행함에 따라 더 무작위로 보이는 상태로 변화할 것이다. 엄밀히 말하자면 계가 좀 더 무작위로 보이는 상태로 변화할 것이라고 말하면 안 된다. 앞서 말한 바에 따라, 계는 좀 더 무작위로 보이는 상태로 압도적으로 변화할 것 같다는 식으로 말해야만 한다. 사실 제2법칙에 따르면 사물이 시간에 따라 점차적으로 더 무작위로 되어 간다고 기대해야 하지만 이것은 아주 절대적인 확실성이 아니라 단지 압도적인 확률을 표현할 뿐이다.

그럼에도 불구하고 우리가 겪게 될 것은 엔트로피의 증가라고, 달리 말해 무작위의 증가라고 아주 확실하게 말할 수 있다. 이렇게 말한다면 제2법칙은 아마도 절망의 도가니처럼 들릴지도 모르겠다. 왜냐하면 제2법칙은 시간이 지남에 따라 사물이 점점 더 무질서하게 되어 간다는 것을 말하기 때문이다. 그런데 이것은 1장의 제목이 암시하고 있는 것처럼 그렇게 미스터리한 것처럼 들리지는 않는다. 사물을 완전히 그 자체로 내버려두면 사물이 움직이는 방식은 분명히 그런 특징을 보일 것이다. 제2법칙은 그저 일상적으로 존재하는 불가피하고 또 아마도 우울한 그런 특성을 표현할 뿐인 것처럼 보인다. 사실 이런 관점에서 보자면 열역학 제2법칙은 상상할 수 있는 가장 자연스러운 것 중 하나, 그리고 완전히 상식적인 경험을 반영하는 무언가임이 분명하다.

어떤 독자는 겉보기에 믿기지 않을 정도로 복잡해 보이는 생명체가 지구에서 생겨난 것이 제2법칙이 요구하는 무질서의 증가와 모순된다고 걱정할지도 모르겠다. 나는 이것이 왜 실제로는 모순되지 않는지를 추후에 설명할 것이다(2.2절 참조). 내가 아는 한 생물학은 제2법칙이 요구하는 전체적인 엔트로피 증가와 전적으로 부합한다. 1장의 제목에서 언급한 미스터리는 완전히 다른 차수의 스케일에서의 物理學에 관한 미스터리이다. 비록 그것이 생물학을 통해 끊임없이 우리에게 주어지는 미스터리하고 당황스러운 조직과 어떤 명확한 관계가 있다 하더라도, 우리는 생물학이 제2법칙과 관련해서 어떤 모순도 보이지 않는다고 기대해도 좋다.

하지만 제2법칙의 물리학적 지위와 관련해서 한 가지 명확히 해 둘 것이 있다. 제2법칙은 동역학적 법칙(예를 들면 뉴턴 법칙)과 나란히 해야만 하는 하나의 분리된 원리를 나타내는 것이다. 제2법칙을 동역학적 법칙들로부터 유도된 것으로 간주해서는 안 된다. 그러나 어느 한순간 어떤 계의 엔트로피에 대한 실제 정의는 시간의 방향에 대해 대칭적이다(그래서 우리가 필름으로 찍은 떨어지는 달걀에 대해, 필름이 돌아가는 방향에 상관없이 어느 순간에도 똑같은 엔트로피를 정의할 수 있다). 그리고 만약 동역학적 법칙들도 또한 시간에 대해 대칭적이라면(실제로 뉴턴 동역학은 그렇다) 어떤 계의 엔트로피는 시간에 따라 항상 상수는 아니므로(달걀이 박살 날 때 명확히 그렇듯이), 제2법칙은 이런 동역학적 법칙들로부터 유도할 수 없다. 왜냐하면 만약 엔트로피가 어떤 특정한 상황(예를 들면 달걀이 박살 날 때)에서 증가하고 있다면 이는 제2법칙에 부합하는 것인데, 그렇다면 이것을 거꾸로 돌린 상황(달걀이 기적적으로 조립될 때)에서 엔트로피는 감소해야만 하기 때문이다. 이는 제2법칙에 정면으로 위배된다. 그럼에도 불구하고 양쪽 과정 모두가 (뉴턴) 동역학과 부합하기 때문에 우리는 제2법칙이 결코 동역학적 법칙의 결과일 수 없다고 결론 내릴 수 있다.

1.2

엔트로피, 상태를 세다

그런데 물리학자들이 사용하는 '엔트로피'라는 개념은 제2법칙에 그 모습을 드러낼 때 실제로 이 '무작위'를 어떤 방식으로 청량화하기에 자기조립하는 달걀이 정말 압도적으로 일어날 것 같지 않은 일로 보일 수가 있는지, 그래서 중요한 확률이 아니라고 기각할 수 있는 것인가? 엔트로피라는 개념이 실제로 무엇인지 좀 더 명확하게 하기 위해, 그래서 제2법칙이 실제로 주장하는 바가 무엇인지 더 잘 묘사할 수 있도록, 달걀이 깨지는 것보다 물리적으로 좀 더 단순한 예를 생각해 보자. 예를 들어 만약 우리가 빨간 페인트를 그릇에 조금 쏟아 붓고, 파란 페인트를 같은 그릇에 약간 부은 뒤 잘 휘저어 섞어주면, 휘저은 지 얼마 지나지 않아 빨갛고 파란 다른 영역들은 각자의 개성을 잃어버리고 결국에는 그릇의 전체 내용물이 균일한 보라색을 띠는 것처럼 보일 것이다. 더 오래 휘젓는다고 해서 보라색을 원래처럼 빨간색과 파란색의 분리된 영역으로 되돌려 바꿔 놓을 수는 없을 것 같다. 그렇게 뒤섞이는 과정의 밑바닥에 깔린 초 현미경적인 물리적 과정들이 시간에 대해 가역적임에도 불구하고 말이다. 사실 그렇게 휘젓지 않더라도 그 페인트를 약간 데우기만 해도, 보라색은 결국 자발적으로 드러날 것이다. 하지만 페인트를 휘저어 주면 그것

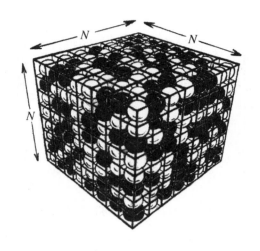

그림 1.2 $N \times N \times N$개의 입방형 상자. 각 칸막이는 빨간 공 또는 파란 공을 담고 있다.

은 훨씬 더 빨리 보라색의 상태에 이르게 된다. 엔트로피라는 용어로 설명하자면, 빨간 페인트와 파란 페인트로 뚜렷하게 구분된 영역이 존재하는 원래 상태는 상대적으로 낮은 엔트로피를 갖지만, 최종적으로 이르게되는 전체적으로 보라색인 페인트 그릇은 상당히 더 큰 엔트로피를 가진다는 것을 알 수 있다. 사실 이렇게 휘젓는 전 과정은 제2법칙과 부합할뿐만 아니라 제2법칙이 대체 무엇에 관한 것인지 그 감을 잡게 해 준다.

엔트로피라는 개념을 좀 더 엄밀하게 따져 보자. 그럼으로써 우리는여기서 무슨 일이 벌어지고 있는지 더 명확하게 알 수 있을 것이다. 어떤계의 엔트로피란 정말로 무엇인가? 기본적으로 엔트로피라는 개념은 상당히 기초적인 개념이다. 주로 오스트리아의 위대한 물리학자 루트비히볼츠만에게서 비롯된 몇몇 난해한 통찰과 관련 있다 하더라도 말이다.그리고 엔트로피는 단지 서로 다른 가능성을 세는 것과 관계가 있다. 상황을 단순화하기 위해 페인트 그릇의 예를 이상화시켜 빨간 페인트 또는 파란 페인트 분자들 각각의 위치가 서로 다를 가능성이 유한한(하지만 아주 큰) 가짓수로만 존재한다고 가정해 보자. 이 분자들을 빨간 공 또는 파란 공이라 생각하고 이 공들이 N^3개의 입방형 칸막이 속 한가운데에 띄엄띄엄 떨어진 위치에만 자리 잡도록 하자. 지금 우리는 페인트 그릇이 이런 칸막이로 구성된 $N \times N \times N$개의 입방형 상자로 거대하게 세분되어 있다고 생각하고 있다(그림 1.2). 나는 지금 모든 칸막이에 빨간 공이든 파란 공이든 정확하게 하나의 공이 자리 잡는다고 가정하고 있다(그림에는 각각 흰색과 검은색으로 표현돼 있다).

그릇의 어떤 지점에서의 페인트 색깔을 판단하기 위해 우리는 문제가 되는 위치 주변에서 일종의 파란 공에 대한 빨간 공의 상대적인 밀도의 평균을 구하면 된다. 이것은 다음과 같이 구할 수 있다. 그 위치를 전체 상자보다 훨씬 더 작은 하나의 정방형 상자에 포함시킨다. 하지만 그 작은 상자는 앞서 생각했던 개개의 정방형 칸막이에 비하면 여전히 아주 크다. 나는 이 상자가 방금 생각했던 수많은 칸막이를 포함하고 있으며 그러한 상자들의 정방형 배열에 속해 있다고 가정한다. 이 상자들은 원래 칸막이의 경우보다 덜 미세하게 전체 상자를 채우고 있다(그림 1.3). 각 상자는 원래 칸막이보다 n배 큰 한 변의 길이를 갖고 있어서 각 상자에는 $n \times n \times n = n^3$의 칸막이가 존재한다고 가정한다. 여기서 n은 여전히 아주 크지만 N보다는 훨씬 더 작은 값이 되도록 취한다.

$$N \gg n \gg 1.$$

상황을 깔끔하게 정리하기 위해 N이 정확하게 n의 배수라고 가정하자.

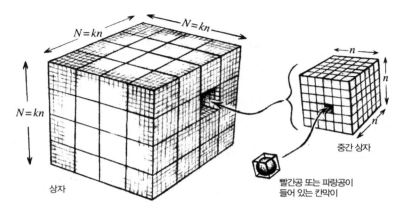

그림 1.3 칸막이들을 각각 크기가 $n \times n \times n$인 k^3개의 상자들로 모두 무리 짓는다.

그러면

$$N = kn$$

이다. 여기서 k는 전체 틀의 각 변을 따라 늘어선 상자들의 총 개수이다. 이제 전체 틀 속에는 중간 크기의 상자가 $k \times k \times k = k^3$개가 존재할 것이다.

이 중간 상자들을 이용해서 그 상자의 위치에서 우리가 보는 '색깔'을 측정할 수 있다는 것이 기본 아이디어이다. 그 상자에 대해서는 공 자체가 너무나 작아서 개별적으로는 보이지 않는 것으로 간주한다. 각각의 상자에는 그 안에 있는 빨간 공과 파란 공의 색깔을 '평균'함으로써 평균 색깔 또는 색조를 할당할 수 있다. 그래서 지금 생각하고 있는 상자 안의 빨간 공의 개수를 r이라 하고 파란 공의 개수를 b라 하면(따라서 $r + b = n^3$), 그 위치에서의 색조는 b에 대한 r의 비율로 정의할 수 있다. 이에 따라 만약 r/b가 1보다 크면 더 빨간 색조를 띠고, 만약 r/b가 1보다 작으면 파란 색조를 띤다고 간주한다.

만약 $n \times n \times n$개의 이 모든 칸막이가 r/b의 값으로 0.999와 1.001 사이의 값을 가질 때(이렇게 되면 r과 b는 천 분의 일의 정확도로 똑같다) 이 혼합물이 우리에게 균일한 보라색으로 보인다고 가정해 보자. 이것은 일견 꽤 엄격한 요구조건처럼 보일지도 모른다(각각의 모든 $n \times n \times n$개의 칸막이에 적용돼야 하므로). 하지만 n이 아주 커지면 절대다수의 공 배열이 이 조건을 정말로 만족한다는 것을 알 수 있다! 또한 페인트 통에 든 분자를 생각할 때, 그 분자의 개수가 보통의 기준에서 보자면 기절초풍할 정도로 크다는 점도 명심해야 한다. 예를 들면, 보통의 페인트 통에는 족히 10^{24}개 정도 되는 분자가 있을 수 있기 때문에 $N = 10^8$이라고 잡는 것이 전혀 어이없는 것은 아니다(그림 1.3에서 분자의 총 개수는 N^3이므로 $N^3 = 10^{24}$을 만족하는 N은 $N = 10^8$이다-옮긴이). 또한 겨우 10^{-2}cm 크기의 픽셀로 표현되는 디지털 사진에서 색깔이 완벽할 정도로 좋아 보인다는 점을 감안했을 때 분명히 알 수 있듯이, 이 모형에서 k의 값으로 10^3을 잡는 것도 아주 합리적이다. 이로부터 이 숫자들($N = 10^8$, $k = 10^3$이므로 $n = 10^5$이다)을 이용해 $\frac{1}{2}N^3$개의 빨간 공과 $\frac{1}{2}N^3$개의 파란 공 전체집합이 균일한 보라색처럼 보이게 하는 서로 다른 배열의 수가 대략 $10^{23\,570000\,000000\,000000}$가지임을 알 수 있다. 파란색이 위쪽에만 몰려 있고 빨간색이 아래쪽에만 몰려 있는 애초의 구성 상태를 주는 서로 다른 배열의 수는 겨우 $10^{46\,500000\,000000}$가지밖에 안 된다. 따라서 완전히 무작위로 분포된 공에 대해 균일한 보라색을 보게 될 확률은 사실상 거의 확실한 반면, 모든 파란색 공이 위쪽에 있을 확률은 대략 $10^{-23\,570000\,000000\,000000\,000000}$ 정도밖에 안 된다(그리고 이러한 양상은 우리가 '모든' 파란 공이 초기에 위쪽에 있었다고 요구하지 않고, 말하자면 99.9%만 위쪽에 있었다고 요구하더라도 크게 바뀌지 않는다).

우리는 '엔트로피'를 이러한 확률에 대한 척도와 비슷한 무엇 또는, 그보다는 똑같은 '전체적인 외양'을 보여주는 서로 다른 배열의 가짓수로 생각하고자 한다. 사실 이런 숫자들은 그 크기가 어마어마하게 차이 나기 때문에 그대로 사용하면 몹시 통제하기 힘든 척도가 될 것이다. 그래서 좀 더 적당한 '엔트로피'의 척도로서 이런 숫자들의 (자연) 로그를 취해야 하는 이론적인 이유가 충분하다는 것은 다행스러운 일이다. 로그(특히나 '자연' 로그)라는 개념에 익숙하지 않은 독자들을 위해 10을 밑으로 하는 로그 — 여기서는 '$\log_{10}$'(나중에 사용하는 자연로그는 단순히 'log'로 쓸 것이다)이라고 쓴다 — 를 써서 상황을 설명해 보자. $\log_{10}$을 이해하기 위해 기억해야 할 기초적인 사항은 다음과 같다.

$$\log_{10} 1 = 0, \quad \log_{10} 10 = 1, \quad \log_{10} 100 = 2,$$
$$\log_{10} 1000 = 3, \quad \log_{10} 10000 = 4, \quad \cdots$$

즉, 10의 거듭제곱에 대한 $\log_{10}$을 얻기 위해서는 단지 0의 개수만 세면 된다. 10의 거듭제곱이 아닌 모든 (양의) 숫자에 대해서는 이것을 일반화해서 그 $\log_{10}$의 값의 정수 부분(즉 소수점 이전의 숫자)은 총 자릿수를 센 다음 1을 빼면 얻을 수 있다. 즉

$$\log_{10} 2 = \mathbf{0}.30102999566 \cdots$$
$$\log_{10} 53 = \mathbf{1}.72427586960 \cdots$$
$$\log_{10} 9140 = \mathbf{3}.96094619573 \cdots$$

등등이다(정수 부분은 굵은 글씨로 쓰여 있다). 따라서 각각의 경우 굵게 표시된 숫자는 $\log_{10}$을 취한 숫자의 자릿수보다 꼭 1이 작다. $\log_{10}$(또는 $\log$)의 가장 중요한 성질은 곱을 합으로 바꾼다는 것이다. 즉,

$$\log(ab) = \log_{10} a + \log_{10} b.$$

(a와 b가 모두 10의 거듭제곱인 경우 이것은 위의 결과로부터 당연한데 $a = 10^A$에 $b = 10^B$을 곱하면 $ab = 10^{A+B}$를 얻기 때문이다.)

엔트로피라는 개념에 로그를 사용한 것과 관련해 위에 선보인 관계식의 중요성은 우리가 두 개의 분리된 그리고 완전히 독립적인 요소들로 이루어진 어떤 계의 엔트로피가 각 부분의 엔트로피를 단지 더해서 얻어지기를 원하기 때문에서 비롯된다. 이런 의미에서 우리는 엔트로피라는 개념이 가합적$_{additive}$이라고 말한다. 사실, 만약 첫 번째 요소가 P가지의 서로 다른 방식으로 생겨날 수 있고 두 번째 요소가 Q가지의 서로 다른 방식으로 생겨날 수 있다면 전체 계 — 두 가지 요소로 모두 이루어진 — 가 생겨날 수 있는 데에는 그 곱인 PQ가지의 다른 방식이 존재할 것이다 (첫째 요소를 가능하게 하는 각각의 P개의 배열에 대해 둘째 요소를 가능하게 하는 정확히 Q개의 배열이 있을 것이기 때문이다). 따라서 임의의 계의 상태에 대한 엔트로피를 그 상태가 생겨나는 서로 다른 방식에 대한 가짓수의 로그에 비례한다고 정의함으로써, 우리는 독립적인 계에 대해 이 가합적인 성질이 정말로 만족된다고 확신할 수 있다.

하지만 나는 아직도 이 '어떤 계의 상태가 생겨나는 방식의 가짓수'를 어떤 의미로 말했는지에 대해 약간은 애매한 편이다. 우선 우리가 분자(예를 들면, 페인트 통 속에 있는)의 위치를 모형화할 때 보통은 불연속적인

칸막이가 있다는 것이 현실적이라고 생각하지는 않는다. 왜냐하면 뉴턴의 이론에서는 완전히 자세하게 들여다보면 각각의 분자의 서로 다른 위치에 대해 단지 유한한 가짓수가 아니라 무한히 많은 가짓수가 있을 것이기 때문이다. 게다가 각각의 개별적인 분자는 어떤 비대칭적인 모양일 것이므로 공간상에서는 다른 방식으로 방향을 잡을 수 있다. 또는 모양이 뒤틀리는 것 같은 다른 종류의 내적 자유도를 가질 수도 있는데 그 또한 그에 상응해서 고려해야만 한다. 그러한 방향 또는 뒤틀림도 각각 그 계의 다른 구성 상태로 계산해야만 한다. 우리는 어떤 계의 구성 상태 공간이라고 알려진 것을 고려함으로써 이 모든 점을 다룰 수 있다. 지금부터 이에 대해 논의해 보자.

자유도 d를 가진 어떤 계에 대해 구성 상태 공간은 d차원의 공간일 것이다. 예를 들어, 만약 계가 q개의 점입자 p_1, p_2, …, p_q(각각의 내적 자유도는 없다)로 구성돼 있다면 그 구성 상태 공간은 $3q$차원일 것이다. 왜냐하면 각각의 개별 입자는 그 위치를 결정하기 위해 단 세 개의 좌표가 필요하기 때문이다. 따라서 전체적으로는 $3q$개의 좌표가 존재한다. 그럼으로써 구성 상태 공간의 한 점 P는 모든 p_1, p_2, …, p_q의 위치를 함께 정의하게 된다(그림 1.4 참조). 위에서처럼 내적 자유도가 있는 좀 더 복잡한 상황에서는 각각 그런 입자들에 대해 더 많은 자유도가 있겠지만, 일반적인 아이디어는 똑같다. 물론 나는 독자들이 그렇게 높은 차원의 공간 속에서 무슨 일이 벌어지고 있는지를 '시각화'할 수 있으리라고 기대하지는 않는다. 그럴 필요까지는 없을 것이다. 우리가 단지 2차원 공간(종이 한 장에 그려진 영역 같은) 또는 보통의 3차원 공간 속의 어떤 영역에서 사태가 어떻게 돌아가는지만 상상해 보더라도 충분히 좋은 발상을 얻을 수 있을

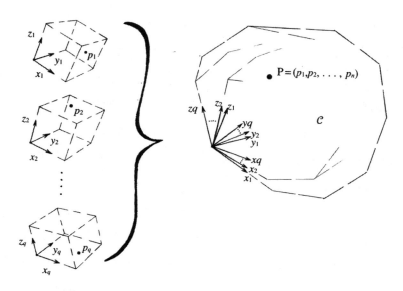

그림 1.4 q개의 점입자 $p_1, p_2, \cdots, p_q$의 구성 상태 공간 C는 $3q$차원의 공간이다.

것이다. 그런 식의 시각화는 불가피하게 어떤 방식으로든 제한적일 수밖에 없다는 점을 항상 명심한다면 말이다. 그중 몇몇은 곧 다시 다룰 예정이다. 그리고 물론 언제나 그런 공간은 순전히 추상적인 수학적 공간으로서 우리가 일상적으로 경험하는 물리적인 3차원 공간 또는 물리적인 4차원 시공간과 혼동해서는 안 된다는 점도 명심해야 한다.

엔트로피를 정의하고자 할 때 명확히 해 둬야 할 점이 더 있다. 이것은 정확히 우리가 무엇을 세고자 하는가에 대한 문제이다. 유한한 모형의 경우에서는 빨간 공과 파란 공에 대해 유한한 개수의 서로 다른 배열이 있었다. 하지만 이제 우리에게는 무한히 많은 수의 배열이 있다(입자의 위치는 연속적인 변수를 필요로 하기 때문이다). 이 때문에 우리는 크기에 대한 적당한 척도를 얻기 위해 단지 불연속적인 것을 세기만 하면 되는 대신 구성 상태 공간에서의 고차원적 부피를 고려하지 않을 수 없다.

고차원 공간에서의 '부피'가 무슨 뜻인지 알고자 한다면 우선 더 낮은 차원을 생각해 보는 것도 좋은 아이디어이다. 예를 들어 2차원적으로 굽은 곡면 영역에 대한 '부피측정'은 그 '영역'의 표면 넓이를 그냥 측정하면 될 것이다. 1차원 공간의 경우에는 곡선의 일정 부분을 따라 단지 길이만 생각하면 된다. n차원의 구성 상태 공간에서는 보통의 3차원 영역의 부피와 유사한 어떤 n차원의 부피로 생각할 수 있다.

하지만 엔트로피 정의와 관련해서 구성 상태 공간의 어떤 영역의 부피를 측정하고자 하는 것인가? 기본적으로 우리가 관심 있는 것은 고려 중인 특정한 상태와 '똑같아 보이는' 상태의 집합에 해당하는 구성 상태 공간 속의 전체 영역의 부피일 것이다. 물론, '똑같아 보인다'는 문구는 꽤 애매하다. 여기서 이 문구의 진짜 의미는 분포, 색깔, 화학적 구성 같은 것들을 측정하는, 상당히 합리적으로 총망라된 거시적 변수의 집합이 있어서 지금 고려 중인 계를 구성하는 모든 원자의 정확한 위치 같은 그런 세세한 문제들에는 관심을 두지 않겠다는 것이다. 이렇게 구성 상태 공간 C를 이런 의미에서 '똑같아 보이는' 영역으로 나누는 것을 C의 '듬성갈기coarse graining'라고 부른다. 따라서 각각의 '듬성갈기 영역coarse-graining region'은 거시적인 측정을 통해서는 서로 구분할 수 없다고 여겨지는 상태를 표현하는 입자들로 구성돼 있다(그림 1.5 참조).

물론 '거시적인' 측정이 무슨 뜻인지는 여전히 꽤 애매하지만, 우리는 앞서 페인트 통을 단순화한 유한한 모형에서 관심 있었던 '색조'라는 개념과 유사한 어떤 것을 찾고 있다. '듬성갈기'라는 개념에도 약간의 애매

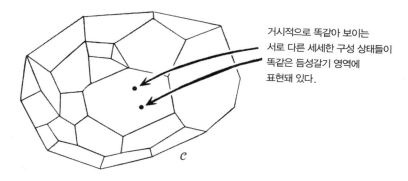

거시적으로 똑같아 보이는
서로 다른 세세한 구성 상태들이
똑같은 듬성갈기 영역에
표현돼 있다.

그림 1.5 C의 듬성갈기.

함이 있다고 인정하지만, 엔트로피를 정의할 때 우리가 관심 있는 것은
구성 상태 공간에서의 그런 영역의 부피 — 또는 더 정확하게 그런 듬성
갈기 영역의 부피에 대한 로그 — 이다. 그렇다, 이 또한 여전히 약간 애매
하다. 그럼에도 불구하고 놀랍게도 엔트로피라는 개념이 얼마나 굳건한
것인지는 곧 드러날 것이다. 이는 주로 듬성갈기의 부피가 결과적으로는
참으로 어마어마한 부피의 비율을 갖기 때문이다.

1.3

위상공간, 그리고 볼츠만의 엔트로피 정의

하지만 우리는 여전히 엔트로피의 정의를 내리지 못했다. 왜냐하면 지금까지 말해 온 것은 겨우 이 이슈의 절반만을 다룬 것이기 때문이다. 약간 다른 예를 고려해 보면 우리가 지금까지 기술해 온 것이 부적절함을 알게 될 것이다. 빨간색과 파란색 페인트 통 대신에 물이 절반, 올리브기름이 절반 담겨 있는 병을 생각해 보자. 원하는 만큼 휘저어도 좋고 또한 병을 격렬하게 흔들어도 좋다. 하지만 얼마 뒤, 올리브기름과 물은 분리될 것이고 머지않아 우리는 올리브기름은 병의 위쪽 절반을 물은 아래쪽 절반을 차지함을 알게 된다. 그럼에도 그 분리과정 내내 엔트로피는 언제나 증가하고 있었다. 여기서 새롭게 발생한 문제는 올리브기름 분자들 사이의 강력한 상호인력으로서, 이 때문에 분자들이 모이게 되고 그래서 물을 밀어낸다. 이런 부류의 상황에서는 단순한 구성 상태 공간이라는 개념만으로는 엔트로피 증가를 적절히 설명할 수 없다. 왜냐하면 개별 입자/분자들의 단순한 위치뿐만 아니라 운동까지도 고려할 필요가 정말로 있기 때문이다. 어느 경우든 그 상태가 미래에 어떻게 변화할 것인지를 결정하기 위해서는 그 분자들의 운동이 필요하다. 이는 뉴턴의 법칙을 따르는데, 우리는 이 법칙들이 여기서도 작동하는 것으로 가정한다.

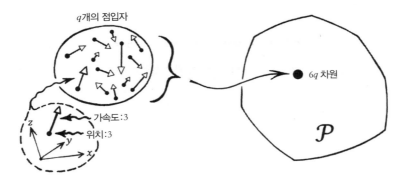

그림 1.6 위상공간 $\mathcal{P}$는 $\mathcal{C}$보다 두 배나 높은 차원을 가진다.

올리브기름 속의 분자들의 경우 이들 사이의 강력한 인력 때문에 분자들이 점점 더 서로 가까워짐에 따라 그 속도가 증가한다(서로에 대한 궤도운동이 활발해진다). 올리브기름이 서로 모이는 경우에 대해서는 이와 관련된 구성 상태 공간의 '운동' 부분이 엔트로피 증가에 필요한 부가적인 부피(따라서 부가적인 엔트로피)를 제공하게 된다.

위에서 묘사한 구성 상태 공간 $\mathcal{C}$ 대신 우리에게 필요한 공간은 위상공간이라고 불리는 것이다. 위상공간 $\mathcal{P}$는 $\mathcal{C}$보다 두 배나 높은 차원을 갖고 있다. 각각의 구성 입자들(또는 분자들)에 대한 각각의 위치좌표는 이에 더해 그에 상응하는 '운동' 좌표를 가져야만 한다(그림 1.6 참조). 거기에 적절한 좌표는 속도(또는 공간에서 방향을 기술하는 각 좌표계의 경우에는 각속도)를 측정한 것이라고 생각할 수 있다. 그러나 운동을 기술하기 위해 우리가 필요로 하는 것은 운동량(또는 각 좌표계의 경우 각운동량)인 것으로 드러났다(이는 해밀턴 이론Hamiltonian theory의 공식과 깊은 연관이 있기 때문이다[1.1]). 우리에게 익숙한 대부분의 상황에서는 이 '운동량'이라는 개념이 질량 곱하

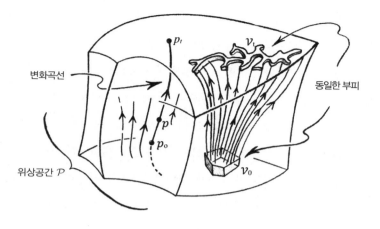

그림 1.7 점 p가 위상공간 $\mathcal{P}$ 속의 변화곡선을 따라 움직인다.

기 속도(1.1절에서 이미 말했듯이)라는 것만 알면 된다. 이제 우리의 계를 구성하는 모든 입자의 위치뿐만 아니라 (순간적인) 운동은 $\mathcal{P}$의 한 점 p의 위치 속에 부호화된다. 우리는 우리 계의 상태가 $\mathcal{P}$ 속의 p의 위치로 기술된다고 말한다.

우리가 고려하고 있는 동역학적 법칙들은 계의 움직임을 지배한다. 그 법칙들이 바로 뉴턴의 운동법칙들이라고 여기는 것도 당연하지만 또한 더욱더 일반적인 상황(맥스웰의 전기동역학에서의 연속적인 장들과 같은 상황. 2.6, 3.1, 3.2절, 그리고 부록 A1 참조)을 다룰 수도 있다. 이는 또한 폭넓은 해밀토니안Hamiltonian의 틀(위에서 언급했던) 안에서 다룰 수 있다. 어느 한순간의 계의 상태가 그 이전이든 그 이후든 다른 여느 시간에서의 상태를 결정한다는 의미에서 이러한 법칙들은 결정론적이다. 달리 말하자면, 우리는 계의 동역학적인 변화를 이런 법칙들에 따라 위상공간 $\mathcal{P}$ 속의 곡선 — 변화곡선evolution curve이라고 부른다 — 을 따라 움직이는 점 p로 기술할 수 있다. 이 변화곡선은 동역학적 법칙에 따라 전체 계의 유일한 변화를 나타낸다. 이 변화는 어떤 초기 상태에서 시작하는데, 이는 위상공간 $\mathcal{P}$ 속의 어떤 특별한 점 p_0로 표현할 수 있다(그림 1.7 참조). 사실 전체 위상공간 $\mathcal{P}$는 그런 변화곡선들로 (다소 짚단과 비슷하게) 가득 찰 것이며(기술적으로는 얇게 쳐며낸다고 한다), $\mathcal{P}$의 모든 점은 어떤 특별한 변화곡선 위에 놓여 있을 것이다. 우리는 이 곡선을 지향적인 것으로 간주해야만 한다. 이 말은 우리가 이 곡선에 방향을 할당해야 한다는 뜻인데, 그 위에 화살표를 넣어서 그렇게 할 수 있다. 동역학적 법칙에 따른 계의 변화는 움직이는 점 p로 기술된다. 이 점은 변화곡선을 따라 이동하며 — 이 경우 특별한 점 p_0에서 시작한다 — 화살표가 가리키는 방향으로 움직인다. 이로써 우리는 p로 표현된 계의 특별한 상태가 미래에 어떻게 변화하는지 알 수 있다. p_0에서 멀어지며 화살표 반대 방향으로 변화곡선을 따라가면 시간이 역전된 변화를 얻는다. 이는 p_0로 표현된 상태가 어떻게 과거의 상태에서 생겨났는지를 알려준다. 이 변화 역시 동역학적 법칙에 따라 유일하다.

위상공간의 한 가지 중요한 특징은, 양자역학이 탄생한 이래로 위상공간에는 차연스러운 척도가 하나 있다는 것을 알게 되어서, 위상공간 속의 부피를 본질적으로는 단위가 없는 단순한 숫자로 취할 수 있다는 것이다. 이것이 중요한 이유는 우리가 곧 다루게 될 볼츠만의 엔트로피 정의가 위상공간의 부피로 주어지기 때문이다. 그래서 우리는 차원이 서로 아주 크게 다를 수도 있는 고차원의 부피척도를 비교할 수 있어야 한다. 이것은 보통의 고전(즉, 비양자적인) 물리학의 관점에서는 이상해 보일

지도 모른다. 보통의 관점에서 보자면 우리는 곡선의 길이(1차원적인 '부피')가 항상 면의 넓이(2차원적인 '부피')보다 더 작은 척도를 가지며 면의 넓이는 3차원 부피보다 더 작은 척도이다 하는 식으로 생각하기 때문이다. 그러나 양자역학이 우리에게 말해 주는 바에 의하면 우리가 사용해야 할 위상공간 부피의 척도는 정말로 단순한 숫자로서, $\hbar = 1$로 두는 질량과 거리단위로 측정된다. 여기서

$$\hbar = \frac{h}{2\pi}$$

라는 양은 디랙 버전의 플랑크 상수(이따금 '축약된' 플랑크 상수라고도 불린다)로서 h가 원래의 플랑크 상수이다. 표준단위계에서 $\hbar$는 극도로 작은 값을 가진다.

$$\hbar = 1.05457\cdots \times 10^{-34} \text{ J} \cdot \text{s}.$$

그래서 우리가 보통 상황에서 맞닥뜨리는 위상공간의 척도는 수치상으로 어마어마하게 큰 값을 가지는 경향이 있다.

이런 숫자들을 그냥 정수(범자연수)라고 생각하면, 위상공간이 말하자면 '낟알 지게granularity'되는 셈인데, 이로부터 양자역학의 '양자quanta'의 불연속성이 기인한다. 하지만 대부분의 평범한 상황에서는 이런 숫자들이 엄청나게 크기 때문에 그런 낟알 짐이나 불연속성을 알아차릴 수 없다. 한 가지 예외가 있다면 2.2절에서 다룰(그림 2.6과 후주 1.2 참조) 플랑크의 흑체 스펙트럼이다. 이것은 막스 플랑크Max Planck가 1900년에 이론적인 분석으로 설명한 관측현상으로서, 양자 혁명이 이로부터 촉발되었다. 여기서는 서로 다른 수의 광자가 동시에 관련된 평형상태, 따라서 서로 다

른 차원의 위상공간들을 생각해야만 한다. 그런 문제를 적절하게 논의하는 것은 이 책의 수준을 벗어나는 것이지만, 3.4절에서 양자이론의 기본으로 돌아올 생각이다.[1.3]

이제 계의 위상공간이라는 개념을 알았으니 이와 관련지어 제2법칙이 어떻게 작동하는지를 이해할 필요가 있다. 이를 위해서는 위에서 우리가 구성 상태 공간을 논의했던 것과 마찬가지로 $\mathcal{P}$를 듬성갈기해 줘야만 할 것이다. 즉, 똑같은 듬성갈기 영역에 속하는 두 점은 거시적인 변수(온도, 압력, 밀도, 유체 흐름의 방향과 크기, 색깔, 화학적 구성 등)들에 대해 '구분할 수 없는' 것으로 간주될 것이다. $\mathcal{P}$ 속의 점 p가 표현하는 상태의 엔트로피 S는 이제 볼츠만의 놀라운 공식으로 정의된다.

$$S = k' \log_{10} V.$$

여기서 V는 p를 포함하는 듬성갈기 영역의 부피이다. k'이라는 양은 작은 상수(이 숫자는 내가 자연로그 'log'를 사용했더라면 볼츠만 상수였을 것이다)로서 $k' = k \log_{10}(\log 10 = 2.302585\cdots)$이며, 여기서 k는 정말로 볼츠만 상수인데 아주 작은 값을 가진다.

$$k = 1.3805\cdots \times 10^{-23} \; \mathrm{J} \cdot \mathrm{K}^{-1}.$$

따라서 $k' = 3.179\cdots \times 10^{-23} \mathrm{JK}^{-1}$이다(그림 1.8 참조). 사실, 물리학자들이 통상적으로 사용하는 정의에 맞추기 위해 나는 앞으로 자연로그로 바꿔서 볼츠만의 엔트로피 공식을 다음과 같이 쓸 작정이다.

$$S = k \log V.$$

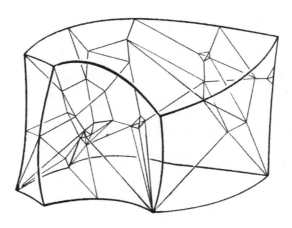

그림 1.8 높은 차원에서의 듬성갈기를 묘사한 그림.

여기서 $\log V = 2.302\,585\cdots \times \log_{10} V$이다.

　논의를 계속 이어가기 전에 1.4절에서 이 우아한 정의가 얼마나 합리적인지 또 암시하는 바가 무엇인지, 그리고 제2법칙과 어떻게 관련돼 있는지를 탐구하기 위해 이 공식이 아주 잘 다루고 있는 한 가지 특별한 이슈를 살펴봐야 한다. 이따금 사람들은 (아주 정확하게도) 어떤 상태의 엔트로피가 낮다는 것이 사실은 그 상태의 '특별함'에 대한 좋은 척도가 아니라는 점을 지적한다. 1.1절에서 소개했던 떨어지는 달걀의 상황을 다시생각해 보면, 달걀이 바닥에서 난장판이 될 때 이르게 되는 상대적으로높은 엔트로피 상태는 여전히 유별나게 특별한 상태이다. 그것이 특별한이유는 그처럼 명백한 '난장판'을 구성하는 입자들의 운동 사이에 어떤아주 특별한 상관관계가 있기 때문이다. 만약 우리가 그 모든 과정을 뒤집는다면 그 난장판이라고 하는 것이 완벽하게 완성된 달걀로 급속하게변신하여 탁자 위에 우아하게 자리 잡고 앉도록 자신을 쏘아 올리는 그런 놀라운 성질을 가지게 되는 본성을 갖고 있다. 이것은 정말로 아주 특별한 상태로서, 상대적으로 엔트로피가 낮은 탁자 위에 놓여 있는 달걀의 처음 구성 상태보다 덜 특별하지 않다. 그러나 바닥에서 난장판을 만든 그 상태는 의심의 여지없이 '특별'하지만 우리가 '낮은 엔트로피'라고 말하는 특별한 방식에서는 특별하지 않다. 엔트로피가 낮다는 것은 명시적인 특별함을 말하는 것으로, 거시적인 변수의 특별한 값으로 드러난다. 입자 운동 사이의 미묘한 상관관계는 계의 상태에 할당되어야 할 엔트로피에 관한 한 어디에도 존재하지 않는다.

비록 상대적으로 높은 엔트로피의 어떤 상태(방금 생각했던 시간을 되돌린 박살 난 달걀 같은)가 제2법칙에 위반해서 더 낮은 엔트로피의 상태로 변화할 수도 있지만, 이것은 극도로 낮은 확률의 가능성을 드러낼 뿐임을 우리는 알고 있다. 이것이야말로 엔트로피라는 개념 그리고 제2법칙의 '요체'라고 말할 수 있다. 듬성갈기라는 개념으로 정의한 볼츠만의 엔트로피는 낮은 엔트로피가 요구하는 '특별함'이라는 부류의 이런 문제를 아주 자연스럽고 적절한 방식으로 다루고 있다.

여기서 한 가지 더 주목해 볼 사항이 있다. 리우빌의 정리Liouville's theorem로 알려진 중요한 수학 정리가 하나 있다. 이 정리는 물리학자들이 고려하는 정상적인 형태의 고전적인 동역학적 계(앞서 언급했던 표준적인 해밀턴적인 계)에 대해 시간에 따른 변화가 위상공간의 부피를 보존한다고 주장한다. 이것은 그림 1.7의 오른편에 그려져 있다. 여기서 우리는 만약 변화곡선이 위상공간 $\mathcal{P}$ 속의 V라는 부피를 가진 $\mathcal{V}_0$라는 영역을 시간 t 이후에 $\mathcal{V}_t$라는 영역으로 끌고 갔다면, $\mathcal{V}_t$는 $\mathcal{V}_0$와 마찬가지로 똑같은 부피 V를 가지게 됨을 알 수 있다. 그러나 이것은 제2법칙과 모순되지 않는다. 듬성갈기의 영역은 변화에 의해 보존되지 않기 때문이다. 만약 초기의 V_0라는 영역이 우연히 듬성갈기의 영역이었다면, 나중의 시간 t에서의 V_t는 훨씬 더 큰 듬성갈기 영역을 통해 퍼져 나가는, 난잡하게 산발하는 부피이거나 또는 아마도 그런 영역 여러 개의 부피일 것이다.

이 절을 끝내기 전에 1.2절에서 간단하게 다루었던 이슈를 좀 더 살펴보기 위해 볼츠만 공식에 로그$_{logarithm}$를 사용하는 중요한 문제로 돌아가는 것도 적절할 것 같다. 이 문제는 나중에, 그중에서도 특히 3.4절에서 중요하다. 우리가 국소적인 실험실에서 벌어지는 물리학을 생각하고 있으며, 우리가 실행하고 있는 실험과 관련된 어떤 구조물에 대한 엔트로피의 정의를 고려하고자 한다고 가정해 보자. 우리의 실험과 관련 있는 엔트로피에 대한 볼츠만의 정의는 무엇이라고 생각할까? 우리는 실험실에서 관계된 모든 자유도를 고려할 것이고 또 이를 이용해 어떤 위상공간 $\mathcal{P}$를 정의할 것이다. $\mathcal{P}$ 속에는 지금 문제와 관련된 부피 V의 듬성갈기 영역 $\mathcal{V}$가 있어서 볼츠만의 엔트로피 $k \log V$를 줄 것이다.

그러나 우리는 실험실을 훨씬 더 큰 계, 말하자면 우리가 살고 있는 전체 은하수의 일부분이라고 생각할 수도 있다. 여기에는 엄청나게 높은 자유도가 있다. 이 모든 자유도를 포함시키면 위상공간은 이제 이전보다 엄청나게 더 커질 것이다. 게다가 실험실 안의 엔트로피를 계산할 때 적절할 듬성갈기의 영역도 이제 이전보다 엄청나게 더 커질 것이다. 왜냐하면 그 영역이 실험실의 내용물에만 관계있는 것들뿐만 아니라 전체 은하에 존재하는 모든 자유도를 수반할 수 있기 때문이다. 하지만 이것은 자연스러운 일이다. 왜냐하면 엔트로피값은 이제 전체적으로 은하에 적용되는 것이고 실험과 관련된 엔트로피는 그중의 작은 일부일 뿐이기 때

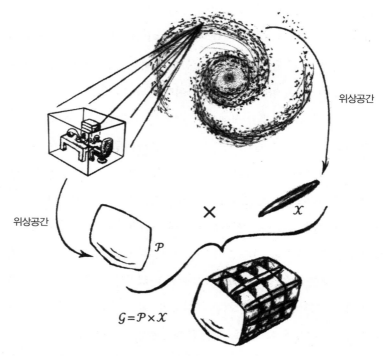

위상공간

위상공간

$\mathcal{X}$

$\mathcal{P}$

$\mathcal{G} = \mathcal{P} \times \mathcal{X}$

그림 1.9 실험자가 고려하는 위상공간은 은하의 모든 외적 자유도를 수반하는 위상공간의 작은 요소이다.

문이다.

　외적 자유도(실험실 속의 상태를 정의하는 것을 제외한 은하의 상태를 정의하는 것들)를 정의하는 변수들은 거대한 '외적' 위상공간 $\mathcal{X}$를 형성하며 실험실 외부의 은하의 상태를 특징짓는 $\mathcal{X}$ 속의 듬성갈기 영역 $\mathcal{W}$가 존재할 것이다(그림 1.9 참조). 전체 은하에 대한 위상공간 $\mathcal{G}$는 외적 변수(공간 $\mathcal{X}$를 규정하는)와 내적 변수(공간 $\mathcal{P}$를 규정하는) 모두의 완전집합으로 정의될 것이다. 수학자들은 공간 $\mathcal{G}$를 $\mathcal{P}$와 $\mathcal{X}$의 곱 공간이라 부르며 다음과 같이 쓴다.[1.4]

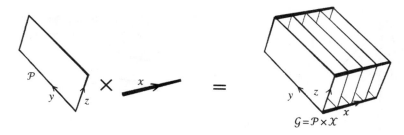

그림 1.10 $\mathcal{P}$는 평면이고 $\mathcal{X}$는 직선인 곱 공간.

$$\mathcal{G} = \mathcal{P} \times \mathcal{X}$$

그리고 그 차원은 $\mathcal{P}$의 차원과 $\mathcal{X}$의 차원의 합이 될 것이다(그 좌표에는 $\mathcal{P}$의 좌표와 $\mathcal{X}$의 좌표가 잇달아 있기 때문이다). 그림 1.10에는 곱 공간의 발상이 그려져 있다. 여기서 $\mathcal{P}$는 평면이고 $\mathcal{X}$는 직선이다.

만약 우리가 외적 자유도를 내적 자유도와 완전히 독립적으로 잡는다면 문제가 되는 $\mathcal{G}$의 듬성갈기 영역은

$$\mathcal{V} \times \mathcal{W}$$

가 되어 $\mathcal{P}$ 속의 듬성갈기 영역 $\mathcal{V}$와 $\mathcal{X}$ 속의 듬성갈기 영역 $\mathcal{W}$의 곱으로 주어진다(그림 1.11 참조). 게다가 곱 공간의 부피요소는 그 곱 공간을 구성하는 공간 각각의 부피 요소들의 곱으로 주어진다. 따라서 $\mathcal{G}$의 듬성갈기 영역 $\mathcal{V} \times \mathcal{W}$의 부피는 $\mathcal{P}$ 속의 듬성갈기 영역 $\mathcal{V}$의 부피 V와 $\mathcal{X}$ 속의 듬성갈기 영역 $\mathcal{W}$의 부피 W의 곱인 VW가 될 것이다. 그래서 로그의 '곱을 합으로' 바꾸는 성질에 의해 볼츠만 엔트로피는

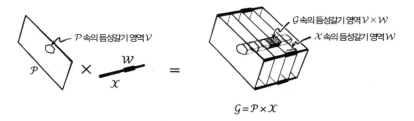

그림 1.11 곱 공간에서의 듬성갈기 영역은 각 공간요소 속의 듬성갈기 영역들의 곱으로 주어진다.

$$k \log (VW) = k \log V + k \log W$$

를 얻게 된다. 이는 실험실의 엔트로피와 실험실 외계의 엔트로피의 합이다. 이는 독립된 계의 엔트로피는 단지 더하기만 하면 된다는 것을 말해주고 있다. 즉, 엔트로피라는 값은 어떤 물리계의 나머지와 독립적인 임의의 부분에 할당할 수 있는 어떤 양이다.

여기서 고려했던 것처럼 $\mathcal{P}$는 실험실과 관련된 자유도를 말하고 $\mathcal{X}$는 외부 은하와 관련된 자유도를 말하는 경우에는(서로가 독립적이라고 가정한다) 만약 외적 자유도를 무시한다면, 실험자가 행한 실험에 할당한 엔트로피값 $k\log V$는 외적 자유도가 함께 고려되었을 때 결과적으로 야기될 엔트로피값 $k\log (VW)$와는 꼭 $k\log W$라는 엔트로피값만큼 차이가 난다. 이 값은 모든 외적 은하의 자유도에 할당된 값이다. 이 외적 부분은 실험자에게는 아무런 역할을 하지 않으므로 실험실 그 자체 안에서만 제2법칙의 역할을 연구할 때는 안심하고 무시할 수 있다. 하지만 3.4절에서 우리가 전체적인 우주의 엔트로피 균형, 그리고 특히 블랙홀에 의한 기여를 생각하게 될 때는 이 문제가 무시될 수 없고 우리에게 근본적으로 중요하다는 것을 알게 될 것이다.

굳건한 엔트로피 개념

전체 우주의 엔트로피와 관련된 문제는 당분간 제쳐 두자. 지금으로써는 볼츠만의 공식이 갖는 가치를 단지 음미할 수만 있어도 좋다. 왜냐하면 그 덕분에 우리는 물리계의 엔트로피가 실제로 어떻게 정의돼야 하는지에 대해 아주 탁월한 개념을 얻을 수 있기 때문이다. 볼츠만이 이 정의를 제시한 것은 1875년이었다. 이 정의는 이전에 비해 엄청난 진보를 보여주는 것이었다.[1.5] 그래서 이제는 문제시되는 계가 어떤 종류의 정적인 상태에 있어야만 한다는 식의 가정이 필요 없는 완전히 일반적인 상황에서도 엔트로피의 개념을 적용할 수 있게 되었다. 그럼에도 불구하고 이 정의에는 여전히 좀 애매한 면이 있는데, 이는 주로 '거시적인 변수'가 의미하는 개념과 관련된 것들이다. 예를 들어 우리는 유체상태의 많은 세세한 면들을 측정하는 것이 미래에는 가능해질 것으로 생각한다. 이런 것들은 지금은 '측정할 수 없는' 것으로 간주되고 있다. 말하자면 유체의 다양한 위치에서 압력, 밀도, 온도, 그리고 전체적인 유체의 속도가 얼마가 될 것인지를 단지 결정할 수 있다기보다, 앞으로는 훨씬 더 자세하게 유체 분자의 운동을 알아내는 것이 가능해서 아마도 유체 속의 특정한 분자들의 운동까지도 측정할 수 있을 것이다. 따라서 위상공간의 듬성갈기는 이전보다 더 미세하게 취해질 것이다. 그에 따라 유체의 특별한 상태에 대한 엔트로피는 이 새로운 기술의 관점에서 판단했을 때 이전보다 다소간 좀 더 작게 여겨질 것이다.

몇몇 과학자들은 이런 식으로 계의 더 미세한 세부사항을 알아내는 기술을 사용하게 되면 언제나 측정 기구에서의 엔트로피 증가를 수반하게 될 것이라고 주장했다.[1.6] 측정 기구는 미세한 측정 덕분에 조사 중인 계에서 발생하고 있는 것으로 여겨지는 실질적인 엔트로피의 감소를 더 많이 상쇄시킨다. 따라서 그렇게 자세하게 계를 측정하더라도 전체적으로 엔트로피는 여전히 증가하게 될 것이다. 이것은 아주 그럴듯한 사항이지만, 설령 우리가 이 점을 고려한다고 하더라도 여전히 볼츠만의 엔트로피 정의에는 진흙 구덩이 같은 것이 있다. 왜냐하면 전체적으로 계에 대한 '거시적인 변수'를 구성하는 데 필요한 객관성의 부족이 그런 고려를 한다 하더라도 좀처럼 명확해지지 않기 때문이다.

19세기의 위대한 수리물리학자인 제임스 클라크 맥스웰James Clerk Maxwell(전자기에 대한 그의 방정식이 1.1절과 1.3절에서 언급된 바 있다)은 이런 부류의 극단적인 예를 상상해냈다. 맥스웰은 작은 문을 열거나 닫아서 개개의 기체 분자들을 이쪽 또는 저쪽으로 향하게 할 수 있는 매우 작은 '악마'를 상상했다. 이런 상황에서 제2법칙을 그 기체에 적용하면 제2법칙이 깨지게 된다. 하지만 맥스웰의 악마의 몸 자체를 하나의 물리적 실체로서 포함하여 전체 계를 생각한다면 초미세적인 악마의 실질적인 구성물까지도 전체 그림 속으로 가져와야만 하고 그래서 일단 그렇게 되면 제2법칙은 회복돼야만 할 것이다.

좀 더 현실적인 용어를 쓰자면 우리는 악마를 어떤 미세한 기계적인 장치로 바꾸는 생각을 할 수도 있을 것이다. 그리고 우리는 전체 구조에 대해서 제2법칙이 여전히 유효하다고 주장할 수 있다. 하지만 그런 생각을 하더라도 거시적인 변수를 구성하는 것은 무엇인가 하는 이슈는 내가 보기에 적절하게 해결되지 않았다. 그리고 그렇게 복잡한 계에 대한 엔트로피의 바로 그 정의는 여전히 불가사의하다. 유체의 엔트로피 같은 명확하게 잘 정의된 물리적 양이 그때의 특정한 기술적 수준에 의존해야만 한다는 것은 정말로 기묘해 보인다!

그럼에도 한 계에 할당되는 엔트로피값이 이와 같은 기술의 발전에 의해 일반적인 방식으로 얼마나 적게 영향을 받는지는 참으로 놀랍다. 한 계에 할당된 엔트로피값은, 향상된 기술에서 비롯될 수도 있는 이런 부류의 방식으로 듬성갈기 영역의 경계를 다시 그린다 하더라도 그 결과로 인한 전체적인 변화는 거의 없다. 어느 순간에든 측정 기구에 상존할 수 있는 정밀도 때문에 한 계에 할당하게 되는 엄밀한 엔트로피값에 언제나 어느 정도의 주관성이 있는 것 같다는 점을 진정으로 명심해야만 한다. 그러나 그런 부류의 이유로 엔트로피가 물리적으로 유용한 개념이 아니라는 관점을 받아들여서는 안 된다. 사실 이 주관성은 보통의 환경에서는 아주 작은 요소일 것이다. 그 이유는 듬성갈기 영역은 서로가 절대적으로 엄청나게 다른 부피를 가지는 경향이 있어서 그 경계를 세세하게 다시 그린다고 해서 보통은 거기에 할당된 엔트로피값이 식별 가능한 차이를 주지 않을 것이기 때문이다.

이에 대한 좀 더 생생한 감각을 느끼기 위해 빨간색과 파란색 페인트의 혼합물을 단순화시켜서 묘사했던 것으로 돌아가 보자. 거기서 우리는 총 개수가 같은 빨간 공과 파란 공이 차지하고 있는 10^{24}개의 칸막이를 고찰함으로써 이를 모형화했다. 거기서 우리는 만약 $10^5 \times 10^5 \times 10^5$의 정방형 틀 안에 있는 파란 공의 비율이 0.999에서 1.001의 범위 안에 있으면 다양한 위치에서의 색깔이 보라색이라고 간주했었다. 그 대신 정밀도가 더 높은 기구를 써서 우리가 공의 빨간색/파란색 비율을 이전보다 훨씬 더 미세하고 훨씬 더 정밀하게 판단할 수 있다고 가정해 보자. 이제는 파란 공에 대한 빨간 공의 비율이 0.9999에서 1.0001 사이에 있을 때만 페인트 혼합물이 균일한 것으로 판정된다고 가정해 보자(그래서 빨간 공과 파란 공의 숫자가 이제는 1%의 백분의 일의 정확도로 같게 된다). 이것은 이전에 요구했던 것보다 열 배 더 정밀한 것이다. 그리고 색조를 결정하기 위해 이전에 조사해야만 했던 차원의 겨우 절반의 영역 — 따라서 부피는 8분의 1 — 만 조사할 필요가 있다고 가정하자. 이처럼 정밀도가 아주 상당한 수준으로 향상되었다 하더라도 우리가 '균일한 보라색' 상태에 할당해야만 하는 '엔트로피'(이제는 이 조건을 만족시키는 상태의 숫자의 로그라는 의미에서의 '엔트로피')는 이전에 할당했던 값에 비해 거의 변하지 않는다. 결과적으로 우리의 '향상된 기술'은 이런 종류의 상황에서 우리가 얻는 엔트로피값 같은 부류에는 실질적으로 아무런 차이를 만들지 못한다.

물론 이것은 단순히 '장난감 모형'(그것도 위상공간이 아닌 구성 상태 공간에 대한 장난감 모형)일 뿐이지만, '듬성갈기 영역'을 정의하는 데 있어서 '거시적 변수'의 정밀도가 그렇게 변하더라도 우리가 할당하는 엔트로피값에는 큰 차이를 만들지 않는 경향이 있다는 사실을 강조하는 데에는 도움이 된다. 엔트로피가 이렇게 굳건한 이유는 기본적으로 우리가 대면하는 듬성갈기 영역이 단지 어마어마하게 크며, 서로 다른 그런 영역의 크기의 비율이 광대하기 때문에 특히 더 그렇다. 좀 더 현실적인 상황을 예로 들자면, 목욕하는 것과 같은 평범한 행동과 관련된 엔트로피 증가를 생각해 볼 수 있다. 단순화시키기 위해 나는 실제 세척 과정에서 일어나는 무시할 수 없는 엔트로피 상승에 대한 추정을 시도하지는 않을 것이며, 단지 뜨거운 꼭지와 차가운 꼭지에서 나오는 물이 함께 섞이는 데에 (욕조 자체에 있거나, 욕조에 붙어 있을지도 모르는 혼합 꼭지 내부에서) 무엇이 관여하는지에 집중할 것이다. 뜨거운 물은 약 50℃에서 흘러나오고 찬물은 약 10℃에서 나온다고 가정하는 것도 전혀 이상하지는 않을 것이다. 욕조 속의 물의 전체 부피는 150리터(절반은 뜨거운 물에서 나머지 절반은 찬물에서)로 잡는다. 엔트로피 증가는 약 21407J/K인 것으로 드러나는데, 이는 위상공간 속의 점이 하나의 듬성갈기 영역에서 약 10^{27} 정도 더 큰 다른 영역으로 움직이는 것에 해당한다! 듬성갈기 영역의 경계가 그려지는 바로 그 지점에서 어떤 그럴듯해 보이는 변화가 있더라도 이 정도 규모의 숫자에는 전혀 큰 영향을 미치지 못할 것이다.

여기서 꼭 언급해야만 하는 또 다른 관련된 이슈가 있다. 나는 마치 듬성갈기 영역이 명확한 경계를 가져서 정의가 잘 되는 것처럼 상황을 설명했지만, 엄밀하게 말하면 그 어떤 그럴듯한 '거시적인 변수들'의 집합을 채택하더라도 상황은 그렇지가 않다. 사실 듬성갈기 영역의 경계가 그려질 만한 곳이면 어디든지, 만약 우리가 위상공간 속에서 경계의 양쪽에 있는 아주 가까운 두 점을 고려한다면 그 두 점은 거의 똑같은 상태, 따라서 거시적으로 똑같은 상태를 나타낼 것이다. 하지만 이 두 점은 서로 다른 듬성갈기 영역에 속한 덕분에 '거시적으로 구분 가능한' 것으로 여겨졌다.[1.7] 우리는 하나의 듬성갈기 영역과 그다음 영역을 가르는 경계에 '불명확한' 영역이 있어야 한다고 요구함으로써 이 문제를 해결할 수

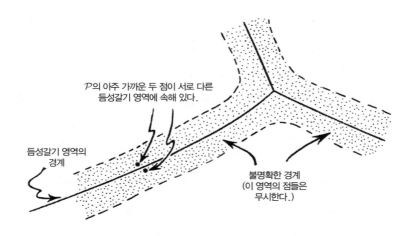

P의 아주 가까운 두 점이 서로 다른
듬성갈기 영역에 속해 있다.

듬성갈기 영역의
경계

불명확한 경계
(이 영역의 점들은
무시한다.)

그림 1.12 하나의 듬성갈기 영역과 그다음 영역을 분리하는 경계는 '불명확하다'.

있다. 그리고 '거시적인 변수'라고 정확하게 한정하는 것에 대한 주관성
의 이슈에서와 마찬가지로, 우리는 그냥 이 '불명확한 경계' 속에 놓여 있
는 위상공간의 점들에 대해서는 신경 쓰지 않을 수 있다(그림 1.12 참조). 그
런 점들은 듬성갈기 영역의 광대한 내부와 비교했을 때 대단히 작은 위
상공간 부피를 차지한다고 생각하는 것이 합리적이다. 이런 이유로 경계
에 가까운 점을 이쪽 영역 또는 저쪽 영역에 속한다고 생각하는 것은 별
로 중요한 문제가 아니다. 보통 한 상태에 할당되는 엔트로피값에는 실
질적으로 차이가 없기 때문이다. 또다시 우리는 한 계의 엔트로피라는
개념의 듬성갈기 영역이 대단히 방대하기 때문에 그리고 그 크기 사이에
는 어마어마한 불균형이 있기 때문에 아주 굳건하다 ─ 비록 그 정의가
완전히 확고하지는 않더라도 ─ 는 것을 알게 된다.

 그러나 지금까지 말한 모든 것에도 불구하고, '거시적으로 구분이 안

되는' 것 같은 엉성한 개념이 부적절해 보이고 심지어 엔트로피에 대한 아주 잘못된 답을 주는 것처럼 보이는 그런 특별히 미묘한 다양한 상황들이 존재한다는 점을 지적해 둬야겠다! 핵자기공명NMR과 관련해서 사용되는 스핀 메아리(어원 한이 1950년에 처음 알아냈다)라는 현상에서도 그런 상황이 벌어진다. 이 현상에 따르면 핵의 스핀[1.8]들이 가깝게 배열된 초기의 특정한 자화 상태를 가진 어떤 물질이 외부의 변화하는 전자기장의 영향하에 이 자화를 잃어버릴 수 있다. 핵스핀은 이제 서로 다른 비율로 생겨나는 스핀의 세차운동이 복잡하게 모이기 때문에 훨씬 더 뒤죽박죽으로 보이는 구성 상태를 취하게 된다. 하지만 만약 외부 전자기장을 조심스럽게 뒤집으면 핵스핀은 모두가 원래 상태로 되돌아가며 아주 놀랍게도 특정한 원래의 자화 상태가 회복된다! 거시적인 측정에 관한 한, 이 중간단계(핵스핀이 뒤죽박죽인)로 전이할 때 엔트로피가 증가한 것처럼 보인다 — 이는 제2법칙에 부합한다. 하지만 외부의 전자기장을 뒤집어서 적용한 결과로 핵스핀이 중간 단계에서 잃어버렸던 그 질서를 다시 얻게 되면 이 마지막 과정 동안에 엔트로피가 감소했기 때문에 제2법칙이 크게 깨진 것처럼 보일 것이다![1.9]

사실 중간단계 상황에서 스핀 상태가 비록 아주 무질서해 보이더라도, 겉보기에는 스핀이 뒤죽박죽으로 배열된 것처럼 보이는 그 속에서도 실제로는 아주 정밀한 '숨겨진 질서'가 존재한다. 이 질서는 외부 자기장의 운동양식이 뒤집어질 때만 그 모습을 드러낸다. 뭔가 비슷한 일이 CD 또는 DVD에서 벌어진다. 여기서는 보통의 여느 엉성한 '거시적인 측정'으로는 그런 디스크에 상당히 많이 저장된 정보를 드러내지 못하는 것과도 같을 것이다. 반면에 그 디스크를 읽도록 특정하게 고안된 적절한 재

빨간 물감 선

그림 1.13 두 개의 꽉 낀 유리관과 그 사이의 점성 유체, 그리고 빨간 물감 선.

생장치는 이 저장된 정보를 드러내는 데 아무런 어려움이 없다. 이 숨겨진 질서를 감지하려면 대부분의 상황에서 적절한 '평범한' 거시적인 측정보다 훨씬 더 복잡한 형태의 '측정'이 필요하다.

이런 일반적인 종류의 '숨겨진 질서'를 찾기 위해, 미세한 자기장을 조사하는 것처럼 기술적으로 아주 복잡한 것들을 생각할 필요는 없다. 훨씬 더 단순해 보이는 장치에서도 근본적으로 뭔가 비슷한 현상이 생겨난다(그림 1.13 참조. 더 자세한 내용은 후주 1.10 참조). 이것은 두 개의 원기둥형 유리관으로 이뤄져 있는데, 하나가 다른 하나의 안쪽에 꽉 끼게 돼 있어서 이 둘 사이의 공간은 매우 좁다. 어떤 점성이 있는 유체(예를 들면, 글리세린)가 두 원통 사이 좁은 공간 속에 균일하게 발라져 있고 안쪽 원통에 적절한 손잡이가 붙어 있어 고정돼 있는 바깥쪽 원통에 대해 돌릴 수 있다. 이제 실험 준비가 끝났다. 유체 속에는 원통의 축과 평행하게 밝은 빨간색 물감이 가는 직선으로 들어가 있다(그림 1.14 참조). 이제 손잡이를 몇 번 빙글빙글 돌리면 그 결과로 물감 선이 퍼져서 원통 주변으로 균일하게 퍼져 있는 것을 보게 된다. 이렇게 되면 원래 선을 따라 집중돼 있던 흔적은 이제 보이지 않고, 유체는 아주 희미한 분홍빛 색조를 띤다. 염색된 점

그림 1.14 손잡이를 여러 번 돌리면 물감 선이 퍼진다. 이제 손잡이를 똑같은 횟수만큼 되돌리면 그 선이 다시 나타나 명백하게 제2법칙을 어기게 된다.

성의 유체 상태를 알아내기 위해 합리적으로 보이는 어떤 '거시 변수'를 선택하더라도 물감이 이제 유체 전체로 균일하게 퍼진 것으로 보아 엔트로피는 올라간 것으로 보인다. (이 상황은 1.2절에서 고려했던 빨간 페인트와 파란 페인트를 휘저어서 혼합했을 때 일어났던 일과 아주 비슷해 보인다.) 하지만 만약 그 손잡이를 이제 이전에 돌렸던 것과 똑같은 횟수만큼 반대 방향으로 돌린다면 아주 기적적으로 빨간 물감 선이 다시 나타나며 거의 처음에 그랬던 것만큼이나 선명하고 뚜렷해진다는 것을 알 수 있다! 만약 처음 감았을 때 엔트로피가 정말로 그렇게 보이는 것만큼 증가했다면, 그리고 만약 되감은 뒤에 엔트로피가 원래 값에 가깝게 되돌아갔다고 여겨진다면, 그렇다면 이 되감는 과정의 결과로 제2법칙이 심각하게 깨진 셈이 된다.

　이 두 상황에 대한 공통적인 관점은 실제로는 제2법칙이 깨지지 않았고, 다만 그런 상황에서는 엔트로피의 정의가 아주 세밀하지 못하다는 것일 것이다. 제2법칙이 보편적으로 유용해야만 하는 모든 상황에 적용 가능한, 물리적인 엔트로피에 대해 정확하게 객관적인 정의가 있어야 한다고 요구한다면 내 생각으로는 복잡다단한 문제의 소지가 있다고 본다. 어떤 절대적인 의미에서 전적으로 객관적인, 따라서 자연에 '그냥 존재하는', 잘 정의되고 물리적으로 엄밀한 '엔트로피'라는 개념이 항상 존재할 것을 왜 요구해야 하는지 나로서는 알 길이 없다.[1.11] 이 '객관적인 엔트로피'는 시간이 지남에 따라 거의 감소하지 않는다. 원통 사이에 약간 엷은 색조를 띤 점성의 유체에 또는 완전히 무질서해진 것처럼 보이는 핵스핀의 구성 상태에 적용되는 실체 엔트로피라는 개념이 항상 있어야만 하는 걸까? 이전에 가지고 있었던 질서에 대한 정확한 '기억'을 유지하고 있는데도? 나는 그럴 필요가 없다고 생각한다. 엔트로피는 분명히 극도로 유용한 물리적 개념이긴 하지만 그것이 물리학에서 왜 진정으로 근본적이고 객관적인 역할을 부여받아야 하는지 나는 모르겠다. 사실 엔트로피라는 물리적 개념이 유용한 것은 주로 우리가 실제 우주에서 직면하기 쉬운 계에 대해서는 '거시적인' 양들을 정상적으로 측정하면 엄청나게 큰 인수만큼 사실상 서로가 다른 듬성갈기의 부피들이 생겨난다는 사실에 기인한다는 것이 합당해 보인다. 하지만 우리가 아는 우주에서 왜 그들이 그렇게 엄청나게 큰 인수만큼 차이가 나야 하는가에 대해서는 심오한 논란이 있다. 우리의 '엔트로피'라는 개념과 연관된 주관성이라고 하는 명백히 혼란스러운 이슈에도 불구하고, 이 엄청난 인수는 분명히 객관적이고 '그냥 거기 있는' 것처럼 보이는 — 우리는 이 문제로 곧 돌아올 것이다 — 우리 우주에 대한 놀랄 만한 사실을 드러낸다. 이 엄청난 인수들은 이토록 놀라운 물리적 개념이 심히 쓸모가 있다는 그 근저 한가운데에 자리 잡은 미스터리를 단지 가리고 있을 뿐이다.

미래를 향한 엔트로피의 냉혹한 증가

어떤 계가 미래로 변화할 때 왜 제2법칙이 요구하는 대로 엔트로피가 증가해야 한다고 기대하게 되는지에 대해 좀 더 논의해 보도록 하자. 계가 상당히 낮은 엔트로피의 상태에서 시작한다고 생각해 보자. 위상공간 $\mathcal{P}$ 속을 움직여서 이 계의 시간에 대한 변화를 묘사하는 점 p는 상당히 작은 듬성갈기 영역 $\mathcal{R}_0$ 속의 한 점 p_0에서 출발하게 된다(그림 1.15 참조). 앞에서 말했듯이 명심해야 할 점은 다양한 듬성갈기 영역들은 그 크기가 절대적으로 엄청나게 큰 인수들만큼 차이가 나는 편이라는 점이다. 또한 위상공간 $\mathcal{P}$의 차원이 엄청나게 크기 때문에, 여느 특정한 영역 주변에는 방대한 숫자의 듬성갈기 덩어리들이 있음직함을 짐작할 수 있다. (특히 이런 면에서 2차원 또는 3차원 그림들은 다소 오해의 여지가 있지만, 차원이 증가할수록 이웃의 수도 증가함을 알 수 있다. 2차원의 경우에는 전형적으로 6개이지만 3차원에서는 14개이다. 그림1.16 참조.) 따라서 점 p가 출발점 p_0가 있는 듬성갈기 영역 $\mathcal{R}_0$를 떠나 다음번 듬성갈기 영역 $\mathcal{R}_1$으로 들어가면서 묘사하는 변화곡선에서는 $\mathcal{R}_1$이 $\mathcal{R}_0$보다 어마어마하게 더 큰 부피를 갖게 될 가능성이 대단히 높다. 왜냐하면 점 p가 그 대신 엄청나게 더 작은 부피로 들어가는 것은 전혀 그럴 것 같지 않아 보이기 때문이다. 물론 p가 단지 우연히 속담에

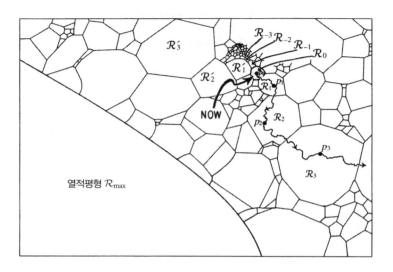

그림 1.15 계가 아주 작은 듬성갈기 영역 $\mathcal{R}_0$ 속의 점 p_0에서 출발한다.

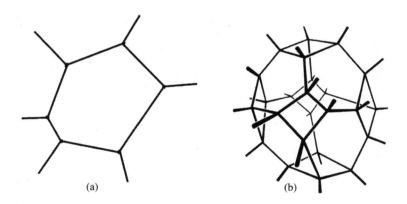

그림 1.16 차원 n이 증가함에 따라 이웃하는 듬성갈기 영역의 일반적인 숫자들도 급속히 증가한다. (a) $n = 2$이면 일반적으로 6개의 이웃이 있다. (b) $n = 3$이면 일반적으로 14개의 이웃이 있다.

서처럼 건초더미 속의 바늘을 찾듯이 성공할 수도 있지만, 여기서는 엄청나게 더 힘든 일이다.

$\mathcal{R}_1$ 부피의 로그 또한 결과적으로 $\mathcal{R}_0$ 부피의 로그보다 다소 클 것이다. 비록 실제 부피의 증가가 야기하는 것보다는 훨씬 덜 과하게 크기는 하지만 말이다(1.2절 참조). 따라서 엔트로피는 단지 어느 정도만 증가했을 것이다. 그런 다음 p가 다음 듬성갈기 영역, 말하자면 $\mathcal{R}_2$로 들어가면 또다시 $\mathcal{R}_2$의 부피가 $\mathcal{R}_1$의 부피보다 훨씬 더 클 가능성이 대단히 크다. 따라서 엔트로피값도 다시 조금 더 증가할 것이다. 그다음으로 p가 계속해서 이전보다도 훨씬 더 큰 또 다른 영역, 말하자면 $\mathcal{R}_3$로 진입할 것으로 기대되며 엔트로피도 다시 한번 좀 더 커지고, 이런 식으로 계속될 것이다. 게다가 이러한 듬성갈기 영역의 부피가 엄청나게 증가하기 때문에 일단 p가 더 큰 영역으로 들어갔다면 이전에 맞닥뜨렸던 다소간 더 작은 엔트로피값을 주는 훨씬 더 작은 크기의, 그런 부류의 더 작은 영역을 다시 발견하기란 실질적으로 불가능하다고 — 즉, '압도적으로 그럴 것 같지 않다'고 — 여겨도 좋을 것이다. 따라서 시간이 미래를 향해 앞으로 흘러감에 따라 엔트로피값은, 비록 실제 부피들이 증가하는 것보다는 훨씬 더 밋밋하기야 하겠지만, 무정하게 증가할 것으로 기대된다.

물론 이런 식으로 더 작은 엔트로피값을 얻을 수도 있다는 것이 엄격한 의미에서 불가능하지는 않다. 엔트로피가 감소하는 이런 상황은 압도적으로 일어날 것 같지 않은 것으로 받아들여야만 할 뿐이다. 우리가 얻은 엔트로피 증가는 위상공간의 듬성갈기와 관련해서 어떤 특별한 편향도 없는 방식으로 변화가 진행되는 정상적인 사물의 상태로 받아들여야만 하는 그런 유의 경향일 뿐이다. 그리고 상태의 변화가 실제로는 (말하자면) 뉴턴 역학의 잘 정의되고 완전히 결정론적인 과정에 의해 지배됨에도 불구하고, 위상공간 속의 p의 궤적이 본질적으로는 무작위인 것처럼 엔트로피의 증가를 다루는 것도 당연하다.

누군가는 위에서 묘사한 것과 같이 p가 연속적으로 점점 더 큰 듬성갈기 영역으로 순차적으로 들어가는 대신, 왜 단순하게 모든 듬성갈기 영역 가운데 (압도적으로) 가장 큰 영역 $\mathcal{R}_{max}$로 직접 들어가지 않는가 하고 정당한 의문을 가질지도 모르겠다. 여기서 $\mathcal{R}_{max}$는 일반적으로 열적 평형이라고 불리는 것을 일컫는데, $\mathcal{R}_{max}$의 부피는 다른 듬성갈기 영역을 모두 합친 총합을 능가할 것이다. 사실 p가 결국에는 $\mathcal{R}_{max}$에 이를 것으로 기대할 수 있을 것이다. 그리고 그렇게 되면 대부분의 경우 이 영역에 머물러 있게 될 것이다. 좀 더 작은 영역으로 탈선하는 것(열적 요동)은 아주 드물 뿐이다. 그러나 변화곡선은 연속적인 변화를 묘사하는 것으로 간주되어야만 한다. 여기서 한순간의 상태는 좀 전의 상태와 크게 다를 것 같지 않다. 따라서 듬성갈기의 부피는 변화곡선이 맞닥뜨리게 될 그 부피의 엄청난 변화에도 불구하고, 직접 $\mathcal{R}_{max}$로 도약할 때 드러나는 것만큼 엄청난 정도로 이웃 영역들과 차이가 나지 않을 것이다. 엔트로피는 그처럼 불연속적으로 도약하지 않고 점점 더 큰 엔트로피값으로 아주 점차적으로 나아갈 뿐이라고 여겨진다.

이는 전적으로 아주 만족스러워 보인다. 그리고 미래를 향해 엔트로피가 점진적으로 증가한다는 것은 완벽할 정도로 자연스러운 예상으로서 더 깊이 숙고해 볼 필요가 거의 없는 것처럼 보인다. 아마도 수학적 순결주의자를 만족시키는 데에 필요한 세세한 엄밀함을 제외하고서 말이다. 앞장에서 언급했던, **지금** 이 순간에는 탁자 끝에 올려져 있는 상태에서 시작하는 달걀은 사실 미래로 변화할 때 엔트로피가 증가하는 것 같다. 이는 탁자에서 떨어져 바닥에서 박살이 나는 것과 부합한다. 이는 위에서 지적했듯이 위상공간의 부피가 엄청나게 증가한다고 단순하게 생각하는 것과 완전히 부합된다.

그런데 달걀의 예상되는 미래의 움직임과는 다소 다른 또 다른 질문을 던져보자. 즉, 달걀의 과거 움직임이 어떠했을까 하고 질문을 던져보자. 우리가 알고 싶은 것은 이렇다. '달걀이 맨 처음 탁자 끝 위에 어떤 식으로 올려져 있는 것이 가장 그럴듯한가?'

우리는 이 문제에 이전과 똑같은 방식으로 접근할 수 있다. 앞에서 우리는 계가 **지금**에서 시작하여 가장 그럴듯한 미래로 변화할 것을 요구했었다. 이번에는 계가 **지금**에 이르게 되는 가장 그럴듯해 보이는 과거로의 변화를 묻고 있는 것이다. 우리의 뉴턴 법칙들은 과거로의 시간 방향으로도 아주 잘 작동하며 역시 결정론적으로 과거로 변화한다. 따라서 위상공간 $\mathcal{P}$ 속에는 점 p_0에 이르게 되는 어떤 변화곡선이 있어서 달걀의 과거로의 변화를 묘사하고, 달걀이 탁자 끝에 우연히 어떻게 자리 잡게 되었는지를 나타낸다. 이처럼 '가장 그럴듯한' 달걀의 과거 역사를 찾으려면 우리는 다시 $\mathcal{R}_0$에 인접한 듬성갈기 영역을 조사하고, 다시 그 크기에 엄청난 차이가 있음을 알게 된다. 따라서 훨씬 더 작은 영역에서 $\mathcal{R}_0$로 들어가는 것보다, $\mathcal{R}_1$처럼 엄청나게 큰 영역에서 $\mathcal{R}_0$로 들어가는, p_0에서 끝나는 변화곡선이 엄청나게 더 많을 것이다. 여기서 $\mathcal{R}_1$의 부피는 $\mathcal{R}_0$의 부피를 크게 웃돈다. 변화곡선이 $\mathcal{R}_0$보다 훨씬 더 큰 $\mathcal{R}_1{}'$이라는 영역에서 $\mathcal{R}_0$로 들어간다고 해 보자. 이 이전에 크기가 아주 다른 이웃한 영역들이 또 존재할 것이며, 우리는 다시 $\mathcal{R}_1{}'$으로 들어가는 변화곡선의 절대적인 다수는 $\mathcal{R}_1'$보다 훨씬 더 큰 듬성갈기 영역에서 온다는 것을 알게 된다. 따라서 우리는 $\mathcal{R}_1'$으로 들어가는 과거로의 변화곡선이 $\mathcal{R}_1'$보다 엄청나게 더 큰 부피를 가진 $\mathcal{R}_2'$이라는 어떤 영역에서 오고, 그와 마찬가지로 $\mathcal{R}_2'$보다 훨씬 더 큰 부피의 $\mathcal{R}_3'$ 영역에서 $\mathcal{R}_2'$으로 들어가고, 그런 식으로 계속된다고 또한 가정할 수 있을 것으로 보인다(그림 1.15 참조).

이것이 바로 우리가 추론을 따라 이르게 될 것 같은 결론이지만 대체 이게 말이나 되는 소리일까? 그러한 변화곡선은 일련의 훨씬 더 작은 부피들, 말하자면 $\cdots$, $\mathcal{R}_{-3}$, $\mathcal{R}_{-2}$, $\mathcal{R}_{-1}$, $\mathcal{R}_0$에서 p_0까지 이르게 되는 변화곡선들보다 엄청나게 더 많을 것이다. 이런 변화는 실체로 일어났을 것이며, 그 부피들은 제2법칙과 부합되게 시간이 증가하는 방향으로 더 작은 부피에서 크게 증가하고 있을 것이다. 우리가 추론한 길을 따라가 보면 제2법칙을 뒷받침한다기보다는 완전히 잘못된 답, 즉 과거에는 제2법칙을 연속적으로 크게 위배하는 것으로 예상되는 그런 답에 이르게 되는 것 같다.

예컨대 우리의 추론에 따르면, 달걀이 어떻게 탁자 끝 위에 올려져 있는지 그 방법 중에서 가장 압도적으로 그럴듯한 방법은 이렇게 예상할 수 있을 것 같다. 달걀의 흰자와 노른자가 모두 함께 범벅돼 뒤섞여 있고 일부는 탁자가 놓인 마룻바닥 사이로 흡수돼 있다. 그렇게 바닥에 껍데기가 깨져 엉망진창이 된 상태가 출발점이라는 것이다. 그 엉망진창이 그 뒤 자발적으로 바닥에서 깨끗하게 자신을 거둬들여 다 같이 모여서, 노른자와 흰자가 철저하게 분리되고 기적적으로 달걀껍데기가 스스로 조립하여 노른자와 흰자를 완전히 감싸면서 완벽하게 구성된 달걀을 만들고, 그러고는 달걀이 자신을 바닥에서 빈틈없이 정확한 속도로 쏘아

올려 탁자 끝에 정교하게 올려놓게 된다. 위에서 우리가 추론한 식으로 따라가면 달걀의 이런 움직임에 이르게 된다. 이때 '그럴듯한' 변화곡선은 $\cdots$, $\mathcal{R}_3'$, $\mathcal{R}_2'$, $\mathcal{R}_1'$, $\mathcal{R}_0'$처럼 그 부피가 크게 감소하는 영역들을 연속적으로 지나게 된다. 하지만 이것은 아마도 실제로 일어났을 것 같은 상황, 즉 어떤 부주의한 사람이 너무 가까워서 달걀이 굴러떨어질 위험이 있다는 것을 알지 못한 채 탁자 끝에 달걀을 올려 두었을 그런 상황과는 크게 상충된다. 이 변화는 제2법칙과 부합했을 것이다. 왜냐하면 이는 위상 공간 $\mathcal{P}$에서 엄청나게 증가하는 일련의 부피들 $\cdots$, $\mathcal{R}_{-3}$, $\mathcal{R}_{-2}$, $\mathcal{R}_{-1}$, $\mathcal{R}_0$를 관통해 온 변화곡선이 나타내는 바이기 때문이다. 우리의 논증은 과거의 시간 방향으로 적용했을 때 상상할 수 있는 거의 가장 완벽하게 틀린 답을 정말로 주게 된다.

1.6

━━━━━

과거는 왜 다른가?

왜 우리의 추론은 슬프게도 길을 잃어버렸을까? 이것은 보통의 물리계가 미래로 변화할 때 압도적인 확률로 제2법칙이 반드시 지켜지리라 우리를 기대하게끔 인도하는 것처럼 보이는 추론과 명백하게 똑같다. 내가 설명했듯이 그 추론에 대한 문제는 듬성갈기 영역과 관련해서 변화가 실질적으로는 '무작위'처럼 여겨질 수 있다는 가정에 숨어 있다. 물론 그것은 위에서 지적했듯이 동역학적인 법칙(예를 들면 뉴턴 법칙)들에 의해 엄밀하게 결정되기 때문에 실제로는 무작위가 아니다. 그러나 우리는 이러한 듬성갈기 영역과 관련해서 이런 동역학적 움직임에서는 특별한 편향이 없다는 점을 받아들여 왔다. 그리고 이런 가정은 미래로의 변화에 대해서는 괜찮아 보인다. 하지만 우리가 과거로의 변화를 고려하면 이것은 명백하게 이치에 닿지 않음을 알게 된다. 예를 들면 과거로 변화하는 달걀의 움직임에는 엄청난 편향이 있다. 난장판으로 깨진 원래의 상태에서부터, 동역학적 법칙에 모두 부합하지만 예외적으로 그럴 것 같지 않은 움직임을 통해, 탁자 끝에서 균형 잡힌, 완전하고 깨지지 않은, 대단히 그럴듯하지 않은 상태에 이르기까지 — 시간을 거꾸로 돌린 관점에서 보자면 — 그 편향은 냉혹하게 인도된 것 같다. 만약 그런 움직임이 미래의 방향으로 관측되었다면 그것은 목적론이나 마법 같은 불가능한 양상이라고 여길 것이다. 왜 우리는 그처럼 분명하게 집중된 움직임이 과거를 향해 있을 땐 완벽하게 받아들일 수 있는 것으로 여기는 반면, 미래로 향해 있을 때는 과학적으로 받아들일 수 없는 것으로 기각하는 것일까?

그 답은 — '물리적인 설명'이라고 하기는 힘들지만 — 간단히 말해 그러한 '과거 목적론'은 일상적인 경험인 반면 '미래 목적론'은 뭔가 단지 우리가 결코 마주칠 것 같지 않은 그런 것이다. 왜냐하면 그런 '미래 목적론'을 우리가 마주치지 않는다는 것은 그저 관측된 우주의 사실이기 때문이다. 제2법칙이 유효한 것은 단지 관측적인 사실일 뿐이다. 우리가 아는 우주에서는 동역학적인 법칙들이 결코 미래의 목적을 향해 안내되는 것 같지 않아 보이며, 듬성갈기 영역과는 완전히 무관한 것으로 간주할 수 있다. 반면에 변화곡선이 과거 방향으로 그렇게 '안내'되는 것은 아주 평범하다. 변화곡선의 과거로의 움직임을 조사해 보면 '고의로' 점점 더 작은 듬성갈기 영역을 찾아가는 것처럼 보인다. 이것을 이상하게 여기지 않는 것은 단지 그것이 우리 일상경험의 대단히 익숙한 일부분인 그런 문제이다. 달걀이 탁자 끝에서 굴러 떨어져 그 아래 바닥에서 박살이 나는 경험은 이상하게 여겨지지 않는 반면, 그런 현상을 시간의 역방향으로 돌린 영화필름은 정말 극도로 이상해 보인다. 그것은 보통의 시간 방향에서는 물리적인 세상에서 우리가 겪는 일부가 아닌 뭔가를 나타낸다. 그런 '목적론'은 우리가 과거를 바라보고 있다면 완벽하게 받아들일 수 있지만, 미래에 적용했을 때는 우리 경험과 맞지 않는다.

사실 과거 목적론처럼 보이는 움직임은 다름 아닌 우리 우주의 기원이 위상공간에서 아주 예외적으로 작은 듬성갈기 영역으로 표현된다고,

그래서 우주의 초기 상태는 특별히 작은 엔트로피를 가진 상태라고 간단하게 가정하면 이해할 수 있다. 위에서 지적했듯이 우주의 엔트로피가 움직이는 방식에 적절한 정도의 연속성이 있게끔 동역학적 법칙들이 작동한다는 점을 우리가 일단 받아들인다면, 우리는 단지 우주의 초기 상태 — 우리가 빅뱅이라고 부르는 — 가 어떤 이유에서 유별나게 작은 엔트로피(2장에서 보게 되겠지만 그 작다는 것이 아주 묘한 특성을 지녔다)를 가졌다고 가정하기만 하면 된다. 그러면 엔트로피가 적절하게 연속적이라는 말은 그 이후로 계속 우주의 엔트로피가 상대적으로 점차 증가한다(보통의 시간 방향으로)는 것을 뜻한다. 이는 제2법칙에 대한 일종의 이론적 정당성을 부여한다. 그래서 핵심적인 문제는 정말로 빅뱅의 특별함, 그리고 이 특별한 초기 상태의 특징을 나타내는 초기의 듬성갈기 영역 B가 유별나게 미세하다는 점이다.

빅뱅의 특별함이라는 이슈는 이 책의 논증에서 핵심을 이룬다. 2.6절에서 우리는 빅뱅이 실제로 얼마나 유별나게 특별했어야만 했는지 보게 될 것이며, 이 초기 상태의 아주 특별한 성질과 마주할 것이다. 이것이 야기하는 근원적이며 심오한 수수께끼는 후에 이 책의 독특하고도 근원적인 주제를 던져주는 일련의 기묘한 생각들로 우리를 안내해 줄 것이다. 하지만 당분간은, 그처럼 유별나게 특별한 상태가 정말로 우리가 알고 있는 우주의 근원이 되었다는 점을 일단 받아들인다면, 우리는 단지 지금 알고 있는 형태로서의 제2법칙은 자연스러운 결과라는 사실에만 주목하면 된다. 우주의 변화곡선이 P 속의 어떤 다른 유별나게 작은 '미래' 영역 F에서 끝나야만 한다는 목적론을 요구하고, 그에 상응하는 낮은 엔트로피의 최종적인 우주상태 또는 그런 어떤 상태가 없다면, 미래의 시간 방향으로 엔트로피가 증가한다는 우리의 추론은 완전히 받아들일 만한 것 같다. 변화곡선이 유별나게 작은 영역 B에서 비롯되어야 함을 요구하는 초기의 낮은 엔트로피 제한조건은 우리가 우리 우주에서 실제로 경험하는 제2법칙의 이론적 기초가 된다.

그러나 빅뱅 상태를 좀 더 조사하기 위한 모험(2장)에 나서기 전에 몇몇 사항들을 분명히 해둘 필요가 있다. 우선 제2법칙이 어떤 불가사의도 품고 있지 않다는 것은 이따금 논증돼 왔다. 왜냐하면 시간에 따른 우리의 경험은 시간의 여정에 대한 우리의 느낌을 구성하는 일부로서 증가하는 엔트로피에 달려 있기 때문이다. 따라서 우리가 '미래'라고 믿는 시간 방향은 그게 어느 쪽이든 간에 그것은 엔트로피가 증가하는 방향이어야 한다. 이 논증에 따르면, 만약 엔트로피가 어떤 시간변수 t에 대해 감소하고 있었다면 시간에 따른 우리의 의식적 느낌은 반대방향으로 투사되었을 것이며 따라서 우리는 작은 엔트로피값이 우리가 우리의 '미래'라고 생각하는 것에, 그리고 큰 값은 우리의 '과거'에 놓여 있다고 여겼을 것이다. 그래서 우리는 변수 t가 정상적인 시간변수와는 거꾸로 간다고 여길 것이며 따라서 엔트로피는 여전히 우리가 미래라고 경험하는 것 속으로는 증가하고 있을 것이다. 그래서 논증은 이렇게 계속된다. 시간 여정에 대한 우리의 심리적인 경험은 엔트로피가 진행하는 물리적 방향과는 무관하게 언제나 제2법칙이 사실인 것과 같을 것이다.

그러나 우리의 '시간 진행에 대한 경험' — '의식적인 경험'에 필요한 물리적 선결 요건들이 무엇인지에 대해 우리는 거의 아무것도 모른다 — 에서 나온 그런 여느 논증이 아주 의아스러운 성질을 갖고 있다는 점은 차치하고서라도, 이런 논증은 엔트로피라는 아주 유용한 개념이 우리 우주가 열적 평형에서 엄청나게 멀리 떨어져 있다는 점에 의존하고 있어서, $\mathcal{R}_{max}$보다 훨씬 더 작은 듬성갈기 영역이 우리의 일상적인 경험과 관련이 있다는 핵심적인 사항을 놓치고 있다. 이에 더해 엔트로피가 균일하게 증가하든지 또는 균일하게 감소한다는 바로 그 사실이 위상공간 속의 변화곡선의 한쪽 또는 다른 쪽 끝(하지만 양쪽 끝 모두는 아님)이 아주 작은 듬성갈기 영역에 속박돼 있다는 현실에 의존하고 있다. 이는 가능한 우주 역사의 아주 작은 일부에 대해서만 사실이다. 우리의 변화곡선이 맞닥뜨렸던 것처럼 보이는 듬성갈기 영역 $\mathcal{B}$가 아주 미세하다는 점은 설명이 필요하다. 그리고 이 문제는 앞서 말한 논증에서는 전혀 건드리지도 못했다.

가끔은 제2법칙의 존재가 생명에 필수적인 선결 조건이어서, 우리처럼 살아 있는 생명체는 제2법칙이 적용되는 우주(또는 그런 우주의 시대)에서만 존재할 수 있을 것이라는 주장도 나온다(아마도 위의 논증과 결합하여). 이때 제2법칙은 자연선택 등에 필수적인 요소가 된다. 이것은 '인류적 추론'의 한 예로서 3.2절(끝 부분)과 3.3절에서 이 일반적인 문제로 잠시 돌아올 것이다. 이러한 형태의 논증이 다른 맥락에서 어떤 가치를 가진다고 하더라도, 여기서는 일고의 쓸모도 없다. 여기서도 또한 우리가 의식에 대한 것보다 생명에 대한 물리적인 요구조건들을 더 많이 이해하지 못한다는 추론에는 아주 의심스러운 면들이 있다. 하지만 이 문제는 차치하고서라도, 그리고 심지어 자연선택이 정말로 생명에 필수불가결한 선결 조건이며 제2법칙을 정말로 필요로 한다고 가정하더라도, 이는 여전히 여기 지구에서 작동하는 제2법칙과 똑같은 법칙이 관측 가능한 우주의 모든 곳에서 적용되는 것처럼 보인다는 사실을 설명하지는 못한다. 십억

광년 떨어진 은하 속에서와 같이 우리 지구의 조건들과 조금이라도 상관이 있는 그런 곳을 한참 넘어선 거리까지, 그리고 지구에서 생명이 시작된 것보다 훨씬 초기의 시대에도 말이다.

한 가지 더 명심해야 할 점은 다음과 같다. 만약 우리가 제2법칙을 가정하지 않는다면, 또는 우주가 어떤 유별나게 특별한 초기 상태에서 유래했다거나 이런 일반적인 특성을 지닌 다른 뭔가를 가정하지 않는다면, 우리는 지금보다 더 이른 시대에 작동하는 제2법칙을 유도하는 데에 필요한 전제조건으로서 생명의 존재에 대한 '불가능성'을 이용할 수 없다. 아무리 신기하고 직관적이지 않게 보인다 하더라도, 생명을 만들어 내는 것은 (만약 우리가 제2법칙을 선험적으로 가정하지 않는다면) 구성 입자들을 단지 무작위로 충돌시켜서 '기적적으로' 만들어 내는 것보다 자연적인 방법 — 자연선택 또는 '자연스러운' 과정으로 보이는 다른 여느 방법 — 으로 만드는 것이 훨씬 덜 그럴듯할 것이다! 왜 그래야만 하는지를 알아보기 위해, 다시 위상공간 $\mathcal{P}$ 속의 변화곡선을 조사해 보자. 실제 그럴듯이 생명으로 넘쳐나는 현재 우리의 지구를 나타내는 듬성갈기 영역 $\mathcal{L}$을 생각해 보면, 그리고 이런 상황이 발생할 수 있는 가장 그럴듯한 방법을 묻는다면, 우리는 또다시 — 앞서 1.5절에서 고려했던 크게 감소하는 일련의 듬성갈기 영역 $\cdots, \mathcal{R}_3', \mathcal{R}_2', \mathcal{R}_1', \mathcal{R}_0$와 마찬가지로 — $\mathcal{L}$에 이르는 '가장 그럴듯한' 길은 그에 상응하는, 부피가 크게 감소하는 어떤 일련의 듬성갈기 영역들 $\cdots, \mathcal{L}_3', \mathcal{L}_2', \mathcal{L}_1', \mathcal{L}_0$를 통해서일 것이다. 이 영역들은 뭔가 완전히 무작위로 보이지만 목적론적으로 생명을 조립하는, 실제로 일어났던 것과는 완전히 판이한 상황을 나타낸다. 이는 제2법칙이 작동하는 것을 보여주기는커녕 제2법칙과는 극심하게 일치하지 않는다. 따라서 단지 생명의 존재 그 자체로써는 결단코 제2법칙의 유효성을 충분히 논증할 수 없다.

여기서 다뤄야 할 마지막 사항이 하나 있는데, 이는 미래와 관련된 것이다. 나는 제2법칙이, 초기조건에 엄청난 제한조건을 가했을 때 그 결과와 함께, 우리 우주에서 실제로 유효한 것은 단지 관측적인 사실의 문제일 뿐이라고 논증했다. 아주 먼 미래에는 그에 상응하는 제한이 없는 것처럼 보이는 것도 또한 단지 관측의 문제일 뿐이다. 하지만 후자가 실제 사실이라는 것을 우리는 정말로 알고 있는 것일까? 우리는 아주 먼 미래가 세세하게 어떠할지에 대해 직접적인 많은 증거를 실제로 갖고 있지 않다. (우리가 갖고 있는 증거는 3.1, 3.2, 3.4절에서 논의할 것이다.) 엔트로피가 결국에는 다시 아래로 꺾이기 시작해서 결국에는 완전히 뒤집힌 제2법칙이 먼 미래에는 적용될 것임을 암시하는 그 어떤 징후도 지금 우리가 찾을 길이 없다고 확실하게 말할 수 있다. 그러나 나는 우리가 살고 있는 실제 우주에서 그런 일을 완전히 배제할 수 있을 거라고는 생각하지 않는다. 빅뱅 이후 흘러간 1.4×10^{10}년도 아주 긴 시간처럼 보이기는 하지만 (2.1절 참조), 그리고 뒤집힌 제2법칙의 효과 따위는 관측되지 않았지만, 이 정도의 시간 간격은 우주의 완전한 미래 시간 간격(3.1절에서 다룰 것이다)에 투사된 듯한 것에 비하면 아무것도 아니다. 어떤 작은 영역 $\mathcal{F}$에서 종료하는 변화곡선을 갖도록 제한된 우주에서는, 그 우주의 아주 나중의 변화는 궁극적으로 위 1.5절에서 묘사했던 자가조립self-assembling하는 달걀만큼이나 이상하게 보이는 그런 종류의 목적론적 움직임에 이르게 하는, 입자들 사이의 진기한 상호작용을 겪어야만 한다.

우주가 하나의 아주 작은 듬성갈기 영역 $\mathcal{B}$에서 비롯되고 또한 또 다른 영역 $\mathcal{F}$에서 끝나도록 우주의 변화곡선이 위상공간 $\mathcal{P}$에서 제한되는 것은 동역학(말하자면 뉴턴적인)과 어긋나지 않는다. 단지 $\mathcal{B}$에서 시작되기만 한 것보다는 그런 변화곡선이 훨씬 드물겠지만, 우리가 살고 있는 실제 우주가 그렇게 보이듯이 $\mathcal{B}$에서 단지 시작된 변화곡선이 전체 가능성의 단지 극히 미세한 일부분만 나타낸다는 사실에 미리 익숙해져야만 한다. 변화곡선의 양 끝점이 모두 아주 작은 영역에 정말로 속박된 상황은 모든 가능성 중에서 훨씬 더 작은 일부분을 나타낼 것이다. 하지만 그 논리적인 지위는 아주 다르지 않아서 간단하게 배제할 수는 없다. 그러한 변화에 대해서는 우주의 초기 단계에, 우리가 아는 우주에서 그러해 보이는 것과 마찬가지로 제2법칙이 작동하고 있었을 것이다. 하지만 아주 나중 단계에서 우리는 엔트로피가 궁극적으로는 시간에 대해 감소하는, 뒤집어진 제2법칙이 유효하다는 것을 알게 될 것이다.

나는 제2법칙이 결국에는 뒤집어질 것이란 이 가능성을 전혀 그럴듯하게 여기지는 않는다. 그리고 이 책에서 내가 던지고자 하는 주요한 제안들에서도 중요한 역할을 하지는 않을 것이다. 하지만 경험적으로 봤을 때 그처럼 궁극적으로 뒤집어진 제2법칙에 대한 징후가 없다고 하더라도 그런 종말이 본질적으로 엉터리인 것은 아니라는 점은 분명히 해 둬야 한다. 이런 종류의 기묘한 가능성이 반드시 배제될 수 있는 것은 아니라는 점에 항상 마음을 열어 두어야만 한다. 이 책의 3장에서 색다른 제안을 할 것인데, 내가 말하고자 하는 바를 제대로 평가하는 데에 열린 마음이 도움될 것이다. 하지만 이런 생각들은 우주에 대한, 우리가 온당하게 확신할 수 있는 몇몇 놀라운 사실들에 기초해 있다. 이제 2장으로 넘어가 빅뱅에 대해 우리가 실제로 무엇을 알고 있는지부터 시작해 보자.

제 2 장

기묘하고도 독특한 빅뱅의 성질

2.1

━━━━

팽창하는 우리 우주

빅뱅Big-Bang: 우리는 실제로 무슨 일이 일어났다고 믿고 있는가? 우리가 아는 전체 우주의 기원인 것으로 보이는 원시폭발이 실제로 일어났다는 명백한 관측적 증거가 있는가? 그리고 1장에서 제기한 이슈의 핵심은 다음 질문이다. 그처럼 거칠고 뜨겁고 격렬한 일대 사변이 어떻게 터무니없이 작은 엔트로피 상태를 나타낼 수 있을까?

우주의 기원이 폭발이라고 믿은 주된 이유는 미국의 천문학자인 에드윈 허블Edwin Hubble의 관측 — 우주가 팽창하고 있음 — 이 설득력이 있었기 때문이었다. 이는 1929년이었고, 그 이전인 1917년에 이미 베스토 슬리퍼Vesto Slipher는 우주가 팽창할지도 모른다는 낌새를 눈치챘다. 허블의 관측은 멀리 있는 은하가 기본적으로 우리로부터의 거리에 비례하는 속도로 우리에게서 멀어지고 있음을 꽤 설득력 있게 보여주었다. 그래서 만약 우리가 과거로 추정해 본다면 우리는 모든 것이 얼마간의 차이는 있겠지만 똑같은 시간에 함께 모여들었을 것이라는 결론에 이르게 된다. 그 사건이 모든 물질이 자신의 궁극적인 기원을 갖게 된 것처럼 보이는 하나의 엄청난 폭발 — 지금 우리가 '빅뱅'이라고 부르는 — 을 만들어냈다. 그 뒤의 수많은 관측 그리고 세밀하고도 특정한 실험들(그중 몇몇은 곧

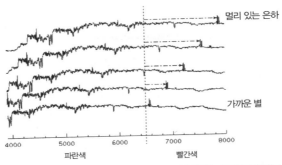

멀리 있는 은하

가까운 별

4000　　　　　5000　　　　　6000　　　　　7000　　　　　8000
파란색　　　　　　　　　　　　　빨간색

그림 2.1 멀리 있는 은하 속의 원자가 방출하는 스펙트럼의 '적색편이'는 도플러 이동으로 해석하는 것과 일치한다.

소개할 것이다)이 허블의 처음 결론을 확증했고 또 크게 강화했다.

　　허블의 고찰은 멀리 있는 은하가 방출하는 빛의 스펙트럼선에서 적색편이red shift를 관측한 것에 기초하고 있었다. '적색편이'라는 용어는 멀리 있는 은하 속에 있는 다른 종류의 원자가 방출하는 진동수의 스펙트럼이 지구에서 봤을 때 빨간색 방향으로 약간 이동한 것으로 보이는 현상을 일컫는다. 이는 균일하게 진동수가 감소하는 현상으로, 도플러 이동Doppler shift[2.1]으로 해석하는 것과 일치한다(그림 2.1 참조). 즉 적색편이는 관측한 물체가 상당한 속도로 우리에게서 멀어지기 때문에 빨간 쪽으로 치우치는 현상이다. 적색편이는 더 멀리 있는 것처럼 보이는 은하일수록 더 커진다. 그리고 겉보기 거리와의 상관관계는 우주가 공간적으로 균일하게 팽창한다는 허블의 묘사와 일치하는 것으로 드러났다.

　　이후 몇 년 동안 관측과 그 해석이 아주 세련돼졌다. 개괄적으로 말하자면 허블의 원래 주장이 확증되었을 뿐만 아니라 최근의 연구는 우주의 팽창비율이 시간에 따라 어떻게 변화하는지 아주 자세하게 보여주었다.

이것이 묘사하는 바는 지금 일반적으로 아주 잘 받아들여지고 있다(몇몇 세세한 이슈에 대해서는 여전히 주목할 만한 이견이 있기는 하지만 말이다[2.2]). 특히 우주의 물질이 그 출발점에 모두 모여 있었어야만 했던 순간, 즉 우리가 정말로 '빅뱅'이라고 부르는 그 순간이 1.37×10^{10}년 전의 어느 날에 가깝다는 것은 꽤 확고하고 또 일반적으로 동의하는 확립된 사실이다.[2.3]

빅뱅을 공간의 어떤 특별한 영역에 국한된 것으로 생각해서는 안 된다. 우주학자들이 일반 상대성 이론이라는 아인슈타인의 시각에 부합하여 취하는 관점에 의하면 빅뱅은 발생했을 때 우주에 퍼져 있는 전체 공간을 에워쌌다. 그래서 빅뱅은 단지 우주의 물질적 내용물뿐만 아니라 모든 물리 공간 전체를 포함했다. 따라서 공간 자체도 적절한 의미에서는 그 당시에 아주 작았던 걸로 여겨진다. 그처럼 혼란스러운 문제를 이해하려면 굽은 시공간에 대한 아인슈타인의 일반 상대성 이론이 어떻게 작동하는지를 알 필요가 있다. 2.2절에서 나는 아인슈타인의 이론을 꽤 진지하게 다루어야 하겠지만, 당분간은 자주 사용되는 비유, 즉 부풀어 오르는 풍선에 만족하도록 하자. 우주는 풍선의 표면처럼 시간에 따라 팽창하는데, 공간 전체가 시간과 함께 팽창하기 때문에 공간이 모두 팽창하는 우주에서는 중심점이 없다. 물론 풍선이 그 안에서 팽창하는 것으로 묘사되는 3차원 공간은 그 내부에 풍선 표면의 중심에 해당하는 점을 하나 포함하고 있지만, 이 점 자체는 풍선 표면의 일부가 아니다. 여기서는 풍선의 표면이 우주의 공간 기하 전체를 나타내는 것으로 여겼었다.

관측으로 밝혀진 바로는 실제 우주 팽창이 시간에 의존하는 정도는 정말 놀랄 정도로 아인슈타인의 일반 상대성 이론의 방정식들과 부합하지만 명확히 말하자면 이제 일반적으로 '암흑물질dark matter' 그리고 '암흑에너지dark energy'라는 이름으로 불리는 다소 예상 밖의 두 요소가 그 이론 속에 들어올 때만 그렇다.[2.4] 이 두 요소 모두 차례로(3.1, 3.2절 참조) 독자들에게 소개할 제안적인 논의의 틀에서 상당히 중요할 것이다. 이 둘 중 어느 것도 이 분야의 모든 전문가가 완전히 받아들이는 것은 아니라고 말은 해 두어야겠지만, 이들은 지금 현대 우주론을 표준적으로 그려내는 데에 중요한 요소이다.[2.5] 나 자신으로 말할 것 같으면, 나는 우리에게 본질적으로 알려지지 않았지만 우리 우주 물질의 약 70%를 구성하는 자연의 어떤 보이지 않는 물질 — '암흑물질' — 의 존재, 그리고 또한 아인슈타인의 일반 상대성 이론 방정식이 1917년 자신이 제안했던 수정된 형태로 받아들여져야만 한다는 점 모두를 기쁘게 받아들이는 편이다. 그 수정된 방정식은 아주 작은 양수인 우주상수cosmological constant Λ('암흑에너지'의 가장 그럴듯한 형태)를 품고 있어야만 한다.

아인슈타인의 일반 상대성 이론(작은 Λ가 있든 없든)은 현재 태양계 규모에서는 극도로 잘 들어맞는다는 점을 지적해 둬야겠다. 지금 일반적으로 사용하고 있는 아주 실용적인 범지구위치지정체계GPS조차도 그 놀라운 정확도로 작동하려면 일반 상대성 이론에 의존해야만 한다. 훨씬 더 인상적인 점은 쌍 맥동성(또는 쌍성펄서)binary pulsar[2.6]의 움직임을 모형화할 때 아인슈타인의 이론이 황당할 정도로 정확하다는 점인데, 전반적인 정확도가 대략 10^{14}분의 1 정도이다(쌍성계 PSR-1913+16에서 나오는 맥동신호의 시간 간격이 40여 년 넘는 세월 동안 매년 약 10^{-6}초 정도의 정밀도로 정확하게 모형화 됐다는 의미에서 그렇다).

아인슈타인의 이론에 기초한 최초의 우주론 모형은 1922년과 1924년

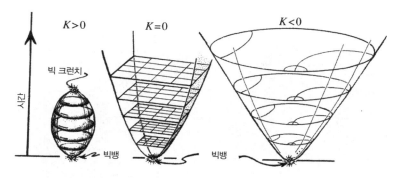

그림 2.2 우주의 공간 곡률이 (왼쪽부터) 양수, 0, 음수인 프리드만의 우주론 모형의 시공간 역사.

에 러시아의 수학자 알렉산더 프리드만Alexander Friedmann이 제시했다. 그림 2.2에서 세 가지 경우(Λ = 0으로 잡았다)의 시간에 따른 변화를 그려서 이 모형의 시공간 역사를 묘사했다. 여기서 우주 공간의 곡률은 각각 양수, 0, 음수이다.[2.7] 사실상 나의 모든 시공간 도형에서는 수직 방향은 시간변화를, 수평 방향은 공간을 나타낸다. 이는 내 나름의 표기법이 될 것이다. 세 가지 경우 모두에서 공간 기하의 부분은 완전히 균일하다(균질하고 등방이라고 말하는 것)고 가정한다. 이런 종류의 대칭성을 가진 우주론 모형을 프리드만-르메트르-로버트슨-워커Friedmann-Lemaître-Robertson-Walker(FLRW) 모형이라고 부른다. 원래의 프리드만 모형은 특별한 경우로서 물질의 형태가 압력이 없는 유체, 즉 '먼지'로 묘사되었다(2.4절 참조).

　본질적으로[2.8] 공간기하에 대해서는 다음 세 가지 경우만 생각하면 된다. 즉 공간곡률이 양수인 $K > 0$의 경우로서 공간기하가 구 표면(위에서 언급한 풍선과 같은)의 3차원적 유사물에 해당하는 경우, 평평한 $K = 0$의 경우로서 공간기하가 우리에게 익숙한 유클리드Euclid의 3차원 기하인 경

(a)

(b)

(c)

그림 2.3 모리츠 에셔가 그린 세 가지 기본적인 종류의 균일한 평면 기하. (a) 타원(양수, K > 0)
(b) 유클리드(평평함, K = 0) (c) 쌍곡선(음수, K < 0). © M.C. Escher Company (2004).

우, 그리고 음으로 굽은 $K < 0$인 3차원 雙曲線 공간기하의 경우. 네덜란드의 화가 모리츠 에셔Maurits C. Escher가 세 가지 모든 다른 종류의 기하를 천사와 악마를 모자이크하는 방식으로 아름답게 그려준 것이 우리에겐 천만다행이다(그림 2.3 참조). 이것은 단지 2차원적인 공간기하를 그렸을 뿐이지만 세 가지 종류의 기하학 모두 전체 3개의 공간차원에서도 그 유사물이 존재한다는 사실을 명심해야 한다.

이 모든 모형은 '빅뱅'이라는 특이상태 — '특이singular'라는 말은 물질의 밀도와 시공간 기하의 곡률이 이 초기 상태에서 무한대가 된다는 사실을 말한다 — 에서 비롯되었다. 아인슈타인의 방정식(그리고 우리가 아는 물리학도 전체적으로)은 특이점에서 그저 '두 손을 들 뿐이다'. (하지만 3.2절과 부록 B10 참조) 이 모형들에서 시간의 습성은 공간의 습성을 상당히 반영한다는 점을 지적해야겠다. 공간적으로 유한한 경우($K > 0$. 그림 2.3(a))는 또한 시간적으로도 유한한 경우로서 초기 빅뱅 특이점뿐만 아니라 보통 '빅크런치'로 불리는 최후의 특이점 또한 존재한다. 나머지 두 경우들($K \leq$ 0. 그림 2.3 (b), (c))은 공간적으로 무한할 뿐만 아니라[2.9] 시간적으로도 또한 무한해서 팽창이 끊임없이 무한히 계속된다.

그러나 1998년경 두 개의 관측단(하나는 사울 펄무터Saul Perlmutter가 이끌었고 다른 하나는 브라이언 슈미트Brian P. Schmidt가 이끌었다)이 아주 먼 초신성[2.10] 폭발과 관련된 데이터를 분석한 이후로, 우주의 팽창이 그 후기 단계에서는 그림 2.2에 묘사된 표준적인 프리드만 우주론이 예측하는 변화비율과 실제로 맞지 않는다는 증거가 늘어나게 되었다. 그 대신 우리 우주는 팽창이 가속되기 시작한 것처럼 보인다. 그 비율은 아인슈타인의 방정식에 작은 양의 값을 가진 우주상수 Λ를 포함시켰을 때 설명할 수 있는 그

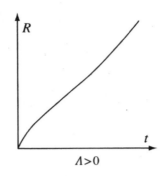

$\Lambda > 0$

그림 2.4 양의 Λ를 가진 우주의 팽창 비율. 궁극적으로는 지수 함수적으로 증가한다.

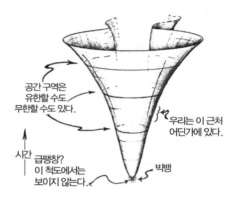

공간 구역은
유한할 수도
무한할 수도 있다.

우리는 이 근처
어딘가에 있다.

시간 급팽창?
이 척도에서는
보이지 않는다.

빅뱅

그림 2.5 우주의 시공간 팽창. 양의 Λ에 대한 그림(K의 값에 대해 편향적이지 않도록 암시적으로 그렸다).

런 비율이었다. 이와 함께 그 이후의 다양한 종류의 관측을 따르면[2.11] Λ > 0인 프리드만 모형이 지수 함수적으로 팽창하는 성질의 태초를 가진다는 상당히 확실한 증거를 얻게 되었다. 이 지수 함수적인 증가는 $K \leq 0$인 경우(어느 경우든 $\Lambda = 0$이더라도 먼 미래에는 무한히 팽창한다)뿐만 아니라, Λ가 충분히 커서 닫힌 프리드만 모형이 갖고 있는 재수축의 경향을 극복

할 수만 있다면 $K > 0$인 공간적으로 닫힌 경우에도 일어난다. 사실 증거들은 충분히 큰 Λ가 존재함을 시사한다. 그래서 K의 값(부호)이 팽창비율과는 다소간 별 관계가 없어져 버렸다. 아인슈타인 방정식에 실제로 존재하는 것 같은 Λ의 (양의) 값이 이제는 후시대의 습성을 지배할 것이며, 관측적으로 받아들일 수 있는 범위 안에서는 K값과 무관하게 지수 함수적인 팽창을 가능하게 한다. 따라서 우리 우주는 그림 2.4에서 보여준 곡선과 기본적으로 부합하는 팽창 비율을 가진 듯하며, 시공간의 그림은 그림 2.5와 부합하는 것 같다.

이런 관점에서 나는 우주의 공간 기하에 대한 이 세 가지 가능성 사이의 차이점들에 특별한 관심을 가지지 않을 것이다. 사실 현재의 관측에 의하면 우주의 전체적인 공간 기하는 평평한 경우인 $K = 0$에 상당히 가깝다는 것을 암시한다. 어떤 의미에서 이것은 다소 불행하다. 왜냐하면 그것은 우리가 우주의 전체적인 공간 기하가 실제로 어떻게 생겼겠느냐는 — 예를 들면 우주가 필연적으로 닫힌 공간인지 또는 공간적으로 무한한지 하는 — 질문에 대한 답을 정말로 알지 못한다는 것을 말해주고 있기 때문이다. 이는 정반대라고 믿을 만한 강력한 이론적인 근거가 없다면 언제나 전체적으로 양의 또는 음의 작은 곡률을 가질 확률이 어느 정도 항상 남아 있기 때문이다.

다른 한편, 많은 우주학자는 우주 급팽창이 던져 주는 관점 때문에 우주의 공간 기하가 (상대적으로 조금 국소적으로 벗어난 것은 차치하고) 실제로는 평평($K = 0$)해야만 한다고 믿을 만한 강력한 근거가 있다는 견해를 갖고 있다. 그래서 우주학자들은 우주가 관측적으로 평평한 우주에 가깝다는 사실에 흡족해 한다. 우주 급팽창이란 빅뱅 직후 대략 10^{-36}초에서 10^{-32}

초 사이 언제쯤의 아주 짧은 시간 간격 동안에 우주가 기하급수적인 팽창을 겪었는데, 그 길이 차원이 대략 10^{30} 또는 10^{60}(또는 심지어 10^{100}) 정도 되는 어마어마한 인수만큼 증가했다는 제안이다. 우주 급팽창에 대해 나중에 (2.6절 참조) 나는 더 할 말이 있지만 당분간은, 이것이 오늘날 우주학자들 사이에서 주로 보편적으로 받아들여짐에도 불구하고 나는 이 특별한 제안에 대해 열광적이지는 않다는 점을 독자들에게 알려주고자 한다. 어떤 경우든 우주의 역사에서 초기 급팽창의 단계가 존재했다는 점은 그림 2.2와 2.5의 모양에 영향을 주지는 않을 것이다. 왜냐하면 급팽창의 효과는 빅뱅 직후의 아주 초기 단계에서만 나타나므로 그림 2.2와 2.5가 그려진 규모에서는 보이지 않을 것이기 때문이다. 다른 한편으로, 나는 이 책에서 나중에 급팽창에 대한 믿을 만한 대안제시로도 볼 수 있는 아이디어를 제안할 것이다. 이는 현재 인기 있는 우주론의 틀 속에서 급팽창에 의존하는 것처럼 보이는 그런 관측 현상들을 설명할 수 있다(3.5절 참조).

그런 고려사항들은 제쳐 놓더라도 내가 여기서 그림 2.3(c)를 보여 준데에는 아주 다른 동기가 있다. 이것은 나중에 우리에게 근본적으로 중요한 점을 묘사하고 있다. 에셔의 이 아름다운 그림은 쌍곡선 평면을 특별히 표현한 것에 기초했는데, 이는 1868년에 이탈리아의 천재 지리학자 에우제니오 벨트라미Eugenio Beltrami[2.12]가 제시한 여러 평면 중 하나이다. 약 14년 뒤에 프랑스의 탁월한 수학자 앙리 푸앵카레Henri Poincaré가 똑같은 표현법을 재발견했다. 그래서 여기에 그의 이름이 붙은 것이 더 일반적이다. 용어에 대한 혼란이 가중되는 것을 피하기 위해 여기서는 단순히 쌍곡선 평면에 대한 등각 표현이라고 말할 것이다. '등각conformal'이라는 용어는 이 기하에서의 각도가 이것이 그려진 유클리드 평면에서 정확하게 표현된다는 사실을 말하고 있다. 등각 기하의 발상은 2.3절에서 좀 더 자세히 다룰 것이다.

우리는 쌍곡선 기하가 표현된 바에 따라 이 기하 속의 모든 악마가 서로 합동인 것으로 생각해야만 한다. 마찬가지로 모든 천사도 합동으로 간주해야 한다. 배경이 되는 유클리드의 척도에 따르면 그들의 크기는 분명히 우리가 원형의 경계에 가까이 다가가서 조사할수록 더 작아지게끔 표현돼 있다. 그러나 각도 또는 무한히 작은 모양의 표현법은 우리가 경계로 가까이 다가가서 조심스럽게 이들을 조사하더라도 똑같이 남아 있다. 원형의 경계 자체는 이 기하의 무한대를 표현한다. 내가 여기서 독자에게 지적하고자 하는 것이 바로 무한대를 매끈하고 유한한 경계로서 이렇게 등각적으로 표현한 것이다. 이는 우리가 나중에(특히 2.5절과 3.2절에서) 이르게 될 아이디어에서 핵심적인 역할을 수행할 것이다.

어디에나 있는 초단파 배경

1950년대의 대중적인 우주이론은 정상상태 모형이라 불리는 것이었다. 이것은 1948년 토마스 골드Thomas Gold와 헤르만 본디Hermann Bondi가 처음으로 제안했고, 곧 프레드 호일Fred Hoyle이 좀 더 자세하게 뒷받침하였다.[2.13] 당시에 그들은 모두 케임브리지 대학에 있었다. 그 이론은 공간 전체에 걸쳐 극도로 낮은 비율로 물질이 끊임없이 생겨날 것을 요구했다. 이 물질은 수소분자 — 각 분자는 진공에서 만들어진 하나의 양성자와 하나의 전자가 쌍을 이루어 구성된다 — 의 형태여야만 하는데 10억 년에 단위 세제곱미터당 그런 원자 하나에 해당하는, 극도로 미세한 비율로 생겨난다. 이것은 우주의 팽창 때문에 감소하는 물질의 밀도를 보충하기에 딱 맞는 비율이어야만 할 것이다.

여러 면에서 이것은 철학적으로 매력적이고 미학적으로도 만족스러운 모형이다. 왜냐하면 이런 우주는 시간이나 공간에서 어떤 기원도 요구하지 않으며, 이 우주의 많은 성질을 이 우주가 자가증식해야 한다는 요구조건으로부터 유도할 수 있다. 내가 1952년에 젊은 대학원생으로 케임브리지 대학에 들어갔을 땐(순수 수학을 전공했지만 물리학과 우주론에도 강한 흥미를 갖고 있었다[2.14]) 이 이론이 제안된 지 얼마되지 않았을 때였다. 그리고 1956년에 연구원으로 돌아왔다. 케임브리지에 있는 동안 나는 정상상태 이론의 주창자 셋 모두를 알게 되었고, 이 모형이 호소력 있는 데다 그 논증이 아주 설득력이 있다는 것을 확실히 알았다. 그러나 내가 케임브리지에서 머물던 시간이 끝나가던 무렵 마틴 라일(경)Martin Ryle(그 또한 케임브리지에 있었다)이 무라드 전파관측소Mullard Radio Observatory에서 멀리 있는 은하를 자세히 세어 본 결과 정상상태 모형에 반하는 명백한 관측 증거들이 나오기 시작했다.[2.15]

하지만 정상상태 모형에 가해진 실제 죽음의 일격은 1964년 미국의 아노 펜지어스Arno Penzias와 로버트 윌슨Robert W. Wilson이 우연하게도 우주의 모든 방향에서 날아오는 마이크로파 전자기 복사를 관측한 것이었다. 1940년대 말 조치 가모브George Gamow와 로버트 디케Robert Dicke는 그 당시에 더욱 재래식이었던 '빅뱅이론Big-Bang theory'에 기초하여 사실상 그런 복사를 예견했었다. 현재 관측되는 그런 복사는 이따금 '빅뱅의 섬광flash of the Big-Bang'으로 묘사되기도 한다. 그 복사는 복사가 방출된 이후 우주가 광대하게 팽창하는 바람에 생긴 엄청난 적색편이 효과 때문에 약 4,000K에서 절대 영도[2.16]보다 약간 더 높은 온도까지 냉각되었다. 펜지어스와 윌슨은 그들이 관측한 (약 2.725K 근방의) 복사가 진짜이며 정말로 깊숙한 우주공간에서 오는 것이 틀림없다고 확신한 뒤 디케에게 문의하였다. 디케는 즉시 그들의 수수께끼 같은 발견이 자신과 가모브가 이전에 예측했던 것으로 설명할 수 있음을 지적했다. 이 복사는 다른 이름으로 다양하게 불렸다('잔재 복사', 3도 배경복사 등). 지금은 일반적으로 간단히 'CMB'라고 불리는데, '우주 초단파 배경cosmic microwave background'을 뜻한다.[2.17] 펜지어스와 윌슨은 이 발견의 공로로 1978년 노벨상을 수상했다.

그러나 우리가 지금 '보는' CMB를 실제로 구성하는 광자의 근원은 사실 '실제 빅뱅actual Big-Bang'이 아니다. 왜냐하면 이 광자들은 빅뱅의 순간 이후 약 379000년 뒤(즉 우주의 나이가 현재의 약 1/36000이었을 때)에 일어났던 '마지막 산란면'이라 불리는 것에서 직접 우리에게 날아왔다. 이보다 더 이른 시기에는 우주가 전자기 복사에 대해 불투명했다. 왜냐하면 그 전자기파는 많은 숫자의 분리된 대전입자들 속에 안주해 있었기 때문이다. 이 대전입자들은 서로 각자 떨어져서 여기저기 떼 지어 돌아다니며 '플라즈마'라고 불리는 것을 구성하고 있었다. 광자는 다량으로 흡수되고 생성되면서 이 물질들 속에서 수없이 많이 산란되었고, 그래서 우주는 전혀 투명하지 않았다. 이런 '안개 낀' 상황은 '해리'('마지막 산란'이 일어났던)라고 불리는 시기까지 계속되었다. 이때는 우주가 충분히 식어서 따로따로 떨어져 있던 전자와 양성자가 주로 수소(몇몇 다른 원자들, 말하자면 약 23%의 헬륨도 만들어졌다. 헬륨의 원자핵 — '알파 입자'라고 불린다 — 은 우주가 존재한 뒤 처음 몇 분 동안 만들어진 것 중 하나였다)의 형태로 짝을 이룰 수 있었기 때문이다. 광자는 이제 이런 중성의 원자들로부터 분리되어 그 뒤로 계속 완전히 방해받지 않고 여정을 이어나가 지금 CMB로 감지되는 복사가 된 것이다.

1960년대에 처음으로 CMB를 관측한 이래 CMB의 성질과 분포와 관련된 점점 더 좋은 데이터를 얻기 위해 많은 실험이 행해졌다. 이제는 CMB에 대해 굉장히 자세한 정보가 있기 때문에 우주론의 주제가 — 억측이 난무하고 그를 뒷받침할 만한 데이터는 거의 없는 상황에서 — 정밀과학으로 완전히 바뀌어 버렸다. 비록 여전히 억측이 난무하기는 하지만 이제는 이 억측을 조정할 수 있는 엄청나게 많은 자세한 데이터가 존재한다! 한 가지 특히 주목할 만한 실험은 NASA가 1989년 11월에 쏘아 올린 COBE(Cosmic Background Explorer) 위성이다. 이 위성의 놀라운 관측 덕분에 조지 스무트George Smoot와 존 마더John Mather는 2006년 노벨 물리학상을 수상했다.

특히 COBE 덕분에 확실해진 CMB의 아주 놀랍고도 중요한 성질이 두 개 있다. 나는 이 두 가지 모두에 집중하려고 한다. 그 첫째는 관측된 진동수의 스펙트럼이 막스 플랑크Max Planck가 1900년에 '흑체복사black-body radiation'라고 불리는 것의 성질을 규명하기 위해 설명했던 스펙트럼(그리고 이것이 양자역학의 시작점으로 기억되고 있다)과 엄청나게 가깝게 맞아떨어졌다는 점이다. 둘째는 하늘 전체에 걸쳐 CMB가 극히 균일하다는 성질이다. 이 두 가지 각각의 사실들은 빅뱅의 성질 및 제2법칙과의 기묘한 관계에 대해 뭔가 아주 근본적인 것을 말해주고 있다. 현대 우주론의 많은 부분은 이제 이로부터 옮겨가서 CMB의 균일함에서 약간 그리고 미묘하게 벗어난 점에 관심을 두고 있다. 이 또한 관측된 사실이다. 나는 이들 몇몇 문제들로 나중에 (3.6절 참조) 돌아올 것이지만 당분간은 좀 더 소란스런 이 두 가지 문제들을 차례로 다룰 필요가 있다. 왜냐하면 이 둘 다 우리에게 대단히 중요한 것으로 밝혀질 것이기 때문이다.

그림 2.6은 본질적으로 COBE가 처음 측정했던 것과 같은 CMB의 진동수 스펙트럼을 나타낸다. 지금은 그 이후의 관측으로부터 더 큰 정밀도를 얻고 있다. 세로축은 서로 다른 진동수의 함수로서 복사의 강도를 측정한다. 이것이 오른쪽으로 가면서 진동수가 증가하는 가로축을 따라 표시돼 있다. 연속적인 곡선은 플랑크의 '흑체복사곡선black-body curve'이다. 이는 특정한 공식으로 주어지는데[2.18] 양자역학이 말하는 바로는 이

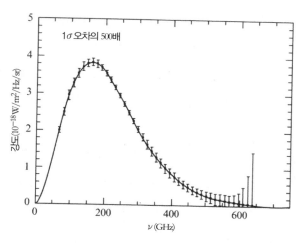

그림 2.6 CMB의 진동수 스펙트럼. 처음에는 COBE가 관측했으나 이후 더 정밀한 관측으로 보충되었다. '오차 막대'가 500배 확대되었음에 주의할 것. 이 그림은 플랑크 스펙트럼과 정확하게 일치한다.

는 임의의 특정한 온도 T에 대한 열적 평형상태의 복사 스펙트럼이다. 작은 수직 막대는 오차를 나타낸다. 관측된 강도가 대략 그 범위 안에 있음을 말해주고 있다. 하지만 이 오차 막대는 500배만큼 확대돼 있어서 실체 관측한 점들은 그림에 보이는 곳이 아니라 플랑크 곡선 위에 훨씬 더 가까이 위치해 있다. 실제로 너무 가까워서 오차가 아주 큰 오른쪽 끝편의 관측에서도 잉크 선의 두께 내에서 플랑크 곡선과 일치한다! 사실 CMB는 관측된 강도 스펙트럼과 플랑크의 계산된 흑체 곡선이 (관측 과학에서 알려진 것 중) 가장 정확하게 일치하는 사례이다.

이것이 우리에게 말해주는 바는 무엇인가? 이는 우리가 바라보는 것이 실질적으로는 열적 평형상태임에 틀림없는 상태로부터 왔음을 말하고 있는 것 같다. 그렇다면 '열적 평형thermal equilibrium'이 실제로 뜻하는 바는 무엇인가? 독자들은 그림 1.15로 돌아가 참고하기 바란다. 거기서 우리는 '열적 평형'이라는 단어가 위상공간의 모든 듬성갈기 영역 중에서 (단연) 가장 큰 영역에 붙은 딱지임을 알 수 있다. 달리 말하자면, 이것은 최대 엔트로피를 나타내는 영역이다. 하지만 우리는 1.6절에 있었던 논증의 요점을 되돌아봐야만 한다. 그 논증에 따르면 제2법칙의 전체적인 기초는 우주의 초기 상태 — 우리는 그것이 명백히 빅뱅인 것으로 간주해야만 한다 — 가 (거시적으로) 유난히 작은 엔트로피 상태여야 한다는 사실로 설명해야만 한다. 우리는 본질적으로 완전히 정반대인, 즉 (거시적으로) 최대 엔트로피 상태를 찾은 것 같다!

여기서 꼭 다루고 넘어가야 할 점은 우주가 팽창하고 있다는 사실이다. 그래서 우리가 바라보고 있는 것은 실제 '평형' 상태일 리가 거의 없다. 그러나 여기서 명백히 일어나고 있는 일은 '단열 팽창adiabatic expansion'이다. 여기서 '단열'이라는 말은 실질적으로는 엔트로피가 상수로 남아 있는 '가역적인' 변화를 말한다. 이런 종류의 '열적 상태'가 실제로 초기 우주가 팽창할 때 보존되었다는 사실은 1934년 톨먼R. C. Tolman이 지적했다.[2.19] 톨먼이 우주론에 기여한 바는 3.3절에서 좀 더 살펴보게 될 것이다. 위상공간을 써서 그려보자면 그림 1.15보다는 그림 2.7에 더 가깝다. 여기서 팽창은 본질적으로 똑같은 부피를 가진 일련의 최대의 듬성갈기 영역으로 묘사되어 있다. 이러한 의미에서 팽창은 여전히 일종의 열적 평형으로 볼 수 있다.

그래서 우리는 여전히 최대 엔트로피를 보고 있는 듯하다. 이 논증은 뭔가 크게 잘못돼 가는 것 같다. 우주에 대한 관측이 놀라움으로만 다가온 것은 아니다. 전혀 그렇지가 않다. 어떤 의미에서는 관측이 기대했던

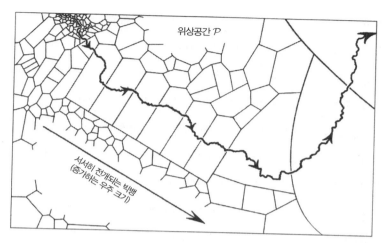

위상공간 $\mathcal{P}$

서서히 전개되는 빅뱅
(증가하는 우주 크기)

그림 2.7 우주의 단열 팽창이 똑같은 부피를 가진 일련의 최대의 듬성갈기 영역으로 묘사되어 있다.

것과 가깝게 일치하고 있다. 빅뱅이 실제로 있었다면, 그리고 이 초기 상태가 일반상대론적 우주론이 제시하는 표준적인 묘사와 일치하는 것으로 기술된다면, 그렇다면 아주 뜨겁고 균일한 초기의 열적 상태는 기대된 것이다. 그렇다면 이 수수께끼에 대한 해결책은 어디에 있는 것일까? 아마도 꽤 놀랍겠지만, 이 문제는 우주가 상대론적 우주론의 표준적인 묘사와 실제로 일치한다는 가정과 관계가 있다! 우리를 난처하게 만든 것이 무엇인지 알기 위해서는 이 가정을 정말로 아주 주의 깊게 조사해볼 필요가 있다.

우선 아인슈타인의 일반 상대성 이론이 대체 무엇에 관한 것인지 스스로 되짚어 봐야만 한다. 그것은 결국 대단히 정확한 중력이론이며, 중력장은 시공간의 곡률로 기술된다. 나는 적절한 때에 이 이론에 대해 할 말이 많지만, 당분간은 더 오래된 — 그리고 여전히 아주 정확한 — 뉴턴의 중력이론으로 이 이론을 생각해 보자. 그리고 대략적이고 일반적인 방법으로 어떻게 그 이론이 제2법칙(뉴턴의 제2법칙이 아니라 열역학의 제2법칙을 말하고 있다)과 맞아 들어가는지 이해해 보자.

제2법칙을 고려할 때는 종종 밀봉된 상자 안에 갇혀 있는 기체로 논의하곤 한다. 그런 논의에 부합하여, 상자의 한쪽 구석에 작은 칸막이가 있고 기체가 처음에는 그 칸막이 안에 갇혀 있다고 생각해 보자. 칸막이의 문이 열리고 기체가 상자 속으로 자유롭게 움직일 수 있게 되면, 우리는 기체가 급속히 상자 속으로 고르게 퍼져 나갈 것이며 엔트로피는 제2법칙에 부합하여 이 과정 전체에서 정말로 증가할 것이라고 기대된다. 따라서 엔트로피는 기체가 모두 함께 칸막이에 있을 때보다 균일하게 분포된 거시상태에 있을 때 훨씬 더 크다(그림 2.8(a) 참조). 그런데 이제 이와 비슷해 보이는 상황을 고려해 보자. 이번에는 은하계 크기 가상의 상자가 있고 개개의 기체분자는 이 상자 안에서 움직이는 개개의 별로 대체되었다. 이 상황과 기체의 상황 사이의 차이점은 단지 크기의 문제만은 아니다. 나는 크기의 문제는 지금 논의의 목적과는 상관없는 것으로 간주할 것이다. 관건이 되는 것은 별들이 무자비한 중력을 통해 서로가 끌어당기고 있다는 사실이다. 우리는 은하계 크기의 상자 전체에 걸쳐 별들의 분포가 초기에는 꽤 균일하게 퍼져 있다고 생각할 수 있다. 하지만 이제 시간이 지남에 따라 별들이 함께 모여 덩어리로 뭉치는 (그리고 일반적으로 별들이 그렇게 모임에 따라 더 급속하게 움직인다) 경향이 있음을 알게 된다. 이제 균일한 분포는 가장 높은 엔트로피 상태가 아니다. 엔트로피가 증가하면 별들의 분포에서 덩어리들도 함께 증가하게 된다(그림 2.8(b) 참

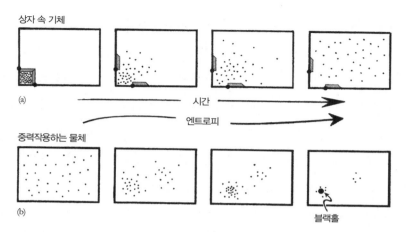

상자 속 기체

(a)

시간

엔트로피

중력작용하는 물체

(b)

블랙홀

그림 2.8 (a)상자 속 기체는 처음에는 구석에 있는 작은 칸막이 속에 갇혀 있다가 방출된 후 상자 전체에 고르게 분포하게 된다. (b)별들이 처음에는 은하계 크기의 상자 속에서 균일하게 분포해 있다가 시간에 따라 함께 모여 덩어리를 이룬다. 이 경우 균일한 분포는 최고의 엔트로피 상태가 아니다.

조).

이제 우리는 엔트로피가 최고치까지 증가한 열적 평형의 유사물이 무엇인가 하고 물을 것이다. 이 질문은 뉴턴 이론의 한계 속에서는 적절하게 다룰 수 없는 것으로 드러난다. 만약 우리가 뉴턴의 역제곱 법칙에 따라 서로 끌어당기는 무거운 점입자들로 이루어진 계를 생각한다면, 우리는 몇몇 입자들이 서로 맹렬하게 점점 더 가까워지고, 점점 더 급속하게 움직이는 상태를 그려볼 수 있다. 이렇게 되면 덩어리진 정도와 운동의 급속한 정도에 한계가 없게 되어 '열적 평형'이라고 제안한 상태는 단지 존재하지 않는다. 이 상황은 아인슈타인의 이론에서 훨씬 더 만족스러운 것으로 드러난다. 왜냐하면 물질이 블랙홀로 뭉쳐지면 그 '덩어리'들이 포화될 수 있기 때문이다.

우리는 2.4절에서 좀 더 자세하게 블랙홀을 다룰 것이다. 거기서 우리는 블랙홀의 형성이 엄청난 엔트로피의 증가를 나타낸다는 것을 알게 된다. 사실 우주진화의 지금 시대에서 엔트로피에 가장 크게 기여하는 것은 단연, 우리 은하수 한가운데에 태양 질량의 약 4,000,000배의 질량을 가진 것과 같은 대형 블랙홀이다. 그런 천체의 총 엔트로피는 CMB의 엔트로피를 완전히 압도한다. 앞서 CMB의 엔트로피는 우주에 존재하는 엔트로피에 주도적으로 기여하는 것으로 생각했었다. 따라서 엔트로피는 CMB가 만들어졌던 때의 엔트로피에서 중력응축을 통해 엄청나게 증가했다.

이 점은 위에서 말했던 CMB의 두 번째 성질, 즉 하늘 전체에 걸쳐 균일한 온도에 가깝다는 성질과 관계가 있다. 균일함에 얼마나 가까울까? 지구가 우주 전체의 질량분포에 대해 정확하게 정지해 있지 않다는 사실로부터 생기는, 도플러 이동으로 이해할 수 있는 약간의 온도변화가 있다. 지구의 운동을 구성하는 데에는 다양한 기여요소들이 있다. 태양 주변의 지구의 운동, 은하수 주변의 태양 운동, 그리고 비교적 가까이 있는 다른 질량분포의 국소적인 중력 영향에 의한 은하의 운동 같은 것들이 그것이다. 그 모든 것들이 함께 모여 지구의 '고유운동proper motion'이라고 불리는 운동을 만들어낸다. 이 때문에 우리가 하늘에서 움직여 나가는 방향에서는[2.20] CMB의 외견상 온도가 아주 약간 증가하게 되고, 하늘에서 우리가 움직여 멀어지는 방향에서는 아주 약간 감소하게 되며, 또한 전체 하늘에 걸쳐 약간의 온도변화를 쉽게 계산할 수 있다. 이를 보정하면 우리는 CMB의 하늘이 전체 하늘에 걸쳐 대단히 균일한 온도를 가진다는 것을 알 수 있는데, 거기서 벗어나는 정도는 겨우 10^5분의 몇 정도밖에 되지 않는다.

이것이 말하는 바는, 적어도 마지막 산란면에 걸쳐 우주는, 그림 2.8(a)의 오른쪽 그림처럼 또한 그림 2.8(b)의 왼쪽 그림처럼 대단히 균일했다는 것이다. 따라서 우리가 중력의 영향을 무시할 수 있다면 우주의 물질적 내용물은 (마지막 산란 때) 정말로 그 자신이 취할 수 있는 가능한 한 가장 높은 엔트로피 상태였다고 가정하는 것이 합당하다. 중력의 영향은 결국 균일함 때문에 작았을 것이다. 하지만 그 이후 중력의 영향이 나중에 작동하기 시작할 때 엔트로피가 엄청나게 증가할 잠재력을 부여한 것은 바로 이 물질분포의 균일성이었다. 빅뱅의 엔트로피에 대한 우리의 심상은 따라서 중력의 자유도 도입을 고려하면 완전히 뒤바뀐다. 대체로 우리 우주는 공간적으로 대단히 균일하고 등방적이다 — 이는 때로 '우주원리cosmological principle'[2.21]라고 불리며, FLRW 우주론의 기본이 되고 특히 2.1절에서 논의했던 프리드만 모형의 핵심을 이룬다 — 는 것은 가정이다. 이는 초기 상태에서 중력 자유도가 심대하게 억제되었음을 암시한다. 이처럼 초기에 공간적으로 균일했다는 것은 우주의 처음 엔트로피가 유별나게 낮았음을 뜻한다.

자연스럽게 이런 질문을 던질 수 있다. 도대체 우주적인 균일성이 우리가 익숙한 제2법칙, 우리가 아는 세상의 그 많은 세세한 물리적 움직임에 침투해 있는 것처럼 보이는 제2법칙과 무슨 상관이 있는가? 중력의 자유도가 초기우주에서 억제되었다는 사실과 아무런 관련이 없는 것처럼 보이는 제2법칙의 평범한 사례들이 많이 있다. 하지만 그 연관성은 정말로 존재하며, 제2법칙의 이러한 평범한 사례들을 초기우주의 균일성으로까지 거꾸로 추적하는 것은 사실 별로 어렵지 않다.

하나의 예로서 탁자 끝에 올려져 있다가 막 떨어져 바닥에서 박살이 나려고 하는 1.1절의 달걀을 생각해 보자(그림 1.1 참조). 달걀이 탁자 끝에 깨지지 않고 올려져 있는 아주 낮은 엔트로피 상태에서 시작했다고 가정할 마음의 준비가 돼 있다면, 달걀이 탁자에서 굴러떨어져 박살이 나는, 그런 엔트로피가 증가하는 과정은 확률적으로 엄청나게 선호된다. 제2법칙의 수수께끼는 달걀이 탁자 위에 올려진 사건 이후에 엔트로피가 증가하는 것이 아니다. 수수께끼는 그 사건 자체, 즉 달걀이 어떻게 처음에 이처럼 극도로 낮은 엔트로피 상태에 우연히 놓여 있었는가 하는 질문이다. 제2법칙은 달걀이 이렇게 아주 그럴듯하지 않은 상태에 이르게 된 것은 이보다 앞서 훨씬 더 그럴듯하지 않았던 다른 일련의 상태들을 통해서였고, 우리가 이 계를 시간을 거슬러 더 뒤로 조사할수록 더욱 그러하다는 것이 틀림없다고 우리에게 말하고 있다.

여기에는 기본적으로 설명해야 할 것이 두 가지 있다. 하나는 달걀이 어떻게 탁자 위에 올라가게 되었는가 하는 질문이고, 다른 하나는 어떻게 그 달걀의 낮은 엔트로피 구조 자체가 생겨났는가 하는 것이다. 사실 달걀(암탉의 달걀로 간주하자)을 이루는 물질은 예정된 병아리를 위해 적절한 영양분으로 이루어진 완벽한 꾸러미로 훌륭하게 조직되었다. 하지만 문제의 좀 더 쉬워 보이는 부분, 즉 달걀이 어떻게 탁자 위에 놓여져 있었는가 하는 문제부터 시작해 보자. 어떤 사람이 아마도 약간 부주의하게 달걀을 거기에 놓았다는 것이 그럴듯한 답변이지만, 어쨌든 그럴듯한 원인은 인간의 개입이었을 것이다. 잘 작동하는 인간에게는 고도로 조직화된 구조가 분명히 많이 있다. 이는 낮은 엔트로피를 뜻하며, 탁자 위에 달걀을 올려놓은 것은 지금 문제가 되는 계 속에서 낮은 엔트로피의 꽤 큰 저수지로부터 겨우 아주 작은 부분만을 취했었던 것임을 암시한다. 그 계는 적당하게 잘 성장한 사람과 주위를 둘러싼 산소로 뒤덮인 대기로 구성돼 있다. 달걀 그 자체의 상황도 다소 비슷하다. 달걀의 고도로 조직화된 구조는 그 속에 예정된 배아의 생명이 번성하도록 뒷받침하는 데에 훌륭하게 조정돼 있어서, 이 행성에서 생명이 계속 유지되도록 하는 만물의 위대한 계획의 아주 큰 부분을 차지한다. 지구 상의 모든 생명 조직은 심오하고도 미묘한 유기체를 유지하도록 요구받는다. 이는 의심의 여지없이 낮은 수준으로 유지되는 엔트로피를 수반한다. 좀 더 자세하게 말하자면, 엄청나게 얽히고설킨 그리고 서로가 연결된 구조가 있어서 자연선택이라는 근본적인 생물학적 원리 및 화학의 많은 세세한 문제들과 보조를 맞춰 진화해 왔다.

독자들은 생물학과 화학의 그런 문제들이 초기 우주의 균일성과 대체 무슨 상관이 있느냐고 물을지도 모르겠다. 생물학적으로 복잡하다고 해서 계가 전체적으로 에너지 보존법칙과 같은 일반적인 물리학의 법칙들을 위배하도록 허용되지는 않는다. 제2법칙이 부과한 제한조건에서 빠져나갈 방법도 없다. 이 행성에서 생명의 구조는 저 강력한 엔트로피의 근원이면서 지구 상의 거의 모든 생명이 목숨을 부지하고 있는, 바로 태양이 없다면 급속하게 무너질 것이다.[2.22] 혹자는 태양을 지구에 외적에너지 근원을 제공하는 것으로 여기는 경향이 있는데, 이는 전혀 옳지 않다. 왜냐하면 지구가 낮에 태양에서 받는 에너지는 지구가 어두운 우주 속으로 돌려주는 에너지와 본질적으로 똑같기 때문이다![2.23] 만약 그렇지 않다면, 지구는 평형상태에 도달할 때까지 간단히 데워질 것이다. 생명이 부지하고 있는 것은 태양이 어두운 우주보다 훨씬 더 뜨거워서 결과적으로 태양에서 나온 광자가 지구가 우주로 돌려주는 적외선 광자보다 상당히 더 높은 진동수(즉 노란 빛의 진동수)를 갖고 있다는 사실이다. 플랑크의 공식 $E = h\nu$(2.3절 참조)에 따르면 태양에서 나온 개개 광자가 가지는 에너지는 우주로 되돌려지는 개개의 광자가 가지는 에너지보다 평균적으로 상당히 더 크다. 그래서 태양에서 똑같은 에너지를 가지고 들어오는 광자보다 지구에서 달아나는 광자가 훨씬 더 많다(그림 2.9 참조). 더 많은 광자는 더 많은 자유도, 즉 더 큰 위상공간 부피를 뜻한다. 따라서 볼츠만의 공식 $S = k \log V$(1.3절 참조)에 의하면 태양으로부터 들어오는 에너지는 우주로 되돌아가는 에너지보다 상당히 더 낮은 엔트로피를 지니고 있다.

이제 지구에서는 녹색식물이 광합성이라는 과정에 의해 태양에서 오는 상대적으로 높은 진동수의 광자를 더 낮은 진동수의 광자로 바꾸는 방법을 발견했다. 낮은 엔트로피의 이 획득물을 이용해서 공기 중의 CO_2로부터 탄소를 추출하고 공기로 다시 O_2를 돌려줌으로써 자신의 물질을 만들어낸다. 동물이 식물을 먹으면 (또는 식물을 먹는 다른 동물을 먹으면) 동물은 이 낮은 엔트로피의 근원과 O_2를 사용하여 자신의 엔트로피를 낮게 유지한다.[2.24] 이는 물론 인간에게도 적용되며 또한 닭에게도 적용된다. 그리고 우리의 깨지지 않은 달걀을 만들고 그것이 탁자 위에 놓이도록 하는 데에 필요한 낮은 엔트로피의 근원을 제공한다!

그래서 태양이 우리를 위해서 하는 것은 단지 에너지를 우리에게 공급해주는 것뿐만이 아니라 이 에너지를 낮은 엔트로피의 형태로 제공해주는 것이며 그래서 우리는 (녹색 식물을 통해서) 우리의 엔트로피를 낮게 유지할 수 있다. 이런 현상이 생기는 것은 태양이 그것 없이는 어두운 하

그림 2.9 태양에서 지구 표면에 도착하는 광자는 지구가 우주로 돌려주는 광자보다 더 높은 에너지(더 짧은 파장)를 갖고 있다. 전체적으로 에너지가 균형을 맞추고 있기 때문에(지구가 시간에 따라 더 뜨거워지지 않는다), 도착하는 광자보다 떠나는 광자가 더 많아야 한다. 즉, 도착하는 에너지는 떠나는 에너지보다 더 낮은 엔트로피를 갖고 있다.

늘의 하나의 뜨거운 점이기 때문이다. 만약 전체 하늘이 태양과 똑같은 온도였더라면 그 에너지는 지구 상의 어떤 생명에도 무용지물이었을 것이다. 이는 또한 물이 대양에서 구름 속으로 높이 올라가도록 할 수 있는 태양의 능력에도 적용된다. 이 또한 이 온도 차에 결정적으로 의존한다.

왜 태양은 어두운 하늘의 하나의 뜨거운 점일까? 자, 태양의 내부에서는 모든 종류의 복잡한 과정들이 일어나고 있으며 수소가 헬륨으로 바뀌게끔 하는 열핵반응이 여기서 중요한 역할을 한다. 하지만 핵심적인 이슈는 태양이 어쨌든 거기에 존재한다는 것이다. 그리고 이것은 태양을 함께 붙들고 있는 중력의 영향으로부터 생겨나는 것이다. 열핵반응이 없더라도 태양은 여전히 빛나겠지만, 움츠러들고 훨씬 더 뜨거워지며 수명도 훨씬 더 짧아진다. 지구에서 우리는 분명히 이 열핵반응으로부터 얻는 게 있지만, 그러나 열핵반응도 우선 태양을 만든 중력 뭉침이 없었더라면 그것이 발생할 기회조차 얻지 못했을 것이다. 따라서 중력 뭉침이라는 무자비한 엔트로피 증가의 반응을 통해 아주 균일한, 중력적으로 낮은 엔트로피 상태에서 시작한 초기 물질로부터 별을 형성하게 한 것은 중력퍼텐셜이다(비록 우주의 적절한 영역에서 다소 복잡한 과정을 통해서이지만).

궁극적으로 이 모든 것은 우리에게 아주 특별한 성질의 빅뱅이 주어졌기 때문이다. 즉, 빅뱅의 중력 자유도가 초기에는 사실상 활성화되지 않았다는 점에서 빅뱅의 엔트로피가 극도로 (상대적으로) 낮게 드러났다. 이는 기묘하게도 편향된 상황이다. 이것을 더 잘 이해하기 위해 우리는 다음 세 절에서 아인슈타인이 중력을 아름답게 묘사한 굽은 시공간 속으로 약간 더 깊이 파고들 작정이다. 그리고 나서 나는 2.6절과 3.1절에서 우리의 빅뱅에서 실제로 드러나 있는 이 유별나게 독특한 성질에 대한 이슈로 돌아올 것이다.

2.3

──────────

시공간, 영뿔(null cone), 계측, 등각 기하

1908년 뛰어난 수학자 헤르만 민코프스키Hermann Minkowski — 취리히 공대에서 우연히 아인슈타인의 선생 가운데 한 명이었던 — 가 진기한 형태의 4차원 기하학4-dimensional geometry을 써서 특수 상대성 이론의 기초를 정리할 수 있음을 보였을 때, 아인슈타인은 그 아이디어에 대해 그다지 열광적인 반응을 보이지 않았다. 하지만 나중에 아인슈타인은 시공간이라는 민코프스키의 기하학적 개념이 결정적으로 중요하다는 것을 깨달았다. 사실 시공간은 민코프스키의 제안을 아인슈타인 자신이 일반화하는 데 핵심적인 요소를 이뤄 그의 일반 상대성 이론에서 굽은 시공간의 기초가 되었다.

민코프스키의 4공간4-space은 보통의 3차원3-dimension 공간을 시간의 여정을 기술하는 네 번째 차원과 병합시켰다. 따라서 이 4공간의 점들은 종종 사건이라고 불린다. 왜냐하면 그런 점들은 모두 시간뿐만 아니라 공간 내역도 갖고 있기 때문이다. 사실 단지 그 자체로는 아주 혁명적인 뭔가가 있는 것은 아니다. 그러나 민코프스키 발상의 핵심적인 요점 — 그것이 혁명적이었다 — 은 그의 4공간 기하가 하나의 시간차원과 그리고 (더 중요하게는) 각각 주어진 시간에서의 보통의 유클리드 3공간3-space의

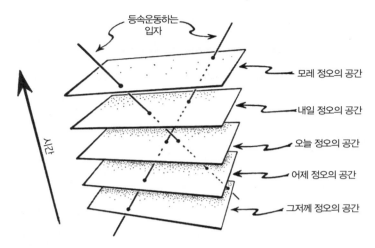

그림 2.10 민코프스키 이전의 시공간.

집합으로 나뉘지 않는다는 것이다. 대신 민코프스키의 시공간은 다른 종류의 기하구조로 되어 있어서 유클리드의 기하학에 대한 오래된 생각을 기묘하게 뒤틀었다. 그것은 시공간에 대한 전체적인 기하학을 부여하며 시공간을 하나의 나눌 수 없는 전체로 만들어버린다. 이것이 아인슈타인의 특수 상대성 이론의 구조를 완전히 기호화한다.

그래서 민코프스키의 4차원 기하학에서 우리는 이제 시공간을, 각각이 서로 다른 다양한 시간에서 우리가 '공간'으로 간주하는 것을 나타내는 일련의 3차원 면으로 단순히 이루어진 것으로 생각하지 않으려고 한다(그림 2.10 참조). 그런 해석에서는 각각의 이 3차원 면들이 모두가 서로에 대해 동시적으로 취할 수 있는 사건들의 집합을 묘사한다. 특수 상대성 이론에서는 공간적으로 떨어진 사건들이 '동시적'이라는 개념이 절대적인 의미를 갖지 않는다. 그 대신, '동시성'은 어떤 임의로 선택된 관측자의

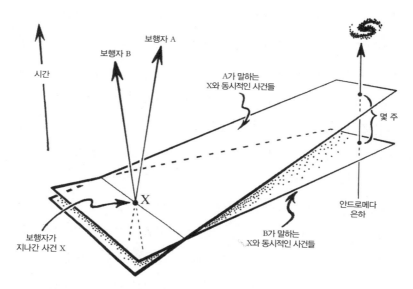

보행자 A

보행자 B

시간

A가 말하는
X와 동시적인 사건들

몇 주

X

안드로메다
은하

보행자가
지나간 사건 X

B가 말하는
X와 동시적인 사건들

그림 2.11 두 보행자가 걸어서 서로 지나치고 있다. 하지만 그들이 지나치는 사건 X는 안드로메다에서 몇 주 차이 나는 사건과 동시적인 것으로 각자가 판단한다.

속도에 의존하게 된다.

　이는 물론 일상적인 경험에서 봤을 때는 기이한 일이다. 왜냐하면 우리는 우리의 속도와 무관하게 멀리 떨어진 사건들 사이의 동시성이라는 개념을 갖고 있는 것처럼 보이기 때문이다. 하지만 (아인슈타인의 특수 상대성 이론에 따르면) 만약 우리가 광속에 필적할 만한 속도로 움직이면 우리에게 동시적으로 보이는 사건들이 서로 다른 속도의 어떤 다른 관측자에게는 일반적으로 동시적으로 보이지 않는다. 게다가 만약 우리가 아주 먼 사건들에 관여하고 있다면 그 속도는 심지어 아주 클 필요도 없다. 예를 들어, 만약 두 사람이 길을 따라 반대 방향으로 서로 지나쳐 어슬렁거린다면, 그들 각자가 개별적으로 서로 지나치는 그 특별한 시점에 동시적이라고 생각하는 안드로메다은하에서의 사건들이 몇 주나 차이 날 수도 있다(그림 2.11 참조).[2.25]

상대성 이론에 따르면 멀리 떨어진 사건들에 대한 '동시적'이라는 개념은 절대적인 것이 아니라, 어떤 관측자들의 특정한 속도에 의존한다. 따라서 시공간을 일단의 동시적인 3공간으로 얇게 썰어내면, 서로 다른 관측자의 속도에 대해 우리가 다르게 베어낸다는 점에서 이는 주관적이다. 민코프스키의 시공간이 성취한 것은 세상에 대한 어떤 임의의 관측자의 관점에 의존하지 않는 객관적인 기하학을 제공한 것이다. 그리고 이는 한 관측자가 다른 관측자로 대체되더라도 바뀔 필요가 없다. 어떤 의미에서 민코프스키가 한 것은 특수 상대성 이론에서 '상대성$_{relativity}$'을 취한 것이며 우리에게 시공간적 움직임에 대한 절대적인 묘사를 제공한 것이다.

하지만 이것이 우리에게 확고한 심상을 주려면 3공간의 시간적 연속성이라는 발상을 대체할 4공간에 대한 어떤 종류의 구조가 필요하다. 이것은 어떤 구조인가? 나는 민코프스키의 4공간을 표현하기 위해 $\mathbb{M}$이라는 문자를 사용할 것이다. 민코프스키가 $\mathbb{M}$에 부여한 가장 기본적인 기하학적 구조는 영(零)뿔$_{null\ cone}$이라는 개념이다.[2.26] 이것은 빛이 $\mathbb{M}$ 속의 임의의 특별한 사건 p에서 어떻게 진행하는지를 묘사한다. 영뿔 — 이는 p에서 공통의 꼭짓점을 갖는 두 개의 뿔이다 — 은 사건 p에서 임의의 방향으로 '광속'이 무엇인지를 말해준다(그림 2.12(a) 참조). 빛의 섬광을 떠올리면 영뿔에 대한 직관적인 심상을 얻을 수 있다. 처음에는 정확하게 사건 p를 향해 안쪽으로 초점 맞추고(과거 영뿔), 그 뒤 즉시 p에서 바깥으

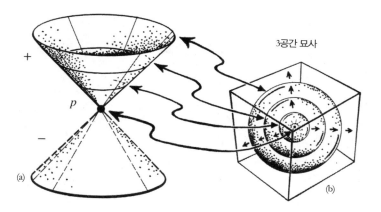

그림 2.12 (a)민코프스키 4공간 속의 p에서의 영뿔. (b)미래 뿔은 p에 기원을 둔 일련의 팽창하는 동심 구로 3공간에서 묘사할 수 있다.

로 퍼져 나간다(미래 영뿔). 이는 p에서 폭발이 일어났을 때의 섬광과 비슷 하다. 그래서 폭발을 뒤따라가며 공간적으로 묘사해 보면(그림 2.12(b)) 일 련의 팽창하는 동심구가 된다. 내가 그린 그림에서 나는 의도적으로 영 뿔을 그 표면이 수직에 대해 약 45° 기울어지도록 그렸다. 우리가 광속 이 $c = 1$이 되는 시간과 공간의 단위를 선택하면 이런 결과를 얻게 된다. 그래서 우리가 시간척도를 초로 선택하면 우리는 광초(=299,792,458미터)를 거리 단위로 선택한 것이 된다. 만약 우리가 시간척도로 년$_\text{year}$을 선택하 면 우리는 광년($\cong 9.46 \times 10^{12}$킬로미터)을 거리단위로 선택한 것이 되며, 이 런 식으로 계속 할 수 있다.[2.27]

아인슈타인의 이론은 어떤 질량이 있는 입자의 속도도 항상 빛의 속 도보다 작아야만 한다고 말한다. 시공간을 써서 말하자면 이는 그런 입 자의 세계선 — 이는 입자의 역사를 구성하는 모든 사건의 자취이다 — 이 그 각각의 사건에서 영뿔 속으로 향해야만 한다는 것을 뜻한다(그림

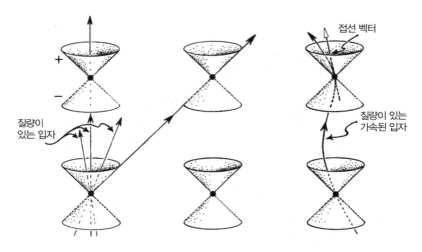

접선 벡터

질량이
있는 입자

질량이 있는
가속된 입자

그림 2.13 M에서의 영뿔이 균일하게 배열돼 있다. 질량이 있는 입자의 세계선은 뿔 속으로 향해 있고 질량이 없는 입자의 세계선은 뿔을 따라간다.

2.13 참조). 어떤 입자는 자신의 세계선을 따라 어떤 곳에서 가속되는 운동을 할 수도 있다. 그래서 그 세계선은 직선일 필요가 없으며 가속도는 시공간에서 세계선의 곡률로 표현된다. 세계선이 굽은 곳에서는 세계선에 대한 접선 벡터가 영뿔 속에 있어야만 한다. 만약 입자가 광자처럼 질량이 없다면,[2.28] 그 세계선은 각각의 그 사건에서 영뿔을 따라 놓여야만 한다. 왜냐하면 그 사건의 모든 점에서 그 속도는 정말로 광속이 되도록 잡았기 때문이다.

영뿔은 또한 인과율에 대해서도 말해준다. 이는 어떤 사건이 다른 사건에 영향을 미칠 수 있는 것으로 여길 수 있는지를 결정하는 문제이다. (특수) 상대성 이론의 교리 중 하나는 물리적 신호가 빛보다 더 빨리 전달되는 것이 허락되지 않는다는 주장이다. 따라서 M의 기하학으로써 말하자면, 만약 사건 p를 사건 q에 연결하는 세계선이 있어서 p에서 q로의 (매끈한) 경로가 영뿔 위에 또는 그 속에 놓여 있다면 p는 q에 인과적 영향을 미치는 것이 허용된다고 말한다. 이를 위해 과거에서 미래로 균일하게 나아가는 경로에 방향을 정해줄 필요가 있다. 이는 $\mathbb{M}$의 기하에 시간의 방향을 부여할 것을 요구한다. 이것은 각 영뿔의 두 성분에 일정하고 연속적으로 분리된 '과거'와 '미래'를 할당하는 것에 해당한다. 나는 과거 성분에는 '−' 부호를 그리고 미래 성분에는 '+' 부호를 붙였다. 이것이 그림 2.12(a)와 2.13에 그려져 있다. 내 그림에서는 과거 영뿔을 점선을 사용해서 구분했다. 보통 '인과관계'라는 용어는 인과적 영향이 과거에서 미래 방향으로, 즉 방향 접선 벡터가 미래 영뿔 위로 또는 그 속으로 향하는 세계선을 따라 나아간다는 뜻이다.[2.29]

$\mathbb{M}$의 기하는 완전히 균일해서 각각의 사건은 다른 모든 사건과 똑같은 간격으로 자리 잡고 있다. 하지만 아인슈타인의 일반 상대성 이론으로 넘어가면 이 균일성은 일반적으로 사라진다. 그럼에도 우리는 다시 시간 정향된 영뿔을 연속적으로 할당할 수 있으며, 여느 무거운 입자는 그 (미래 정향된) 접선 벡터가 모두 이 미래 영뿔 속에 놓여 있는 그런 세계선을 가진다는 것도 또한 사실이다. 그리고 이전과 마찬가지로 질량이 없는 입자(광자)는 그 접선 벡터가 모두 영뿔을 따라 놓여 있는 세계선을 가진다. 그림 2.14에서 나는 일반 상대성 이론에서 발생하는 그런 부류의 상황을 그렸다. 여기서 영뿔은 이제 균일한 방식으로 배열하지 않았다.

이런 뿔들이, 영뿔이 인쇄된 어떤 종류의 이상적인 '고무판'에 그려진 것으로 생각해 보자. 우리는 이 고무판을 우리 좋을 대로 이리저리 움직이고 뒤틀 수 있다. 그런 변형이 매끄러운 방식으로 진행되기만 하면 말

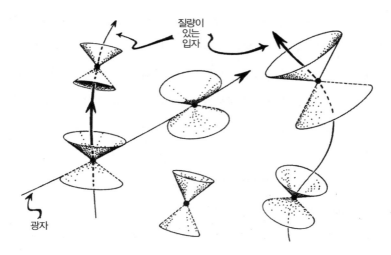

질량이 있는 입자

광자

그림 2.14 일반 상대성 이론에서 균일하지 않은 영뿔.

이다. 여기서 영뿔은 고무판과 함께 여기저기로 돌아다닌다. 우리의 영
뿔은 사건들 사이의 '인과구조'를 결정한다. 이는 뿔들이 판과 함께 여기
저기로 돌아다니는 것으로 간주되는 한 그런 어떤 변형에 의해서도 바뀌
지 않는다.

2.1절의 에셔가 쌍곡선 평면을 묘사한 그림 2.3(c)에서 상당히 유사한
상황을 볼 수 있다. 거기서 우리는 에셔의 그림이 그런 이상적인 고무판
에 인쇄된 것으로 생각할 수 있다. 우리는 경계에 가까이 있는 것처럼 보
이는 악마 가운데 하나를 골라 그렇게 고무판을 매끄럽게 변형시켜서 옮
길 수 있다. 그렇게 되면 그 악마는 이전에 중심 가까이에 있던 악마가 자
리 잡고 있던 위치까지 옮겨올 수 있다. 이런 움직임을 통해 모든 악마를
이전에 다른 악마들이 차지하고 있던 위치로 옮길 수 있다. 이런 움직임
은 에셔의 그림이 묘사하는 쌍곡선 기하에 숨어 있는 대칭성을 기술한

124

다. 일반 상대성 이론에서는 이런 종류의 대칭성이 생길 수 있지만(2.1절에서 묘사한 프리드만 모형과 마찬가지로), 이것은 꽤 예외적이다. 그러나 그런 '고무판' 변형을 수행할 가능성은 일반적인 이론에서 아주 중요한 부분으로, 이는 '미분동형사상diffeomorphism'(또는 '일반적인 좌표변환general coordinate transformation')이라고 불린다. 그 요점은 그런 변형이 물리적 상황을 전혀 바꾸지 않는다는 것이다. 아인슈타인의 일반 상대성 이론의 초석인 '일반공변general covariance'의 원리는 그런 '고무판 변형'(미분동형사상)이 공간과 그 내용물의 물리적으로 의미 있는 성질들을 바꾸지 않는 방식으로 우리가 물리 법칙들을 정식화한다는 것이다.

이것은 모든 기하학적 구조를 잃어버린다고 말하는 것이 아니다. 그렇게 되면 우리의 공간에 남게 되는 유일한 종류의 기하학은 단지 그 위상(실제로 때로는 '고무판 기하학'이라고 부른다. 여기서는 찻잔의 표면이 반지의 표면과 똑같다)의 성질을 가진 뭔가가 될 것이다. 하지만 우리는 어떤 구조가 필요한지 주의 깊게 지정해야만 한다. 그런 공간에 대해서 어떤 명확하고 유한한 수의 차원을 가진 다양체라는 용어가 자주 쓰인다. (n차원의 다양체는 n–다양체라고 부를 수 있다.) 다양체는 매끄럽지만 그 매끄러움과 위상을 넘어선 추가의 구조를 꼭 부여할 필요는 없다. 쌍곡선 기하의 경우에는 실제로 다양체에 부여된 계측 — 수학적인 '텐서$_{tensor}$' 양(2.6절 참조)으로서, 보통 **g**라는 문자로 나타낸다 — 이라는 개념이 있다. 이것은 그 공간 속의 임의의 유한하고 매끄러운 곡선에 길이[2.30]를 부여하는 것으로 생각할 수 있다. 이 다양체를 구성하는 '고무판'을 어떻게 변형하더라도 한 쌍의 점 p, q를 연결하는 임의의 곡선 C를 수반한다. (여기서 p와 q 또한 그 변형에 수반된다.) 그리고 **g**가 부여하는, p를 q에 연결하는 C의 조각

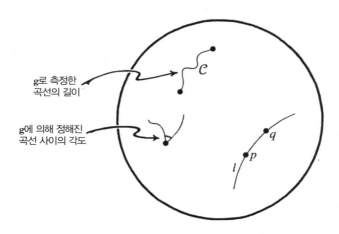

그림 2.15 계측 **g**는 곡선의 길이와 곡선들 사이의 각도를 부여한다. 측지선 *l*은 계측 **g**에서 '*p*와 *q* 사이의 최단 경로'를 부여한다.

의 길이는 이 변형에 의한 영향을 받지 않는 것으로 간주된다. (그리고 이런 의미에서 **g**는 이 변형에 의해서 또한 '수반된다'.)

이 길이라는 개념은 또한 측지선이라고 불리는 직선의 개념을 뜻한다. 그런 직선 *l*은 *l* 위에서 너무 멀리 떨어지지 않은 임의의 두 점 *p*와 *q*에 대해 *p*에서 *q*로 가는 최단 곡선(**g**가 부여한 길이의 의미에서)이 사실은 *l*의 *pq* 부분이라는 특징을 가진다(그림 2.15 참조). (이런 의미에서 측지선은 '두 점 사이의 최단 경로'를 부여한다.) 우리는 또한 두 개의 매끈한 곡선 사이의 각도를 정의할 수 있다(이 또한 일단 **g**가 주어지면 결정된다). 그래서 일단 **g**가 할당되면 보통의 기하학이라는 개념을 써먹을 수 있다. 그럼에도 불구하고 이 기하학은 대개 우리가 익숙한 유클리드 기하학과는 다르다.

에셔 그림의 쌍곡선 기하(그림 2.3(c), 벨트라미-푸앵카레의 등각 표현)는 그래서 또한 자신의 직선(측지선)을 갖고 있다. 이는 이 그림을 표현하는 배경 속의 유클리드 기하학으로 이해할 수 있다. 여기서 원형의 호는 경계가 되는 원에서 직각으로 만난다(그림 2.16 참조). 두 개의 주어진 점 p와 q를 관통하는 호의 끝점을 a와 b로 잡으면 p와 q 사이의 쌍곡선 **g**–거리는

$$C \log \frac{|qa||pb|}{|qb||pa|}$$

인 것으로 드러나는데, 여기서 사용된 'log'는 차연로그(1.2절의 $\log_{10}$ 곱하기 2.302585⋯)이며 '$|qa|$' 등등은 배경공간에서의 보통의 유클리드 거리이고, C는 쌍곡선 공간의 의사반경이라고 불리는 양의 상수이다.

하지만 그런 **g**가 부여하는 구조를 지정하기보다 그 대신 어떤 다른 형태의 기하학을 설정할 수도 있다. 여기서 우리가 가장 관심 있는 종류는 등각 기하로 알려진 기하학이다. 이것은 두 개의 매끈한 곡선이 만나는 어떤 점에서건 두 곡선 사이의 각도를 측정할 수 있지만 '거리' 또는

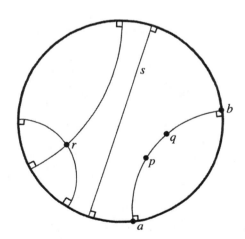

그림 2.16 쌍곡선 기하의 등각 표현에서의 '직선'(측지선)은 경계 원과 직각으로 만나는 원형 호이다.

'길이'라는 개념은 정해지지 않는 그런 구조이다. 앞서 말했듯이 각이라는 개념은 사실 $\mathbf{g}$에 의해 결정된다. 하지만 $\mathbf{g}$ 자신은 각이라는 개념으로 정해지지 않는다. 등각 구조가 길이척도를 결정하지는 않지만 임의의 점에서의 다른 방향으로의 길이 비율 척도는 정해준다. 그래서 이것은 무한히 작은 모양을 결정한다. 우리는 등각 구조에 영향을 주지 않고 다른 점에서 이 길이척도를 크게 또는 작게 재조정할 수 있다(그림 2.17 참조). 우리는 이 재조정을

$$\mathbf{g} \mapsto \Omega^2 \mathbf{g}$$

와 같이 표현할 수 있다. 여기서 Ω는 각 점에서 정의된 양의 실수로서 공간에 걸쳐 매끈하게 변화한다. 따라서 $\mathbf{g}$와 $\Omega^2\mathbf{g}$는 우리가 어떤 양의 Ω값을 고르더라도 똑같은 등각 구조를 주게 된다. 하지만 $\mathbf{g}$와 $\Omega^2\mathbf{g}$는 다른 계측 구조($\Omega \neq 1$이라면)를 주는데 여기서 Ω는 척도변화의 인수이다. (Ω가

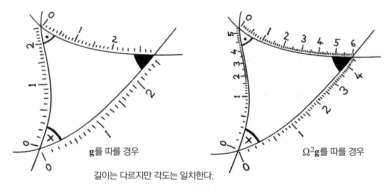

g를 따를 경우 Ω^2g를 따를 경우

길이는 다르지만 각도는 일치한다.

그림 2.17 등각 구조는 길이척도를 정하지는 않지만, 임의의 점에서 다른 방향으로 길이척도의 비율을 통해 각도를 정한다. 길이척도는 등각 구조를 바꾸지 않고 다른 점에서 크게 또는 작게 재조정될 수 있다.

'$\Omega^2 g$'의 표현에서 '제곱'의 형태로 나타나는 이유는 g가 부여하는 공간 — 또는 시간 — 간격을 직접 잰 값이 체곱근을 취해서 표현되기 때문이다(후주 2.30 참조).) 에셔의 그림 2.3(c)로 돌아가면, 우리는 쌍곡선 평면의 등각 구조가 (그것의 계측 구조는 그렇지 않다고 하더라도) 실제로는 경계 원 내부의 유클리드 공간의 구조와 똑같다는 것을 알게 된다(하지만 전체 유클리드 평면의 등각 구조와는 다르다).

시공간 기하학에 대해 말하자면 이 발상은 여전히 적용되지만, 민코프스키가 유클리드 기하학의 아이디어에 도입한 '뒤틀림' 때문에 어떤 중요한 차이점이 존재한다. 이 뒤틀림은 수학자들이 계측에서의 부호의 변화라고 말하는 것이다. 대수적으로 말하자면 이는 단순히 몇몇 + 부호가 − 부호로 바뀌는 것을 말한다. 그리고 이는 기본적으로 n차원 공간에서 서로 직교하는 n방향의 집합 중 (영뿔 안에서) '시간성'이라 여길 수 있는 것과 (영뿔 밖에서) '공간성'이라 여길 수 있는 것이 각각 몇 개인지를 말해준다. 유클리드 기하학, 그리고 리만 기하학으로 알려진 유클리드 기하학의 굽은 판본에서는 모든 방향을 공간성인 것으로 여긴다. '시공간'에 대한 일반적인 생각은 그런 직교하는 집합에서 오직 하나의 방향만 시간성이고 나머지는 공간성이라는 것과 관련 있다. 만약 그것이 평평하면 민코프스키적이라 부르고 굽었으면 로렌츠적이라고 부른다. 우리가 여기서 고려하고 있는 보통 형태의 (로렌츠적인) 시공간에서는 $n = 4$이다. 이때 네 개의 서로 직교하는 방향을 하나의 시간성 방향과 3개의 공간성 방향으로 분리해서 '1 + 3'의 부호가 된다. 공간성 방향들 사이의 (그리고 만약 우리가 하나 이상의 시간성 방향들을 갖고 있다면 시간성 방향들 사이의) '직교성 orthogonality'은 단순히 '직각으로'를 뜻한다. 반면 공간성 방향과 시간성 방

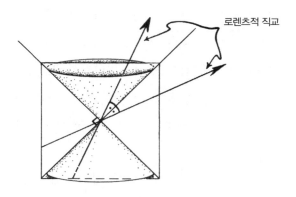

그림 2.18 로렌츠적인 시공간에서 시간성 그리고 공간성 방향의 '직교성'이 영뿔이 직각인 유클리드 그림으로 표현돼 있다.

향 사이에는 직교성이 기하학적으로는 그림 2.18에 묘사된 상황과 더 비슷해 보인다. 여기서 직교하는 방향은 이들 사이의 광속방향에 대해 대칭적이다. 물리적으로는 자신의 세계선이 시간성 방향에 있는 관측자는 직교하는 공간성 방향에 있는 사건들을 동시적이라고 여긴다.

보통의 (유클리드 또는 리만) 기하학에서는 길이를 공간적 간격으로서 생각하는 경향이 있다. 이는 이를테면 자를 이용해서 측정하는 무엇인가이다. 하지만 (민코프스크적인 또는 로렌츠적인) 시공간의 관점에서 자는 무엇인가? 그것은 하나의 긴 줄인데, 두 사건 p와 q사이의 공간적 간격을 측정하는, 즉각적으로 가장 알기 쉬운 도구는 아니다(그림 2.19 참조). 우리는 p를 그 줄의 한쪽 끝에 그리고 q를 다른 쪽 끝에 놓을 수 있다. 또한 그 자가 좁고 가속되지 않아서 아인슈타인의 (로렌츠적인) 일반 상대성 이론의 시공간 곡률 효과가 그다지 중요하지 않고 특수 상대성 이론에 따라 다루는 것이 적절하다고 가정할 수 있다. 하지만 특수 상대성 이론에 따

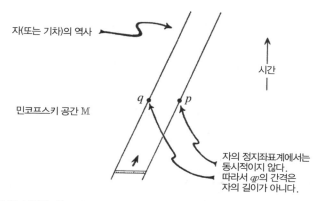

그림 2.19 $\mathbb{M}$ 속의 점 p와 q 사이의 공간성 간격은 2차원적인 줄인 자로 직접 측정할 수 없다.

르면 자로 거리를 측정한 것이 p와 q 사이의 올바른 시공간 간격을 주기 위해서는 이 사건들이 자의 정지좌표계에서 동시적이어야만 한다. 이런 사건들이 실제로 자의 정지좌표계에서 동시적이라고 우리가 어떻게 확신할 수 있을까? 우리는 이에 대한 아인슈타인의 원래의 논증 형태를 이용할 수 있다. 비록 아인슈타인은 자가 아니라 일정한 운동을 하고 있는 기차를 써서 생각하고 있었지만 말이다. 그러니까 이제 지금 상황을 아인슈타인의 방식으로도 한번 표현해 보자.

사건 p를 포함하는 기차(자)의 끝을 앞쪽, 그리고 q를 포함하는 끝을 뒤쪽이라고 부르자. 관측자는 앞쪽에 자리 잡고 있고 사건 r에서 광선신호를 열차 뒤쪽으로 보내고 있다. 그 신호는 정확하게 기차 끝의 사건 q에 도착하도록 시간이 맞춰졌고 거기서 광선신호는 즉시 앞쪽으로 다시 반사되어 사건 s에서 관측자가 신호를 받게 돼 있다(그림 2.20 참조). 만약 사건 p가 신호를 방출하고 최종적으로 수신하는 중간에서 생긴다

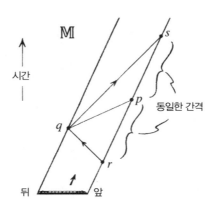

그림 2.20 자(또는 기차)는 p와 q가 동시적일 때만 pq의 간격을 측정한다. 그래서 그 대신에 광선신호와 시계가 필요하다.

면, 즉 r에서 p까지의 시간 간격이 p에서 s까지의 시간 간격과 정확하게 똑같다면, 관측자는 기차가 정지한 좌표계에서 q를 p와 동시적이라고 판단할 것이다. 기차(즉 자)의 길이는 그러면 (그리고 오직 그때에만) p와 q 사이의 공간적 간격과 같을 것이다.

　이것은 단순히 사건들 사이의 공간적 간격을 측정하기 위해 '자를 내려놓는 것'보다 약간 더 복잡할 뿐만 아니라, 관측자가 실제로 측정하는 것은 rp와 ps의 시간 간격임을 알아차릴 수 있다. 이러한 (똑같은) 시간 간격은 우리가 알아내려고 하는 pq 사이의 공간 간격을 직접적으로 측정한다(광속 c를 1로 잡은 단위계에서). 이것은 시공간 계측에 대한 핵심적인 사항, 즉 계측이란 실제로는 거리라기보다는 시간을 측정하는 것과 직접적으로 훨씬 더 많은 관계가 있는 뭔가라는 점을 보여준다. 계측은 곡선에 대한 길이를 측정하는 것이 아니라 직접적으로 시간을 측정한다. 게다가 시간 측정이 부여된 것은 모든 곡선이 아니다. 입자의 세계선이 될 수 있는 것은 인과적이라고 불리는 곡선들에 대해서이다. 이들 곡선은 어디서 나 시간성(질량이 있는 입자에 대해서는 접선 벡터가 영뿔 안에 있는)이거나 또는 영이다(질량이 없는 입자에 대해서는 접선 벡터가 영뿔을 따라간다). 시공간 계측 **g**가 하는 것은 인과 곡률의 임의의 유한한 조각에 시간척도를 부여하는 것이다(영인 곡선의 임의의 부분에 대해서는 시간 척도에 대한 기여가 0이다). 이런 의미에서 시공간 계측이 품고 있는 '기하'는 아일랜드의 뛰어난 상대론 이론가인 존 싱John Synge이 제안했듯이 사실은 '측시술測時術, chronometry'로 불려야만 한다.[2.31]

근본적인 수준에서 자연에는 실제로 극도로 정밀한 시계가 존재한다는 것이 일반 상대성 이론의 물리적 기초에서 중요하다. 왜냐하면 전체 이론이 자연스럽게 정의된 계측 **g**에 의존하기 때문이다.[2.32] 사실 이러한 시간측정은 물리학에서 아주 중요한 요소이다. 왜냐하면 어떤 명확한 의미에서는 임의의 개별적인 (안정적인) 질량이 있는 입자는 사실상 완벽한 시계의 역할을 수행하기 때문이다. 입자의 질량을 m(상수라고 가정한다)이라고 하면 이것은 아인슈타인의 유명한 공식

$$E = mc^2$$

에 의해 정지에너지[2.33] E가 주어진다. 이는 상대성 이론에서 근본적이다. 거의 똑같이 유명한 또 다른 공식 — 양자이론에서 근본적인 — 은 막스 플랑크의 공식

$$E = h\nu$$

이다(h는 플랑크 상수). 이 공식은 이 입자의 정지에너지가 그 입자에 대한

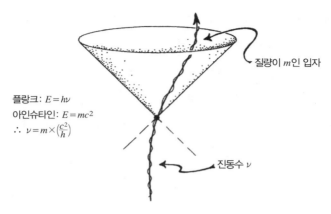

플랑크: $E = h\nu$
아인슈타인: $E = mc^2$
$\therefore \nu = m \times \left(\frac{c^2}{h}\right)$

질량이 m인 입자

진동수 ν

그림 2.21 임의의 안정적이고 질량이 있는 입자는 아주 엄밀한 양자 시계처럼 움직인다.

양자 진동의 어떤 특정한 진동수 ν를 정의한다는 것을 말해준다(그림 2.21 참조). 달리 말하자면, 임의의 안정적이고 질량이 있는 입자는 아주 엄밀한 양자 시계처럼 행동하는데, 이 시계는 c^2/h의 (근본적인) 상수 양만큼 그 질량에 정확히 비례하는 특정한 진동수

$$\nu = m\left(\frac{c^2}{h}\right)$$

로 '째깍째깍 흘러간다'.

사실 한 입자의 양자 진동수는 극도로 커서 쓸 만한 시계를 만들도록 직접적으로 이용할 수는 없다. 실제로 사용할 수 있는 시계가 되려면 많은 입자로 구성돼 있고 서로 결합돼 적절하고 조화롭게 움직이는 시스템이 필요하다. 하지만 중요한 점은 여전히 시계를 만들기 위해서는 질량이 필요하다는 것이다. 질량이 없는 입자들(예를 들면 광자)만으로는 시계를 만드는 데 사용할 수 없다. 왜냐하면 이런 입자들의 진동수는 0이어야

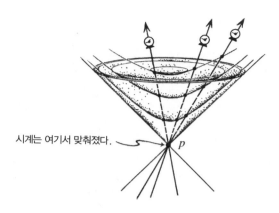

시계는 여기서 맞춰졌다.

그림 2.22 그릇 모양의 3차원 면은 똑같은 시계가 연속적으로 '째깍거리는' 것을 표시한다.

하기 때문이다. 광자에게는 그 자신의 내재적 '시계'가 최초로 '째깍'하고 움직이는 데에도 영원한 시간이 걸린다! 이 사실은 나중에 아주 중요해질 것이다.

이 모든 것이 그림 2.22와 일치한다. 여기서 우리는 서로 다른 똑같은 시계가 모두 똑같은 사건 p에서 시작하여 광속에 견줄 만한(하지만 그보다는 작은) 서로 다른 속도로 움직이는 것을 볼 수 있다. 그릇 모양의 3차원 면(보통의 기하에서는 쌍곡면)은 똑같은 시계의 연속적인 '째깍거림'을 표시한다. (이 3차원 면은 고정된 점에서 일정한 '거리'에 있는 면으로서 민코프스키 기하의 구와 비슷하다.) 질량이 없는 입자는 그 세계선이 광원뿔을 따라 내달리므로 심지어 첫 번째 그릇 모양의 면에도 이르지 못한다는 것을 알 수 있다. 이는 앞서 말한 것과 일치한다.

마지막으로 시간성 곡선에 대한 측지선이라는 개념은 물리적으로는 중력하에서 자유운동을 하는 질량이 있는 물체의 세계선으로 해석할 수

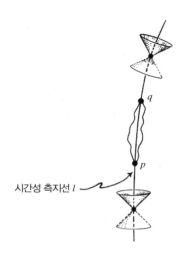

시간성 측지선 l

그림 2.23 시간성 측지선 l은 l 위에서 너무 멀리 떨어져 있지 않은 임의의 두 점 p와 q에 대해 p에서 q로 가는 최장의 국소곡선이 사실상 l의 그 부분이라는 특징을 갖고 있다.

있다. 수학적으로는 시간성 측지선 l은, l 위에서 너무 멀리 떨어져 있지 않은 임의의 두 점 p와 q에 대해 p에서 q로 가는 최장곡선($\mathbf{g}$가 부여하는 시간의 길이라는 의미에서)이 사실상 l의 그 부분이라는 특징을 갖고 있다(그림 2.23 참조). 기묘하게도 유클리드 또는 리만 공간의 측지선이 길이를 최소화하는 성질과는 반대이다. 측지선의 이런 개념은 또한 영 측지선에도 적용된다. 이 경우 '길이'는 0이고 영뿔의 시공간 구조 하나만으로도 이를 결정하기에 충분하다. 이 영뿔 구조는 실제로 시공간의 등각 구조와 동등하다. 이 사실은 나중에 중요해질 것이다.

2.4

블랙홀과 시공간 특이점

중력의 효과가 비교적 작은 대부분의 물리적 상황에서는 민코프스키 공간 $\mathbb{M}$에서 영뿔이 자신의 위치에서 약간만 벗어난다. 하지만 블랙홀에서는 그림 2.24에서 지적하고자 했듯이 아주 다른 상황을 발견할 수 있다. 이 시공간 그림은 과질량(아마도 태양 질량의 열 배 또는 그 이상인)인 별의 붕괴를 나타낸다. 이런 별은 자기 내부의 (핵) 에너지 자원을 모두 소진하고 안쪽으로 멈출 수 없이 붕괴한다. 어떤 단계 — 이는 별의 표면에서의 탈출 속도[2.34]가 광속에 이를 때와 똑같이 간주될 수 있다 — 에서는 영뿔이 안쪽으로 너무 심하게 기울여져 미래 뿔의 가장 바깥쪽 부분이 그림에서 수직이 된다. 이 특별한 뿔들의 끝점들을 쫓아가다 보면 별의 몸체 자체가 무너지고 있는 사건의 치평선으로 알려진 3차원 면의 위치를 알게 된다. (물론 나는 이 그림을 그리면서 하나의 공간차원을 감춰야만 했다. 그래서 지평선이 보통의 2차원 면으로 보이지만, 독자들은 혼란에 빠져선 안 된다.)

영뿔이 이렇게 기울어지기 때문에 사건의 지평선 안쪽에서 나오는 임의의 입자의 세계선 또는 빛 신호는 바깥쪽으로 탈출할 수가 없게 된다는 것을 알 수 있다. 왜냐하면 지평선을 건너가기 위해서는 2.3절에서 요구한 사항들을 위배해야 하기 때문이다. 또한 만약 우리가 블랙홀에서 떨어진 안전한 거리에 위치해서 그것을 바라보는 외부 관측자의 눈으로 들어가는 광선을 (시간에 대해) 거꾸로 추적하면, 우리는 이 광선이 사건의 지평선을 가로질러 그 안쪽으로 거슬러 지나갈 수 없으며, 그 표면의 바로 위에서 떠다니며 별이 지평선 아래로 뛰어들기 바로 직전에 그 천체와 마주치게 된다는 것을 알게 된다. 이것은 외부의 관측자가 아무리 오래 기다리더라도(즉, 관측자의 눈을 그림 위쪽으로 아무리 멀리 위치시키더라도) 이론적으로 사실이다. 하지만 실제로는 시간적으로 나중의 관점에 위치한 관측자가 감지하는 영상은 매우 적색편이되고 아주 급속하게 희미해진다. 그래서 머지않아 별의 영상은 검어진다. '블랙홀'이라는 용어에 부합하게.

자연스럽게 이런 질문을 하게 된다. 별에서 이처럼 안쪽으로 떨어지는 물질 덩어리가 지평선을 건너간 뒤에는 그 운명이 어떻게 될 것인가? 그 뒤로 어떤 복잡한 운동을 만끽할 수 있을까? 중심 근처에 다다랐을 때 이리저리 소용돌이치면서 사실상 바깥쪽으로 튕겨 나가게 될까? 그림 2.24와 같이 그렇게 붕괴하는 원래 모형은 1939년 로버트 오펜하이머J. Robert Oppenheimer와 그의 제자 하틀랜드 스나이더Hartland Snyder가 제안했다. 그리고 그것은 아인슈타인 방정식의 정확한 하나의 풀이로서 제시되었다. 하지만 그들이 명시적인 방법으로 자신들의 풀이를 제시하기 위해서는 다양한 단순화를 가정해야만 했다. 가장 중요한(그리고 제한적인) 것은 정확한 구형 대칭성을 가정해야만 했다는 것이고 그래서 그렇게 비대칭적인 '소용돌이'는 표현할 수 없었다. 그들은 또한 별을 이루는 물질의 본성이 압력이 없는 유체로 합당하게 잘 근사될 수 있다고 가정했다. 상대론 이론가들은 이를 '먼지'라고 부른다(2.1절 참조). 이런 가정들하에

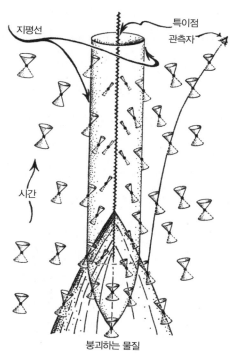

지평선

특이점

관측자

시간

붕괴하는 물질

그림 2.24 과질량의 별이 블랙홀로 붕괴한다. 미래 뿔이 안쪽으로 기울어져 그림에서 수직으로 되면 별에서 나오는 빛은 더 이상 그 중력에서 빠져나올 수 없다. 이러한 뿔들의 끝점들이 사건의 지평선이다.

오펜하이머와 스나이더가 발견한 것은 안쪽으로의 붕괴가 중심점에서 그 물질의 밀도가 무한대가 될 때까지 그냥 계속되며, 그에 수반되는 시공간 곡률이 따라서 또한 무한대가 된다는 것이었다. 그들의 풀이 속의 이 중심점 ― 그림 2.24의 가운데에 수직 물결선으로 표현된 ― 이 그래서 시공간 특이점으로 불린다. 여기서 아인슈타인의 이론은 '두 손을 들게 되고', 표준적인 물리학은 더 이상 그 풀이를 결코 전개할 수 없다.

그런 시공간 특이점의 존재는 물리학자들에게 근본적인 수수께끼를 던져주었다. 이는 종종 우주에 대한 빅뱅 기원과는 정반대의 문제로 보인다. 빅뱅이 시간의 시작으로 보이는 반면 블랙홀 속의 특이점은 시간의 끝을 나타내는 것처럼 자신을 드러낸다. 적어도 어떤 단계에서 블랙홀 속으로 떨어진 그 물질의 운명과 관련해서는 말이다. 이런 의미에서 우리는 블랙홀 특이점이 제기한 문제를 빅뱅이 던진 문제에서 시간을 되돌린 것으로 여길 수도 있다.

그림 2.24의 블랙홀 붕괴 그림에서 지평선 안쪽에서 비롯된 모든 인과곡선은 그것이 가는 데까지 최대한 미래로 연장했을 때 중심의 특이점에서 끝나야만 한다는 것은 정말로 사실이다. 그와 마찬가지로 2.1절에서 언급한 여느 프리드만의 모형에서도 모든 인과곡선(전체 모형에서)은 그것이 가는 데까지 최대한 과거로 되돌려 연장한다면 빅뱅 특이점(실제로는 그것이 비롯된)에서 끝나야만 한다. 따라서 — 블랙홀의 경우는 좀 더 국소적이라는 점을 제외하면 — 사실상 두 경우는 서로가 시간 역전적이다. 그러나 우리가 제2법칙을 생각해 보면 이것은 전혀 사실이 아닐 것이라는 점도 당연하다. 블랙홀에서 직면한 상황과 비교한다면 빅뱅은 뭔가 극도로 엔트로피가 낮은 상태여야만 한다. 그리고 어떤 하나와 그것의 시간 역전 사이의 차이점은 여기서 고려하는 핵심적인 이슈임에 틀림없다.

이 차이의 본성(2.6절 참조)으로 넘어가기 전에, 한 가지 중요한 예비적인 이슈와 맞닥뜨려야 한다. 우리가 그 우주모형들(한편으로는 오펜하이머와 스나이더의 모형, 그리고 다른 한편으로는 프리드만의 모형 같은 매우 대칭적인 우주모형)을 믿을 만한 이유가 있는지, 아니면 어느 정도로 믿을 만한 이유가 있는지 하는 문제를 다뤄야만 한다. 우리는 중력 붕괴에 대한 오펜하이머-스나이더의 심상 밑에 깔려 있는 두 가지 중요한 가정에 주목해야 한다. 그것은 구형 대칭성 그리고 붕괴하는 천체를 이루는 물질을 완전히 압력이 없는 것으로 간주한다고 특별히 이상화한 것이다. 이 두 가정은 또한 프리드만의 우주론 모형(구형 대칭성은 모든 FLRW 모형에 적용된다)에도 적용된다. 그래서 이렇게 이상화된 모형이 아인슈타인의 일반 상대성 이론에 따라 그런 극단적인 상황에서 물질이 불가피하게 붕괴하는(또는 폭발하는) 움직임을 필연적으로 표현할 필요가 있는지 의문을 가질 법도 하다.

사실 이 두 가지 이슈는 모두 내가 1964년 가을 중력 붕괴에 대해 심각하게 생각하기 시작했을 때 관심을 가졌던 문제들이었다. 깊은 통찰력을 가진 미국 물리학자 존 휠러John A. Wheeler가 내게 관심을 표한 것이 자극이 되었다. 그는 당시 마텐 슈미트Maarten Schmidt가 얼마 전에 발견한 놀라운 천체[2.35]를 추종하고 있었다. 그것은 극도로 밝고 변화무쌍해서 우리가 지금 '블랙홀'이라고 부르는 것의 성질에 근접하는 뭔가가 관련돼 있어야 함을 암시하고 있었다. 그 당시에는 두 명의 러시아 물리학자 이브게니 미하일로비치 리프시츠Evgeny Mikhailovich Lifshitz와 이삭 마르코비치 칼라트니코프Isaak Markovich Khalatnikov가 수행했던 어떤 상세한 이론적 작업에 기초한 공통적인 믿음이 있었다. 즉, 대칭성의 조건이 적용되지 않는 일반적인 상황에서는 시공간 특이점이 일반적인 중력 붕괴에서는 일어나지 않는다는 것이었다. 나는 러시아 과학자들의 연구를 어렴풋하게만 알고 있었지만 그들이 동원했던 부류의 수학적 분석이 이 문제에 대해 어떤 결정적인 결론에라도 이르게 할 것 같다는 데에 의심을 품고 있었기 때문에, 그 문제를 나 자신의 좀 더 기하학적인 방법으로 생각하기 시작했다. 이것은 내가 광선이 어떻게 진행하는지, 광선이 시공간 곡률에 의해 어떻게 초점 맞춰지는지, 그리고 광선이 주름져 서로 지나치기 시작할 때 어떤 종류의 특이면들이 생겨나는지 등에 대해 다양하고도 총체적인 양상들을 이해하려고 노력했던 것과 관계가 있었다.

　나는 이전에는 이런 용어들을 2.2절의 서두에서 말했던 정상상태 우주모형과 연관 지어 생각하고 있었다. 그 모형을 아주 좋아하긴 했지만 아인슈타인의 일반 상대성 이론 — 시공간 기하학이라는 기본개념과 근본적인 물리학적 원리들을 장엄하게 통합시킨 — 만큼 좋아했던 것은 아니어서, 나는 그 둘을 서로 모순되지 않게 만들 수 있을 가능성이 정말 전혀 없는지 궁금했다. 만약 순전히 구김살 없는 정상상태 모형에 집착한다면 음의 에너지 밀도를 도입하지 않고서는 그 무모순성을 얻을 수 없다고 즉시 결론짓지 않을 수가 없다. 음의 에너지 밀도는 아인슈타인의 이론에서 보통 물질의 양의 에너지 밀도가 무자비하게 안으로 굽게 하는 효과에 반발하기 위해 광선들을 갈기갈기 토해낼 수 있는 효과를 갖고 있다(2.6절 참조). 일반적인 상황에서는 물리계에서 음의 에너지가 존재한다는 것은 '나쁜 소식'이다. 왜냐하면 통제할 수 없는 불안정함을 야기할 것 같기 때문이다. 그래서 나는 대칭성에서 약간 벗어나면 그런 불쾌한 결론을 피할 수 있는지 궁금했다. 그러나 그런 광선면들의 위상학적 움직임을 다루는 데에 사용될 수 있는 전체적인 논증은 조심하도록 제대로 훈련만 돼 있다면 아주 강력한 것으로 드러나서, 그 논증들을 아주 일반적인 상황에 적용해서 이렇게 높은 대칭성을 가정했을 때 적용됐던 것과 똑같은 종류의 결론을 이끌어낼 수 있다. 요컨대 (내가 이 결론을 결단코 발표하지는 않았지만) 대칭성에서 적당히 이탈하는 것이 실제로는 도움이 되지 않으며, 정상상태 모형은 대칭적으로 매끈하게 다듬은 모형에서 상당히 벗어나는 것이 허용된다 하더라도 음의 에너지가 존재하지 않는 이상 일반 상대성 이론과의 불합치를 피할 길이 없다.

나는 또한 중력 작용을 하는 계의 먼 미래를 생각할 때 생길 수 있는 다른 가능성을 조사하기 위해 꽤 비슷한 유형의 논증을 사용했다. 나를 이끌었던 등각 시공간 기하(2.3절에서 언급했었고 또 3장에서 중요한 역할을 할 것이다)라는 발상과 관련이 있는 기교가 이번에도 나를 이끌어 일반적인 상황에서의 광선으로 이루어진 계[2.36]의 집속성질을 생각하게 되었다. 그래서 나는 이런 것들에 아주 정통해졌다고 믿기 시작했다. 그리고서 나는 중력 붕괴라는 질문에 주의를 돌렸다. 여기서는 붕괴가 '불귀점'을 지나가 버리는 상황의 특성을 기술하기 위해서는 어떤 종류의 기준이 필요하다는 것이 주로 문제를 더욱 어렵게 만든다. 왜냐하면 압력이 충분히 커지면 붕괴를 되돌리기 때문에 물체의 붕괴가 뒤집어질 수 있는 많은 상황이 존재한다. 그래서 물질이 밖으로 다시 '튕겨' 나간다. 그런 불귀점은 지평선이 만들어질 때 생기는 것 같다. 왜냐하면 그렇게 되면 중력이 아주 강해져서 그 외 모든 것을 이겨내기 때문이다. 하지만 지평선의 존재와 위치는 수학적으로 정하기가 곤란한 것으로 판명되었다. 그것을 엄밀하게 정의하려면 실제로 그 움직임을 무한대까지 계속해서 쭉 조사할 필요가 있다. 따라서 내게 꽤 좀 더 국소적인 성질[2.38]을 가진 한 가지 아이디어[2.37] — '갇힌 면'이라는 아이디어 — 가 떠오른 것은 행운이었다. 시공간에서 그런 면이 존재한다는 것은 멈출 수 없는 중력 붕괴가 정말로 일어났다는 조건으로 여길 수 있다.

내가 개발하고 있었던 '광선/위상'이라는 형태의 논증을 이용해서 시공간이 두 개의 '합당한' 조건을 만족하게 하기만 한다면 그런 중력 붕괴가 일어날 때마다 특이점을 피할 수 없다는 효과에 대한 정리[2.39]를 수립할 수 있었다. 그 조건 중 하나는 광선의 집속이 결코 음수가 될 수 없다는 것이다. 좀 더 물리적인 용어로 말하자면 이는 만약 아인슈타인의 방정식을 가정한다면(우주상수 Λ가 있든 없든), 광선을 가로지르는 에너지 선속이 결코 음수가 아니라는 뜻이다. 두 번째 조건은 전체 계를 열려 있는(즉, 소위 '옹골차지 않은') 공간성 3차원 면 Σ에서 변화시킬 수 있어야 한다는 것이다. 이는 적당히 국지화되어(즉 우주적이지 않은) 물리적으로 변화하는 상황을 고려하면 아주 표준적인 상황이다. 기하학적으로는, 우리가 요구하는 것은 Σ의 미래 방향으로 우리가 고려 중인 시공간의 어떤 인과곡선도 (시간에 대해) 과거로 갈 수 있는 한 최대한 멀리 연장시켰을 때 반드시 Σ와 교차해야 한다는 게 전부이다(그림 2.25 참조). 또 다른 유일한 요구사항(갇힌 면의 존재를 가정한 것 말고)은 이런 맥락에서 '특이점'이 실제로 뜻하는 바가 무엇인가와 관련이 있다. 기본적으로 특이점이란 단지 방금 내세웠던 가정들과 어긋나지 않게 시공간을 매끈하게 미래로[2.40] 무한히 계속 이어 나아가는 데에 장애물임을 표현할 뿐이다.

이 결과의 권능은 그 일반성에 있다. 대칭성에 대한 가정이 필요 없고 방정식을 더 풀기 쉽게 만들 수도 있는 여느 다른 단순화의 조건들도 없을 뿐만 아니라, 중력장의 근원이 되는 물질의 특성도 임의의 광선을 가로지르는 이 물질의 에너지 선속이 결코 음수가 되면 안 된다 — '약한 에너지 조건'으로 알려진 조건 — 는 물리적 요구에 따라 '물리적으로 합당'한 것으로 제한되기만 하면 된다. 오펜하이머와 스나이더, 그리고 또한 프리드만이 가정한 압력 없는 먼지는 확실히 이 조건을 만족하게 한다.

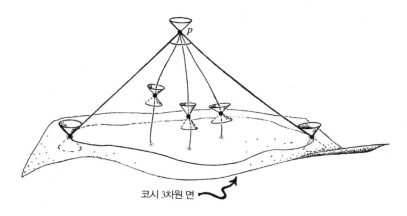

코시 3차원 면

그림 2.25 초기의 '코시 면' Σ. 그 미래의 임의의 점 p는 p에서 끝나는 모든 인과곡선을 과거로 충분히 멀리 거꾸로 연장했을 때 이 면과 꼭 만나야만 한다는 성질을 갖고 있다.

하지만 그것은 이보다 훨씬 더 일반적이며, 상대론 이론가들이 고려하는 물리적으로 현실적인 모든 형태의 고전적인 물질들도 포함한다.

그러나 이런 강력함과는 상호보완적으로, 이 결과의 약점은 붕괴하는 별이 직면한 문제의 세세한 본성에 대해서는 거의 어느 것도 말해주지 않는다는 것이다. 특이점의 기하학적 형태에 관해 아무런 단서도 제공하지 않는다. 심지어 그 물질이 무한대의 밀도에 이를 것이라든지 또는 시공간 곡률이 어떤 다른 방식으로 무한대가 될 것이라는 말은 해 주지 않는다. 게다가 그 특이적 습성이 어디서 그 자신의 모습을 보여주기 시작할 것인지에 대해서조차도 아무것도 말해주지 않는다.

그런 문제들에 접근하려면 앞서 언급했던 러시아 물리학자 리프시츠와 칼라트니코프의 자세한 분석과 훨씬 더 궤를 같이 하는 뭔가가 필요하다. 그러나 내가 1964년 말엽에 발견한 정리는 그들이 이전에 주장하는 바와 정면으로 충돌하는 것처럼 보였다! 사실 이것은 정말로 그랬는데, 그래서 이후 몇 달 동안 엄청나게 당황했고 또 혼란스러웠다. 하지만 그 러시아 물리학자들이 더 어린 동료였던 블라디미르 벨린스키Vladimir A. Belinski의 도움으로 자신들의 이전 연구에서 오류를 찾아내고 정정할 수 있게 되자 모든 문제는 해결되었다. 처음에는 아인슈타인 방정식의 이 풀이가 아주 특별한 경우인 것처럼 보였지만, 정정된 연구결과는 내가 얻었던 결과와 일치했으며 특이적 습성은 정말로 일반적인 경우임을 보 여주었다. 게다가 벨린스키-칼라트니코프-리프시츠 연구는 특이점에 다가가기 위한 유별나게 복잡한 혼돈 형태의 움직임에 대한 그럴듯한 사 례를 보여준다. 이는 지금 BKL 추측이라고 불린다. 그런 움직임은 미국 의 상대론 이론가 찰스 마이스너가 숙고한 결과 이미 예견 — 믹스마스 터mixmaster 우주로 불렸다 — 되었다. 내가 보기엔 적어도 폭넓은 부류의 가능한 상황들에서는 그처럼 거칠고 혼돈스러운 '믹스마스터' 움직임이 아마도 일반적인 경우일 가능성이 아주 높아 보인다.

　이 문제에 대해 할 말이 더 있지만 뒤로(2.6절) 미루도록 한다. 지금 우 리는 또 다른 이슈를 다뤄야만 한다. 즉, 갇힌 면의 발생 같은 뭔가가 실 제로 여느 그럴듯한 상황에서 생겨날 것 같은지 어떤지 하는 문제 말이 다. 과질량의 별이 그 진화의 후기 단계에서 실제 파멸적으로 붕괴할 것 이라고 기대하게 된 원래 이유는 1931년 수브라마니안 찬드라세카르 Subrahmanyan Chandrasekhar의 연구에서 비롯되었다. 그는 질량은 태양질량 에 필적할 만하지만 반지름은 대략 지구반지름 정도여서 크기는 작지만 밀도가 엄청나게 높은 별을 선보였다. 이런 별들은 흰 난쟁이별(그 첫 사례 는 시리우스라는 밝은 별의 불가사의한 암흑 동반자였다)로 알려져 있다. 흰 난쟁이별은 전자 축퇴압으로 붙들려 있다. 전자 축퇴압은 전자가 서로 다른 전자와 함께 운집하지 못하도록 하는 양자역학적 원리이다. 찬드라세카르는 (특수) 상대성 이론 효과가 도입되면 중력에 저항해 이런 식으로 자신을 떠받칠 수 있는 질량의 한계가 있음을 보였다. 그리고 그는 이 '찬드라세카르 한계'보다 냉정하게 더 큰 질량에 무슨 일이 생길까 하는 심오한 수수께끼에 주목했다. 이 한계는 약 $1.4M_\odot$(여기서 $M_\odot$은 태양의 질량을 나타낸다)이다.

우리의 태양 같은 보통별('주계열성main sequence')은 진화의 후기 단계에서는 그 바깥층들이 부풀어 오른다. 그래서 전자가 축퇴된 핵을 동반하는 붉은 거인별이 된다. 이 핵은 점차 별의 물질을 점점 더 많이 축적해서 만약 결과적으로 찬드라세카르 한계를 넘어서지 않는다면 전체 별은 흰 난쟁이별로 끝날 수 있으며, 종국에는 차갑게 식어 검은 난쟁이로 생을 마감한다. 우리의 태양은 정말로 이런 운명을 걸을 것으로 기대된다. 하지만 더 큰 별에 대해서는 흰 난쟁이별의 핵이 어떤 단계에서 찬드라세카르 한계를 넘어선 탓에 별의 안쪽으로 떨어치는 물질들이 극도로 격렬한 초신성 폭발에 이르게 된다(아마도 며칠 동안은 그 별이 거주하는 전체 은하보다도 더 밝게 빛날 것이다). 이 과정에서 충분한 물질이 퍼뜨려질 수 있으며, 그래서 그 결과로 남은 핵은 훨씬 더 큰 밀도의 중성자별을 형성하며 유지될 수 있다. 중성자별은 중성자 축퇴압으로 유지된다.

중성자별은 때로 펄서(2.1절과 후주 2.6 참조)로 자신을 드러낸다. 우리 은하계에서도 많은 중성자별이 관측되었다. 하지만 여기서 다시 그런 별이 가질 수 있는 질량에 대해 한계가 존재한다. 이것은 대략 $1.5M_\odot$(종종 란다우 한계로 알려져 있다)이다. 만약 원래 별이 아주 무거웠다면(가령 $10M_\odot$ 이상으로) 폭발 때 충분한 물질이 밖으로 날아가지 못했을 것이므로 핵은 중성자별로서 자신을 유지하지 못할 것이다. 그러면 그 붕괴를 막을 것은 아무것도 없게 되고, 갇힌 면이 생겨날 단계에 이를 개연성이 높아진다.

물론 이것은 명확한 결론이 아니다. 누군가는 물질이 갇힌 면의 영역에 도달하기 전에 이르게 되는 (중성자별의 반지름보다 겨우 약 3배 정도밖에 작지 않지만) 그처럼 유별나게 응축된 상태의 물리학에 대해 충분히 알지 못한다고 당연하게 주장할 수도 있다. 하지만 만약 우리가 은하 중심 주변의 많은 별이 몰려드는 훨씬 더 큰 규모에서 질량이 집중되는 것을 생각해 보면 블랙홀이 생기는 경우는 상당히 더 강력하다. 이는 단지 사물의 척도를 어떻게 재느냐의 문제이다. 더욱더 큰 계에 대해서는 갇힌 면이 더욱더 작은 밀도에서 생겨날 것이다. 예를 들면 약 백만 개의 흰 난쟁이별이 지름이 10^6km인 영역을 차지하고 있으면 그중 어떤 별들도 실제로 접촉할 필요 없이 충분한 공간을 갖게 된다. 그리고 이는 이들을 둘러싼 갇힌 면이 생기기에 충분히 작다. 블랙홀의 형성에 관해서라면 극도로 높은 밀도에서의 '알려지지 않은 물리학'의 문제는 사실상 별로 중요하지 않다.

내가 지금까지 절차탁마해 온 또 다른 이론적인 이슈가 있다. 나는 암묵적으로 갇힌 면이 존재하면 블랙홀이 형성될 것으로 가정해 왔다. 그러나 이런 추론은 '우주검열cosmic censorship'이라 불리는 것에 의존하고 있다. 이는 비록 진실인 것으로 폭넓게 믿어지고 있으나 아직 증명되지 않은 추측으로 남아 있다.[2.41] BKL 추측에 따르면 이는 아마도 고전적인 일반 상대성 이론에서 해결되지 않은 주요 이슈일 것이다. 우주검열이 주장하는 바는 일반적인 중력 붕괴에서는 시공간의 맨 특이점naked singularity

이 생겨나지 않는다는 것이다. 여기서 '맨 특이점'은 특이점에서 비롯된 인과곡선들이 탈출해서 멀리 있는 외부 관측자에 이를 수 있다(그래서 사건의 지평선이 외부 관측으로부터 특이점을 방어하지 못한다)는 뜻이다. 나는 2.6절에서 우주검열의 이슈에 대해 다시 논의할 것이다.

어느 경우든 현재의 관측 상황은 블랙홀의 존재를 아주 강력하게 선호한다. 어떤 쌍성계가 태양질량의 수 배에 달하는 블랙홀을 포함하고 있다는 증거는 꽤 인상적이다. 비록 그것이 계의 보이지 않는 요소 덕분에 동역학적 움직임으로부터 그 계의 존재를 명확히 알 수 있다는 다소 '음성적인' 성격이긴 하지만 말이다. 보이지 않는 요소의 질량은 표준이론에 따라 여느 알이 찬 천체에 대해 가능한 경우보다 상당히 더 크다. 이런 종류 중에서도 가장 인상적인 발견은 우리의 은하수 중심에서 보이지는 않지만 엄청나게 무거운 알찬 천체 주변으로 아주 급속하게 궤도운동을 하는 별들을 관측한 것이었다. 이들의 운동속도는 이 천체가 대략 $4,000,000 M_\odot$의 질량을 가져야 하는 그런 속도였다! 이것이 블랙홀 이외의 다른 어떤 것일 수 있다고 생각하기는 어렵다. 이처럼 '음성적인' 종류의 증거 외에도, 주변 물질을 끌어당기고 있는 것으로 관측된 이런 성질의 천체들도 또한 존재한다. 여기서 끌려 들어가는 물질이 그 천체의 '표면'을 데운다는 증거는 보지 못했다. 이렇다 할 만한 표면이 없다는 것은 블랙홀이 존재한다는 직접적이고 명확한 증거이다.[2.42]

등각도형과 등각경계

오펜하이머-스나이더, 그리고 프리드만 시공간의 경우에서와 같이 특히 구형 대칭성을 갖는 모형의 경우 시공간 모형을 전체적으로 표현하는 편리한 방법이 있다. 즉 등각도형을 이용하는 것이다. 여기서 나는 두 가지 형태의 등각도형, 즉 엄밀한 등각도형과 개략적인 등각도형을 구분할 것인데,[2.43] 각각이 뭔가 쓸모가 있다는 것을 곧 알게 될 것이다.

엄밀한 등각도형부터 시작해 보자. 이는 정확한 구형 대칭성을 가진 시공간(여기서 M으로 표현한다)을 나타내는 데 쓸 수 있다. 이 도형은 평면의 영역 D이며 D 내부의 각 점은 전체 구의 값(즉 S^2의 값)이 있는 M의 점들을 나타낸다. 대체 무슨 일들이 벌어지고 있는지 어떤 심상을 갖기 위해 하나의 공간차원을 없애고 영역 D를 어떤 수직선 주변으로 왼편으로 돌린다고 생각해 보자(그림 2.26 참조). 이 수직선은 회전축이라고 불린다. 그러면 D의 각 점은 원(S^1)의 자취를 남긴다. 이는 우리의 상상력을 시각화하기에 충분히 유용하다. 하지만 전체가 4차원적 그림인 우리의 시공간 M을 위해서는 2차원적 회전이 필요하며, D 내부의 각 점은 M의 구면(S^2) 자취를 남겨야 한다.

엄밀한 등각도형에서는 종종 회전축이 영역 D의 경계의 부분이 된

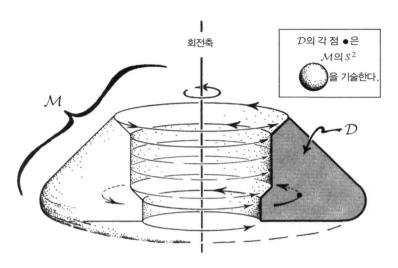

그림 2.26 엄밀한 등각도형 $\mathcal{D}$는 정확한 구면 대칭성을 가진 시공간(여기서는 $\mathcal{M}$으로 나타냈다)을 나타내는 데 사용된다. 2차원 영역 $\mathcal{D}$는 회전시켜 (2차원적인 구 S^2를 통해) 4차원 $\mathcal{M}$을 만든다.

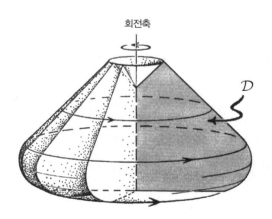

그림 2.27 $\mathcal{D}$ 경계의 점선은 대칭축으로서 그 각 점은 S^2가 아니라 시공간의 한 점을 나타낸다.

다. 이렇게 되면 축 — 도형에서 점선으로 표현된 — 위의 경계점들은 각각 4차원 시공간에서 (S^2가 아니라) 하나의 첨을 나타낼 것이다. 그래서 전체 점선은 또한 $\mathcal{M}$에서 하나의 선을 나타낸다. 그림 2.27은 전체 시공간 $\mathcal{M}$이 어떻게 점선 축 주변의 회전체 속에서 $\mathcal{D}$와 똑같은 2차원적 공간의 무더기로 구성되는지 그 느낌을 전해준다.

우리는 $\mathcal{M}$을 등각 시공간으로 생각할 것이다. 그리고 $\mathcal{M}$에 전체 계측 $\mathbf{g}$를 주는 특정한 척도에 대해서는 크게 염려하지 않을 것이다. 그래서 2.3절의 마지막 문장에 따라 $\mathcal{M}$에는 (시간 정향된) 영뿔의 전체집합이 부여된다. 이에 따라 $\mathcal{D}$ 자체는 $\mathcal{M}$의 2차원적 하부공간으로서 $\mathcal{M}$으로부터 2차원적 등각 시공간의 구조를 물려받았으며 그 자신의 '시간 정향된 영뿔'을 갖고 있다. 이것은 $\mathcal{D}$의 각 점에서 한 쌍의 구분되는, 미래를 향해 방향 잡은 것으로 인식되는 '영(零)' 방향으로 이루어져 있다. (이것은 단지 $\mathcal{M}$의 미래 영뿔로 $\mathcal{D}$의 복사본을 정의하는 평면들의 교차지점일 뿐이다. 그림 2.28 참조.)

엄밀한 등각도형에서 우리는 수고스럽게도 $\mathcal{D}$의 이 모든 미래 영 방향들이 수직 위쪽에 대해 45°로 방향 잡도록 배열한다. 이 상황을 보여주기 위해 나는 그림 2.29에서 전체 민코프스키 시공간 $\mathbb{M}$에 대한 등각도형을 그렸다. 여기서 영의 방사선들은 수직 위쪽에 대해 45°로 그려져 있다. 그림 2.30에서 나는 어떻게 이 사상을 얻었는지 보여주고자 했다. 그림 2.29를 보면 등각도형의 중요한 특징이 드러나 있음을 알 수 있다. 이 그림은 전체 무한한 시공간 $\mathbb{M}$을 이 도형으로 포괄하고 있음에도 단지 유한한 (직각)삼각형일 뿐이다. 등각도형의 독특한 성질은 사실 시공간의 무한한 영역을 유한한 그림으로 포괄할 수 있도록 '쑤셔 넣을' 수 있다

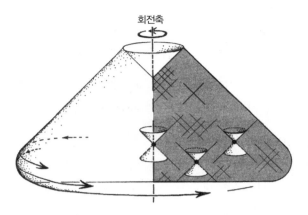

그림 2.28 수직에 45°를 이루는 $\mathcal{D}$의 '영뿔'은 $\mathcal{M}$ 속의 영뿔들과 끼워진 $\mathcal{D}$의 교차지점들이다.

는 것이다. 무한대 자체도 또한 등각도형에 표현돼 있다. 두 개의 굵은 경사진 경계선들은 과거 영 무한대 $\mathcal{I}^-$와 미래 영 무한대 $\mathcal{I}^+$를 나타낸다. 여기서 $\mathbb{M}$의 모든 영 측지선(영 직선)은 과거 끝점을 $\mathcal{I}^-$ 위에서 그리고 미래 끝점을 $\mathcal{I}^+$ 위에서 갖게 된다. ($\mathcal{I}$라는 문자는 대개 'script I'를 뜻하는 '스크라이 (scri)'로 발음한다.)[2.44] 경계 위에는 또한 세 점 i^-, i^0, i^+가 있다. 각각은 과거 시간성 무한대, 시간성 무한대, 그리고 미래 시간성 무한대를 나타내는 데 $\mathbb{M}$의 모든 시간성 측지선은 과거 끝점 i^-와 미래 끝점 i^+를 얻고, 모든 공간성 측지선은 점 i^0를 경유하는 고리 속에서 끝난다. (곧 우리는 왜 i^0를 정말로 단지 하나의 점으로 여겨져야 하는지 알게 될 것이다.)

이 시점에서 전체 쌍곡선면의 등각 그림을 보여주는 에셔의 판화 그림 2.3(c)를 떠올려보면 도움이 될 것이다. 경계원은 등각적으로 유한한 방식으로 무한대를 나타낸다. 이는 본질적으로 $\mathcal{I}^-, \mathcal{I}^+, i^-, i^0, i^+$가 함께 $\mathbb{M}$의 무한대를 나타나는 것과 비슷한 방식이다. 사실 쌍곡면을 매끈한 등각 다양체처럼 그 등각경계를 넘어 그 속에 쌍곡면이 표현돼 있는 유클리드 평면(그림 2.31)으로 확장할 수 있는 것과 꼭 마찬가지로, 우리는 또

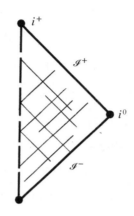

그림 2.29 민코프스키 공간 $\mathbb{M}$에 대한 엄밀한 등각도형.

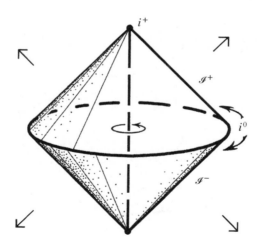

그림 2.30 $\mathbb{M}$에 대한 보통의 심상을 얻기 위해 경사진 (뿔 모양의) 경계가 무한대를 향해 바깥으로 밀려난다고 생각한다.

한 $\mathbb{M}$을 그 경계를 넘어 더 큰 등각 다양체로 매끈하게 확장할 수 있다. 사실 $\mathbb{M}$은 아인슈타인 우주 $\mathcal{E}$(또는 '아인슈타인 원기둥')로 알려진 시공간 모형의 한 부분과 등각적으로 똑같다. 이것은 공간적으로 3차원 구(S^3)이고 완전히 정적인 우주론적 모형이다. 그림 2.32(a)는 이 모형(아인슈타인이 1917년에 목적을 이루기 위해 원래 우주상수 Λ를 도입했던 모형. 2.1절 참조)을 직관적으로 그려 놓았고 그림 2.32(b)는 이것을 표현하는 엄밀한 등각도형을 보여준다. 이 도형에는 두 개의 수직 점선으로 표현된, 두 개의 분리된 '회전축'이 있음에 주목하라. 이것은 전혀 모순적이지 않다. 우리는 단지 도형 내부의 각 점이 표현하는 S^2의 반지름이 점선에 다가감에 따라 0으로 줄어들었다고 생각하면 된다. 이는 또한 $\mathbb{M}$의 공간 무한대가 등각적으로는 바로 하나의 점 i^0라는, 다소 기묘해 보이는 사실을 설명하는 데 도움

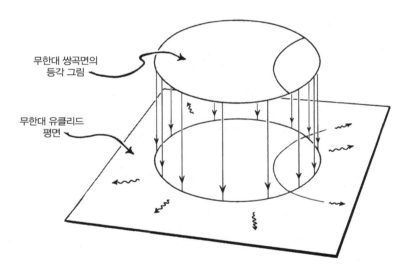

무한대 쌍곡면의 등각 그림

무한대 유클리드 평면

그림 2.31 쌍곡면을 매끈한 등각 다양체처럼 그 등각경계를 넘어 그 속에 쌍곡면이 표현돼 있는 유클리드 평면으로 확장한다.

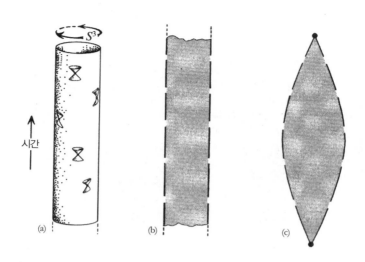

그림 2.32 (a)아인슈타인 우주 $\mathcal{E}$('아인슈타인 원기둥')에 대한 직관적인 그림.
(b), (c)똑같은 것의 엄밀한 등각도형.

이 된다. 왜냐하면 그 점이 표현했던 것처럼 보이는 S^2의 반지름이 0으로 줄어들었기 때문이다. 시공간 $\mathcal{E}$의 공간적인 S^3 단절면은 이 과정에서 생겨난다. 그림 2.33(a)는 어떻게 $\mathbb{M}$이 $\mathcal{E}$의 등각 부분영역으로 생겨나는지, 그리고 사실 우리가 어떻게 전체 다양체 $\mathcal{E}$를 무한히 연결된 공간 $\mathbb{M}$으로 등각적으로 만들었다고 생각할 수 있는지를 보여준다. 여기서 각각 $\mathscr{I}^+$는 그다음의 $\mathscr{I}^-$와 결합되는데 그림 2.33(b)는 엄밀한 등각도형으로서 어떻게 이것이 이루어지는지를 보여준다. 3장에서 제안된 모형을 고려할 때 이 그림은 기억해 둘 만한 가치가 있을 것이다.

이제 2.1절에서 소개했던 프리드만 우주론을 생각해 보자. $\Lambda=0$에 대해 서로 다른 경우 $K>0$, $K=0$, $K<0$가 그림 2.34(a), (b), (c)에 각각 그려져 있다. 이때 특이점은 물결선으로 표현되었다. 여기서 나는 경계 위의

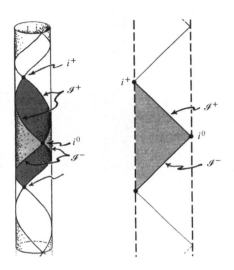

그림 2.33 i^0가 왜 하나의 점인지 알아보자. (a)$\mathbb{M}$은 $\mathcal{E}$의 등각 부분영역으로서 생겨난다. 전체 다양체 $\mathcal{E}$는 등각적으로, 공간 $\mathbb{M}$을 무한히 연결시켜 만들어진다고 생각할 수 있다. (b)엄밀한 등각도형에서 이것이 어떻게 이루어지는지 보여준다.

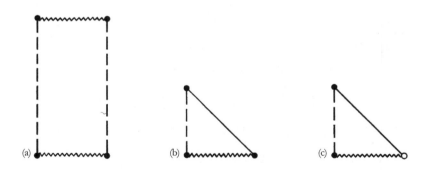

그림 2.34 프리드만 우주론의 세 가지 다른 경우, $\Lambda = 0$일 때 $K > 0$, $K = 0$, $K < 0$에 대한 엄밀한 등각 도형.

흰 점 '∘'이 전체 구 S^2를 나타내고, 검은 점 '•'($\mathbb{M}$의 경우에 이미 써먹었다)은 하나의 점을 나타내는 표기법을 도입하였다. 이 흰 점들은 실제로 2차원의 경우 에서가 사용했던 등각 표현에서 쌍곡선 공간의 경계 구들을 나타낸다. 양의 우주상수($\Lambda > 0$, 여기서 $K > 0$인 경우 공간의 곡률이 Λ를 극복해서 궁극적으로 재붕괴를 만들어낼 만큼 충분히 크지 않다고 가정한다)에 대한 해당 경우들은 그림 2.35(a), (b), (c)에 그려져 있다. 이 도형들의 중요한 성질들을 여기서 지적해 보자. 이 모든 모형의 미래무한대 $\mathscr{I}^+$는, 종국의 굵은 경계선이 항상 45°보다 더 수평적인 것으로 표시돼 있듯이 공간성이다. 이는 $\Lambda = 0$일 때(그림 2.34(b), (c)와 그림 2.29에 그려진 경우) 생기는 미래무한대와 정반대이다. 여기서는 경계가 45°여서 $\mathscr{I}^+$는 영의 쌍곡면이다. 이는 $\mathscr{I}^+$의 기하학적 본성과 우주상수 Λ값 사이의 일반적인 특징이며, 3장에서 핵심적으로 중요해질 것이다.

$\Lambda > 0$인 이러한 프리드만 모형들은 모두 먼 미래에 드 치터 시공간 $\mathbb{D}$에 가까이 다가가는 움직임을 보인다. 이는 물질이 없이 완전히 비어 있는 극도로 대칭적인(4차원 구의 민코프스키적 유사체이다) 모형우주이다. 그림 2.36(a)에서 나는 단 하나의 공간차원만 표현된 $\mathbb{D}$의 2차원 판본(전체 드

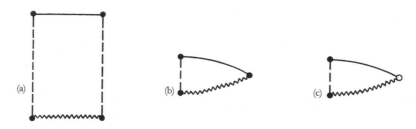

그림 2.35 $\Lambda > 0$인 프리드만 모형에 대한 엄밀한 등각도형. (a) $K > 0$, (b) $K = 0$, (c) $K < 0$.

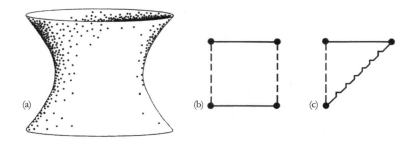

그림 2.36 드 지터 시공간. (a) (2개의 공간 차원이 생략된) 민코프스키 3공간에 표현됨. (b) 그것의 엄밀한 등각도형. (c) 절반으로 자르면 정상상태 모형에 대한 엄밀한 등각도형을 얻는다.

지터 4공간 $\mathbb{D}$는 민코프스키 5공간의 초월면이다)을 그렸고, 그림 2.36(b)에서 이에 대한 엄밀한 등각도형을 제시했다. 2.2절에서 말했던 정상상태 모형은 그림 2.36(c)에서 보였듯이 단지 $\mathbb{D}$의 절반이다. 필요한 '절단선'이 $\mathbb{D}$를 가로지르고 있기 때문에(톱니 모양의 경계), 정상상태 모형은 실제로 과거 방향으로는 소위 '불완전'하다. 즉, 시간척도가 어떤 유한한 값보다 더 이른 값으로 연장되지 않는 평범한 시간성 측지선 — 질량 있는 입자의 자유운동을 나타낼 수 있다 — 이 존재한다. 만약에 이것이 미래 방향으로 적용되었다면 당연하게도 그 모형의 결점으로 여겨져 걱정거리가 되었을 것이다. 그것은 어떤 입자 또는 공간 여행자의 미래에 적용될 수 있는데,[2.45] 여기서 우리는 그런 입자의 운동은 결코 존재할 수 없다고 그냥 말할 수 있기 때문이다.

　이 문제의 물리학에 대해 어떤 관점을 가진다 하더라도, 나는 엄밀한 등각도형에서 이런 종류의 불완전성을 약간 톱니진 선으로 표시하였다. 이 도형에서 내가 사용하고 있는 한 가지 남은 유형은 내부 점선으로서,

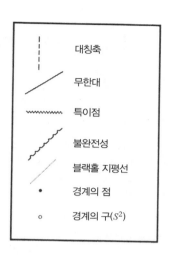

그림 2.37 엄밀한 등각도형의 기호표.

블랙홀의 사건 지평선을 나타낸다. 그림 2.37의 기호표로 주어졌듯이, 나는 이 모든 다섯 종류의 선(대칭축에 대한 파선, 무한대에 대한 굵은 선, 특이점에 대한 물결선, 불완전성에 대한 약간 톱니진 선, 그리고 블랙홀 지평선에 대한 점선)과 두 종류의 점(4공간에서의 하나의 점을 표현하는 검은 점, S^2를 나타내는 흰 점)을 엄밀한 등각도형에서 일관되게 사용하고 있다.

블랙홀로 붕괴하는 오펜하이머-스나이더 과정을 나타내는 엄밀한 등각도형이 그림 2.38(a)에 주어져 있다. 이것은 붕괴하는 프리드만 모형의 부분과 원래 슈바르츠실트 풀이Schwarzschild solution를 에딩턴-핀켈슈타인이 확장한 부분과 '함께 접착'해서 얻을 수 있다. 이는 그림 2.38(b), (c)의 엄밀한 등각도형에서 볼 수 있다(그림 2.39도 참조). 슈바르츠실트는 아인슈타인이 자신의 일반 상대성 이론의 방정식을 공표한 직후인 1916년에 아인슈타인의 방정식에 대한 자신의 풀이를 발견하였다. 이 풀이는 정적이

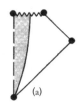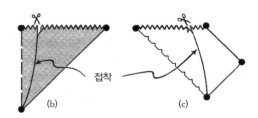

그림 2.38 블랙홀로의 붕괴에 대한 오펜하이머–스나이더 모형. (a)엄밀한 등각도형은 다음 두 부분을 함께 접착시켜서 구성된다. (b)프리드만 모형(그림 2.34(b))의 시간 역전된 왼쪽 부분과 (c)에딩턴–핀 켈슈타인(Eddington-Finkelstein) 모형(그림 2.39(b))의 오른쪽 부분. (이와 같은 국소적인 모형에서는 Λ 가 무시된다. 따라서 $\mathcal{J}$는 영으로 취급된다.)

그림 2.39 구면 대칭적인($\Lambda = 0$) 진공에 대한 엄밀한 등각도형. (a)슈바르츠실트 반지름 밖의, 원래의 슈바르츠실트 풀이. (b)에딩턴–핀켈슈타인의 붕괴 계측으로 확장. (c)크루스칼(Kruskal)/싱(Synge)/세 케레시(Szekeres)/프론스달(Fronsdal) 형태로 완전히 확장됨.

고 구면 대칭적인 천체(예를 들어 별) 외부의 중력장을 기술하며, 이것은 정적인 시공간으로서 그 천체의 **슈바르츠실트 반지름**

$$\frac{2MG}{c^2}$$

이하의 안쪽까지 확장될 수 있다. 여기서 M은 천체의 질량이고 G는 뉴턴의 중력 상수이다. 지구의 경우 이 반지름은 약 9mm이며 태양은 약 3km이다. 하지만 이런 경우 그 반지름은 천체의 한참 안쪽에 있게 돼서 시공간 기하에는 즉각적인 연관성이 전혀 없는 이론적인 거리일 뿐이다. 왜냐하면 이 슈바르츠실트 계측은 오직 외부 영역에만 적용되기 때문이다(그림 2.39(a)의 엄밀한 등각도형 참조).

그러나 블랙홀의 경우 그 슈바르츠실트 반지름은 지평선에 있다. 이 반지름에서 슈바르츠실트 계측의 형태는 특이성을 보이기 시작해서, 슈바르츠실트 반지름은 원래 시공간에서의 실제 특이점으로 여겨졌다. 그러나 1927년 조르주 르메트르는 만약 우리가 시공간이 정적으로 남아 있어야 한다는 요구조건을 포기한다면 그것을 완전히 매끈한 방식으로 확장하는 것이 가능하다는 것을 처음으로 발견하였다. 1930년에는 아서 에딩턴이 이렇게 확장하는 것을 좀 더 단순하게 묘사하여(비록 그는 이런 면에서 무엇을 성취했는지를 지적하지는 않았지만), 르메트르가 기술한 것으로 재발견하였다. 그리고 1958년 데이비드 핀켈슈타인이 그 의미를 명확하게 발표하였다(그림 2.39(b)의 엄밀한 등각도형 참조). 그림 2.39(c)의 엄밀한 등각도형은 '슈바르츠실트 풀이의 최대 확장'이라 불리는 도형을 보여 준다(흔히 크루스칼−세케레시 확장이라 불리는데, 이와 똑같지만 좀 더 복잡한 기술법을 J. L. 싱 [2.46]이 훨씬 빨리 발견하였다).

3.4절에서 우리는 블랙홀의 또 다른 성질을 보게 될 것이다. 이것은 현재로서는 극도로 작은 효과를 보이지만 궁극적으로는 결정적으로 중요해질 것이다. 아인슈타인의 일반 상대성 이론에 대한 고전적인 물리학에 따르면 블랙홀은 완전히 검어야만 하지만 호킹[2.47]은 1974년에 수행한 분석을 통해 굽은 시공간에서 양자장론의 효과가 여기에 도입되면 블랙홀은 자기 질량에 역으로 비례하는 아주 작은 온도 T를 가져야 한다는 것을 보였다. 예를 들어 $10M_\odot$인 블랙홀의 경우 이 온도는 극도로 작아서 대략 6×10^{-9}K 정도이다. 이는 2006년 기준으로 MIT의 연구실에서 만들어 낸 저온 세계 기록 $\sim 10^{-9}$K에 견줄 만하다. 대략 현재 우리 근방의 블

랙홀들이 이 정도의 온도일 것으로 여겨진다. 더 큰 블랙홀은 훨씬 더 차가워서 우리 은하계 중심에 있는 ~4,000,000$M_\odot$인 블랙홀의 온도는 겨우 약 1.5×10^{-14}K이다. 현재 우리 우주의 주변 온도를 CMB의 온도로 잡으면 그 온도는 어마어마하게 더 뜨거운 값인 ~2.7K임을 알 수 있다.

하지만 만약 우리가 아주 아주 길게 본다면, 그리고 우리 우주의 기하급수적인 팽창이 만약 무한히 계속되어 CMB를 엄청나게 냉각시킬 것임을 감안한다면, 그 온도가 언제고 생겨날지도 모르는 가장 큰 블랙홀의 온도 아래로 내려가리라고 기대할 수 있다. 그렇게 되면 블랙홀은 주변의 우주 공간으로 그 에너지를 복사하기 시작할 것이다. 그리고 에너지를 잃게 되면 질량 또한 잃어버릴 수밖에 없다(아인슈타인의 $E = mc^2$에 의해). 블랙홀은 질량을 잃음에 따라 점점 더 뜨거워져, 믿을 수 없을 정도로 긴 시간(대략 현재까지 가장 큰 블랙홀의 경우 아마도 약 10^{100} — 즉 '구골' — 년까지) 뒤에는 점차로 완전히 움츠러들어 결국에는 '펑' 하고 사라진다. 이 마지막 폭발에는 '쾅'이라는 이름을 붙일 가치가 거의 없다. 왜냐하면 그 폭발이 겨우 대포 포탄의 에너지 정도밖에 안 될 것이기 때문이다. 뭔가 오랜 기다림 끝의 용두사미가 아닐 수 없다.

물론 이것은 현재 우리의 물리적 지식과 이해력을 기반으로 어마어마한 수준까지 추론해 본 것이다. 하지만 호킹의 분석은 일반적으로 받아들여지는 원리들과 아주 잘 부합하며, 그 원리들은 전반적으로 이런 결론을 피하기 어려워 보인다. 그래서 나는 그 결론을 블랙홀의 궁극적인 운명에 대한 그럴듯한 설명으로 받아들이고 있다. 사실 이런 기대감은 내가 이 책의 3장에서 제시할 틀에서 아주 중요한 요소를 형성할 것이다. 어느 경우든 이 과정을 그림 2.40에서 그리고 그 엄밀한 등각도형을

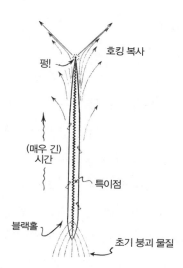

호킹 복사

펑!

(매우 긴)
시간

특이점

블랙홀

초기 붕괴 물질

그림 2.40 호킹 증발하는 블랙홀.

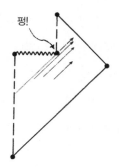

펑!

그림 2.41 호킹 증발하는 블랙홀에 대한 엄밀한 등각도형.

그림 2.41에서 함께 그려 보는 것도 적절할 것이다.

　물론 대부분의 시공간은 구면 대칭성을 갖고 있지 않으며 엄밀한 등각도형으로써 기술하면 적절한 근사조차도 제공받지 못한다. 그럼에도 대략적인 등각도형이라는 개념은 종종 아이디어를 명확히 하는 데에 상당히 가치가 있다. 대략적 등각도형은 엄밀한 등각도형을 지배하는 명확한 절단규칙이 없으며, 때로는 도형이 암시하는 바를 완전히 이해하기 위해 그 도형이 3차원(또는 심지어 4차원) 속에 주어졌다고 상상할 필요가 있다. 기본적인 요점은 무한한 양을 유한하게 만드는 시공간 등각 표현의 두 가지 요소를 사용하는 것이다. 한편으로 이것은 우리가 엄밀한 등각도형에서 봤던, 굵은 선의 경계로 묘사했던 시간과 공간의 무한한 영역을 우리의 유한한 이해방식으로 가져오는 것이고, 다른 한편으로는 다른 의미에서 무한한 그런 영역, 즉 엄밀한 도형에서 물결선 경계로 나타냈던 시공간 특이점을 펼치는 것이다. 첫 번째는 등각인수(2.3절에서 $g \rightarrow \Omega^2 g$의 'Ω')로 달성되었다. 이는 매끄럽게 0으로 가도록 허용되었다. 그래서 무한한 영역은 뭔가 유한한 것으로 '으깨진다squashed'. 두 번째는 무한해지도록 허용된 등각인수로 달성되었다. 그래서 특이성 영역은 '늘려뻗음stretching out'으로써 유한하고 매끈해진다. 물론 어느 특별한 경우에 그런 과정들이 실제로 작동할 것인가를 보장하지 못할지도 모른다. 그럼에도 불구하고 우리는 이 두 과정이 우리가 돌아올 아이디어에서 중요한 역할을 수행할 것이며 이 둘을 조합하면 3장에서 내가 제안하고 있는 것의 핵심임을 알게 될 것이다.

이 장을 끝내기 전에, 이 두 과정 덕분에 특별히 이해력을 높일 수 있는, 즉 우주지평선이라는 이슈에 대한 한 가지 맥락을 제시하고자 한다. 사실 우주론적 맥락에서 '지평선'이라고 언급되는 개념은 두 가지로 구분된다.[2.48] 이 중 하나는 사건지평선으로 알려진 것이고, 다른 하나는 입자지평선이다.

먼저 우주사건지평선이라는 개념을 생각해 보자. 이는 블랙홀의 사

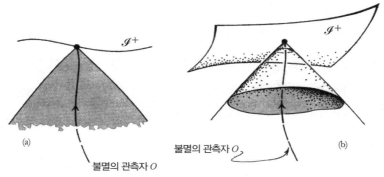

그림 2.42 Λ >1일 때 발생하는 우주사건지평선의 대략적인 등각도형. (a)2차원. (b)3차원.

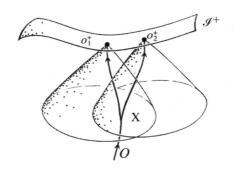

그림 2.43 불멸의 관측자 O의 사건지평선은 O가 언제고 관측할 수 있는 그런 사건들의 절대적인 경계를 나타낸다. 이 지평선 자체는 O가 선택한 역사에 의존한다. x에서 마음을 바꾸면 다른 사건지평선을 야기할 수 있다.

건지평선이라는 개념과 밀접하게 관련돼 있다. 비록 후자가 어떤 관측자의 관점에 덜 의존적이라는 뜻에서 더욱 '절대적인' 성격을 가지지만 말이다. 우주사건지평선은 우주모형이 그림 2.35의 엄밀한 등각도형에서 그리고 그림 2.36(b)의 드 지터 모형 $\mathbb{D}$에서 보여 준 Λ >0인 모든 프리드만 모형에서와 마찬가지로 공간성인 $\mathscr{I}^+$를 가질 때 생긴다. 하지만 그 아이 디어는 또한 대칭성이 가정되지 않은 공간성 $\mathscr{I}^+$의 상황에서도 적용된다(이것은 일반적인 $\Lambda > 0$의 특징이다). 대략적인 등각도형 그림 2.42(a), (b)에서 나는 (각각 2차원 또는 3차원 시공간에 대해) 세계선 l이 $\mathscr{I}^+$ 위의 한 점 o^+에서 끝나는 관측자 O(영원불멸이라고 여겨지는!)가 원리적으로 관측할 수 있는 시공간의 영역을 표시하였다. 이 관측자의 사건지평선 $C^-(o^+)$는 o^+의 과거 광원뿔이다.[2.49] $C^-(o^+)$ 바깥에서 발생하는 어떤 사건도 O에게는 영원히 관측 불가능한 것으로 남을 것이다(그림 2.43 참조). 그러나 우리는 사건 지평선의 정확한 위치는 특별한 종결점 o^+에 아주 많이 의존한다는 것을 알 수 있다.

다른 한편 입자지평선은 과거경계 — 보통 무한대보다 특이점으로 여겨지는 — 가 공간성일 때 생겨난다. 사실 여기서 그린 특이점이 보이는 그런 엄밀한 등각도형으로부터 조금씩 찾아낼 수 있듯이, 공간성은 시공간 특이점에 대한 표준적인 성질이다. 이는 '강력한 우주검열'이라는 이슈와 긴밀하게 연결돼 있다. 이에 대해서는 다음 절에서 다룰 것이

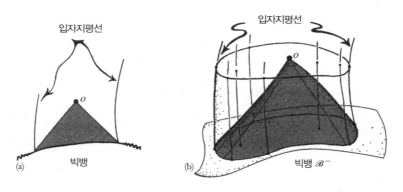

그림 2.44 입자지평선에 대한 대략적인 등각도형. (a)2차원, (b)3차원.

다. 이것을 초기 특이성 경계 $\mathscr{B}^-$라고 부르자. 만약 사건 o가 어떤 관측자 O의 시공간 위치라면, 우리는 o의 과거 광원뿔 $\mathscr{C}^-(o)$를 생각해서 이것이 $\mathscr{B}^-$와 어디서 만나는지 살펴볼 수 있다. 이 교차면 바깥의 $\mathscr{B}^-$ 위에서 비롯된 어떤 입자라도 사건 o에 있는 관측자에게 보이는 영역으로는 결코 들어오지 않을 것이다. 비록 만약 O의 세계선이 미래로 확장될 수 있다면 점점 더 많은 입자가 시야에 들어오겠지만 말이다. 대개 사건 o의 실제 입차지평선은 $\mathscr{C}^-(o)$와 $\mathscr{B}^-$의 교차점에서 비롯된, 이상화된 은하 세계선이 훑고 지나가는 자취로 생각한다(그림 2.44 참조).

2.6

빅뱅이 특별했던 방식을 이해하려면

2장에서 다루고자 했던 기본질문으로 되돌아가 보자. 즉, 어떻게 우리 우주가 아주 유별나게 특별했던 빅뱅과 함께 우연히 생겨나게 됐는지 하는 이슈 말이다. 그런데 빅뱅은 그 엔트로피가 다른 모든 면에서는 최댓값에 가까웠지만 중력에 관한 한 그것이 없었을 때와 비교했을 때 엔트로피가 어마어마하게 낮았던, 아주 독특한 방식이었던 것으로 보인다는 면에서 특별하다. 그러나 이 문제는 우주가 생겨난 뒤 아주 초기 단계인 빅뱅 직후 약 10^{-36}초에서 10^{-32}초 사이 아주 짧은 시간 간격 동안 지속된 상태에서 우주가 기하급수적인 팽창 — 우주 급팽창으로 불리는 — 을 겪었다는 인기 있는 아이디어 때문에 진창으로 빠져버리곤 한다. 이 사이에 우주의 길이차원은 대략 10^{20} 사이에서 10^{60} 정도, 또는 아마도 10^{100} 정도의 어마어마한 배수로 증가하였다. 이렇게 엄청난 팽창은 (다른 무엇보다) 초기 우주의 균일성을 설명하기 위해 가정하게 되었다. 실제로 급팽창에 의해 초기의 모든 불규칙함들이 간단하게 다림질돼 버린 것으로 여겨진다. 그러나 이런 논의들은 내가 1장에서 관심을 가졌던 근본적인 질문, 즉 열역학 제2법칙이 존재하기 위해 초기에 존재했어야만 했던, 유별나게 명백했던 빅뱅의 특별함의 기원을 다루는 것으로는 거의 여겨지지 않은 듯하다. 나의 관점에서 보자면 급팽창의 근저에 깔린 아이디어 ─ 우리가 지금 관측하는 우주의 균일함이 초기 우주의 진화에 작용했던 (급팽창하는) 물리적 과정의 결과여야만 한다는 ─ 는 기본적으로 잘못된 생각이다.

나는 왜 이것이 잘못된 생각이라고 말하는가? 몇몇 일반적인 고찰을 통해 이 문제를 따져 보자. 급팽창 기저에 깔려 있는 동역학은 다른 물리적 과정과 똑같은 일반적인 방식으로 지배받는다고 여겨지는데, 이런 움직임의 밑바닥에는 시간 대칭적인 동역학적 법칙들이 깔려 있다. 사람들은 급팽창의 원인이 되는 것으로 생각되는 '인플라톤 장$_\text{inflaton field}$'으로 알려진 독특한 물리적 장이 존재하는 것으로 여긴다. 비록 인플라톤 장을 지배하는 방정식들의 엄밀한 성질은 급팽창의 여러 판본에 따라 일반적으로 다르기는 하지만 말이다. 급팽창 과정의 일부로서 어떤 종류의 '상전이$_\text{phase transition}$'가 발생한다. 이는 얼거나 녹거나 하면서 생겨나는 고체상태와 액체상태 사이의 전이와 비슷한 그런 부류로 생각해도 좋다. 그런 전이는 제2법칙에 부합하여 진행되는 것으로 여겨지며, 보통 엔트로피 증가를 수반한다. 따라서 우주의 동역학에 인플라톤 장을 도입한다고 해서 1장에서 제시했던 핵심적인 논증이 영향을 받지는 않는다. 우리는 여전히 우주가 유별나게 낮은 엔트로피에서 출발했다는 점을 이해할 필요가 있으며, 2.2절의 논증에 따라 엔트로피가 이처럼 낮은 것은 본질적으로 중력의 자유도가, 적어도 다른 모든 자유도를 수반하는 그런 정도에 근접하지 않을 정도로, 깨어나지 않았다는 사실 때문이다.

중력 자유도를 고려조건에 넣었을 때 초기의 높은 엔트로피 상태가 어떠할 것인지 이해해 보려고 하는 것은 확실히 도움될 것이다. 만약 시간이 뒤집어진 맥락에서 붕괴하는 우주를 상상한다면 이에 대한 감을 어느 정도 잡을 수 있다. 왜냐하면 이 붕괴는 만약 제2법칙과 부합되게 생각한다면 정말로 높은 엔트로피의 특이성 상태에 이를 수밖에 없다. 우리가 붕괴하는 우주를 단지 생각만 하는 것은, 그림 2.2의 $\Lambda = 0$인 닫힌 프리드만 모형처럼 우리 우주가 언젠가 재붕괴할 것인지 어떤지와는 아무런 상관이 없다는 점을 명확히 할 필요가 있다. 이 붕괴는 그저 가상적인 상황으로 생각할 뿐이다. 우리가 2.4절에서 생각했던 블랙홀로의 일반적인 붕괴와 같은 일반적인 붕괴 상황에서는 모든 부류의 불규칙성이 창발한다고 기대할 수 있다. 하지만 물질의 국소적인 영역이 충분히 집중되면 갇힌 면이 나타날 것이고 시공간 특이점이 생겨날 것으로 기대된다.[2.50] 애초에 어떤 밀도의 불규칙성이 있었다고 하더라도 엄청나게 집중될 것이며, 최종적인 특이점은 유별나게 뒤죽박죽으로 얼어붙은 블랙홀에서 나올 것으로 기대된다. 벨린스키, 칼란트니코프, 리프시츠의 사색이 여기서부터 작동하기 시작한다. 그리고 만약 BKL 추측이 옳다면(2.4절 참조), 어떤 극도로 복잡한 특이점 구조를 정말로 기대할 수 있다.

나는 곧 특이점 구조에 관한 이 문제로 돌아올 것인데, 당분간은 급팽창 물리학의 적정성을 생각해 보자. 하나의 예로 지금 우리가 CMB로 보게 되는 복사가 만들어졌던 (2.2절 참조) 해리 시대의 우주 상태에 관심을 집중시켜 보자. 실제 팽창하는 우리의 우주에서는 그 당시 물질분포가 아주 엄청나게 균일했었다. 이것은 확실히 수수께끼로 받아들여지고 있다. 그렇지 않다면 그것을 설명하기 위해 급팽창을 도입할 이유가 없을 것이기 때문이다! 뭔가 설명해야 할 것이 있다고 받아들여지기 때문에 그 당시에 엄청난 불규칙성이 있었을 것이라고 생각해야만 하는 것이다.

급팽창론자들의 주장에 따르면 인플라톤 장이 존재하기 때문에 실제로 그런 불규칙성은 사실상 없다고 생각해야만 할 것 같다. 하지만 이게 정말 사실일까?

전혀 그렇지가 않다. 왜냐하면 우리는 이 상황을 시간이 거꾸로 흘러가면서 해리의 시대에 물질이 아주 울퉁불퉁하게 분포했었고, 그래서 이 모습은 아주 불규칙적으로 붕괴하는 우주를 표현한다고 생각할 수 있다.[2.51] 우리가 상상한 우주는 안쪽으로 붕괴하기 때문에 불규칙성은 확대될 것이고 FLRW 대칭성(2.1절 참조)에서 벗어나는 정도도 점점 더 확대될 것이다. 그렇게 되면 상황은 FLRW 균일성과 등방성에서 너무나 멀어지게 되어 인플라톤 장에 의한 급팽창의 능력이란 것도 별다른 역할을 찾지 못할 것이며, (시간이 뒤집어진) 급팽창은 단지 일어나지 않을 것이다. 왜냐하면 이는 FLRW 배경(적어도 실제로 수행된 계산에 관한 한)을 갖는 것에 결정적으로 의존하기 때문이다.

따라서 우리는 불규칙한 붕괴모형이 정말로 끔찍하게 뒤죽박죽으로 얼어붙은 블랙홀을 수반하는 상태로 붕괴할 것이라는 명확한 결론에 이르게 된다. 이는 대단히 복잡하고 엄청나게 높은 엔트로피의 특이점에 이르게 하는데, BKL 형태일 가능성이 아주 높다. 또한 이는 우리가 실제 빅뱅에서 가졌던 것으로 보이는 FLRW 형태에 가까운 굉장히 균일한 낮은 엔트로피의 특이점과는 아주 다르다. 이는 허락된 물리적 과정에서 인플라톤 장이 존재하는지의 여부와는 아주 무관하게 일어났을 것이다. 따라서 팽창하는 우주에 대한 가능한 심상을 얻기 위해 우리가 상상했던 붕괴하는 울퉁불퉁한 우주를 다시 뒤집어 시간을 되돌리면, 우리는 실제 우리 우주의 초기 상태였을 법한 것처럼 보이는, 그리고 실제로 일어났

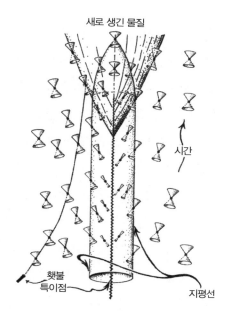

새로 생긴 물질

시간

햇불
특이점

지평선

그림 2.45 가상적인 화이트홀. 이는 그림 2.24에 묘사된 것 같은 블랙홀의 시간을 뒤집은 것이다. 화이트홀은 제2법칙을 격하게 위반한다. 빛은 지평선 속으로 들어가지 못한다. 그래서 왼쪽 아래 햇불에서 나온 빛은 화이트홀이 보통의 물질로 폭발한 뒤에야 들어갈 수 있다.

던 빅뱅보다 훨씬 더 그럴듯한 초기 상태(즉 훨씬 더 큰 엔트로피를 가진)였던 것 같은 높은 엔트로피의 특이점에서 우주가 시작되었다는 것을 알 수 있다. 팽창하는 우주로 시간을 뒤집으면 우리가 상상했던 붕괴의 마지막 단계에서 함께 얼어붙는 블랙홀로부터 여러 갈래로 갈라지는 화이트홀[2.52]로 구성된 초기의 특이점에 대한 심상을 얻을 수 있다. 화이트홀은 시간을 뒤집은 블랙홀이다. 나는 그림 2.45에서 화이트홀이 보여주는 그런 부류의 상황을 묘사하였다. 그런 화이트홀 특이점이 전혀 없기 때문에 우리의 빅뱅은 그처럼 유별나게 특별하게끔 선택되었다.

위상공간의 부피로 말하자면, (여러 갈래로 갈라지는 화이트홀을 가진) 이런 자연의 초기 특이점들은 실제 우리의 빅뱅을 야기한 특이점을 닮은 것들보다 엄청나게 더 큰 영역을 차지할 것이다. 인플라톤 장이 단순히 잠재적으로 존재한다고 해서 화이트홀 특이점이 뭉쳐진 그런 불규칙성을 '다림질로 펴낼' 능력을 갖지는 못한다. 이는 인플라톤 장의 본성에 대해 어떤 자세한 고려를 전혀 하지 않더라도 확실히 말할 수 있다. 그것은 단지 특이점 상태에 도달할 때까지 시간에 대해 어떤 방향으로든 똑같이 변화할 수 있는 방정식을 가지고 있는가의 문제이다.

하지만 만약 우리가 블랙홀 엔트로피값에 대해 잘 받아들여지고 있는 베켄슈타인-호킹의 공식에 따라 블랙홀에 실제로 부여된 엔트로피의 값, 따라서 위상공간의 부피를 고려한다면 위상공간의 부피가 실제로 얼마나 광대한지에 대해 확실히 말할 수 있는 것이 더 많다. 회전하지 않는 질량 M의 블랙홀의 경우 그 엔트로피는

$$S_{\text{BH}} = \frac{8kG\pi^2}{ch}M^2$$

이며, 만약 블랙홀이 회전하고 있다면 그 회전하는 정도에 따라 엔트로피값은 이 값과 이 값의 절반값 사이에 있게 된다. 'M^2' 앞의 인수는 단지 상수인데 k, G, h는 각각 볼츠만 상수, 뉴턴 상수, 플랑크 상수이고 c는 광속이다. 사실 우리는 이 엔트로피 공식을 좀 더 일반적인 형태로 다시 쓸 수 있다.

$$S_{\text{BH}} = \frac{kc^3 A}{4G\hbar}.$$

여기서 A는 지평선 표면의 넓이이며 $\hbar = h/2\pi$이다. 이 공식은 블랙홀이 회전하든 하지 않든 적용할 수 있다. 3.2절의 끝에서 도입된 플랑크 단위

로 쓰면

$$S_{BH} = A/4$$

이다. 내 생각으로는 이 엔트로피를 블랙홀의 내적 상태[2.53]를 세는 과정을 통해 아직은 완전히 만족스럽게 설명할 수는 없다 하더라도, 그럼에도 이 엔트로피값은 블랙홀 바깥의 양자물리학 세계에서 일관된 제2법칙을 유지하는 데에 본질적인 요소이다. 2.2절에서 이미 말했듯이, 현재 우주의 엔트로피에 가장 크게 기여하는 것은 은하 중심부에 있는 커다란 블랙홀에서 오는 것들이다. 만약 현재 우리의 관측 가능한 우주 속에 있는(현재 우리의 입자 지평선 안에 있는, 2.5절 참조) 블랙홀을 구성하는 총 질량이 하나의 블랙홀을 형성한다면, 이는 대략 10^{124} 정도의 엔트로피를 얻을 것이다. 그리고 우리는 이것이 똑같은 양의 물질을 수반하는 우리의 붕괴하는 우주모형으로 얻을 수 있는 엔트로피값에 대략적인 하한값을 부여하는 것으로 생각할 수 있다. 그렇다면 이에 상응하는 위상공간의 부피는

$$10^{10^{124}}$$

정도 될 것이다(1.3절에서 주어진, 볼츠만의 엔트로피 공식에 있는 로그 때문이다).[2.54] 한편 똑같은 물체에 대해 해리 시대 때의 실제 관측된 우주의 상태에 해당하는, 즉 관측된 CMB에서의 위상공간 영역의 부피는 약

$$10^{10^{89}}$$

보다 더 크지 않다. 그 정도로 특별한 우주 속에서 우리 자신을 발견할 확

률은, 만약 그런 우주가 우연히 생겨났다면,[2.55] 인플레이션과 무관하게 약 $1/10^{10^{124}}$ 정도의 끔찍하리만치 터무니없게도 작은 값을 가진다. 이는 뭔가 완전히 다른 종류의 이론적 설명이 필요한 그런 종류의 수치이다.

하지만 여기서 중요하게 여겨질 법한 이슈가 하나 더 있다. 이것은 그처럼 복잡한 화이트홀 형태의 구조를 가진 초기 특이점이 '순간적인 사건'으로 합당하게 불릴 수 있는 것인가 하는 문제이다. 이 질문은 기본적으로 그런 특이점을 어떤 종류의 시공간의 과거 '등각경계'로서 봤을 때 '공간성'으로 적절하게 생각할 수 있는가 하는 문제이다. 그렇다면 그런 공간성 초기 특이점은 어떤 우주 시간좌표의 영첨$_{zero}$을 표현하는 것으로 받아들일 수 있으며, 그렇게 대단히 불규칙적인 빅뱅$_{big-bang}$의 '순간'으로 여겨질 수 있다.

사실 오펜하이머-스나이더 붕괴에서 시간을 거꾸로 돌리면 그림 2.46(이는 그림 2.38(a)에서 시간을 거꾸로 돌린 것이다)의 엄밀한 등각도형으로부터 명확하듯이 공간성 초기 특이점이 존재한다. 게다가 BKL 특이점이 이런 공간성의 특성을 갖는 것처럼 보이는 것은 일반적인 이런 특이점들의 특징이다. 훨씬 더 일반적으로, 일반적인 특이점(여기저기서 0인 것도 가능하다)에 대해서는 강력한 우주검열[2.56] 때문에 공간성의 특성이 기대된다. 우주검열은 아인슈타인 방정식의 풀이에 대한 증명되지 않은 추측으로서 (2.4절에서 이미 언급되었다) '맨 특이점'은 일반적인 중력 붕괴에서 생겨나지 않는다고 말하는데, 중력 붕괴로 야기되는 특이점들은 언제나 블랙홀의 사건 지평선에 의한 것처럼 직접적인 관측으로부터 숨어 있다. 강력한 우주검열은 이러한 특이점들이 적어도 일반적으로는 정말로 공간성이어야 한다고 말한다. 이런 기대에 부합하여 그렇게 화이트홀이 없는

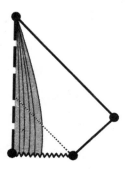

그림 2.46 그림 2.45의 화이트홀에 대한 엄밀한 등각도형.

초기 특이점을 정말로 순간적인 사건으로 부르는 것은 내게는 완전히 합당해 보인다.

여기서 중요한 질문이 하나 있다. 어떤 기하학적 기준에 의해 우리 빅뱅의 아주 낮은 엔트로피 특이점의 특징인 것처럼 보이는 그런 종류의 '매끈한' 특이점이, 방금 생각했던 화이트홀이 얹힌 시간 역전된 붕괴에서 생기는 더욱 일반적인 높은 엔트로피 형태의 특이점과 구분되는가? 우리에게는 '중력 자유도가 활성화되지 않았다'고 말할 수 있는 뭔가 명확한 방법이 필요하다. 하지만 이를 위해서는 '중력 자유도'를 실제로 측정하는 수학적인 양을 확인할 필요가 있다.

전자기장은 중력장과 아주 유사하다. 몇몇 중대한 차이점은 있지만 전자기장은 많은 중요한 면에서 중력장을 닮았다. 전자기장은 상대론 물리학에서 텐서 양인 **F**로 기술된다. 이는 스코틀랜드의 위대한 과학자인 제임스 클라크 맥스웰James Clerk Maxwell의 이름을 따 맥스웰의 장 텐서로 불린다. 맥스웰은 1861년 전자기장이 만족하는 방정식을 처음으로 발견하였고 이 방정식들이 빛의 진행을 설명함을 보였다. 2.3절에서 우리가 또 다른 텐서양, 즉 계측텐서 **g**를 마주쳤던 것이 떠오를 것이다. 텐서는 본질적으로 일반 상대성 이론을 위한 것이다. 왜냐하면 텐서는 우리가 2.3절에서 생각했던 '고무판' 변형(미분동형사상)에 의해 영향을 받지 않는 (또는 '그와 함께 수반되는') 방식으로 기하학적 또는 물리적 실체를 기술하기 때문이다. 텐서 **F**는 점마다 6개의 독립적인 숫자로 정해진다(3개는 그 점에서의 전기장 성분을, 다른 3개는 자기장을 위한 것이다). 계측텐서 **g**는 점마다 10개의 독립적인 성분을 갖고 있다. 표준적인 텐서 표기법에서는 대개 계측텐서의 성분을 두 개의 첨자를 써서 집합적으로 g_{ab} 또는 이와 비슷한 식으로 표기한다(그리고 $g_{ab} = g_{ba}$의 대칭성이 있다). 맥스웰 텐서 **F**의 경우 집합적인 성분은 F_{ab}(반대칭성 $F_{ab} = -F_{ba}$를 가진)로 나타낸다. 이들 텐서 각각은 첨차값 $\begin{bmatrix} 0 \\ 2 \end{bmatrix}$를 가진다. 이는 단지 두 개의 아래첨자만 있다는 사실을 뜻한다. 하지만 위첨자를 가진 텐서도 또한 있을 수 있어서, $\begin{bmatrix} p \\ q \end{bmatrix}$-텐서는 p개의 위첨자와 q개의 아래첨자를 가진 양으로 표현되는 집합적인 성분으로 기술된다. 그리고 축약(또는 불변화)으로 알려진 대수적 과정이 있어서 하나의 아래첨자를 하나의 위첨자에 (화학적 결합의 방식과 꽤 비슷하게) 연결시킬 수 있다. 이렇게 함으로써 이 두 개의 첨자를 최종적인 표현에서 없앨 수 있다. 하지만 여기서 텐서계산을 위한 대수적 조작으로 들어가는 것은 내 목적이 아니다.

전자기장에서의 자유도는 사실 맥스웰 텐서 **F**로 측정된다. 하지만 맥스웰 이론에서는 하전류 벡터 **J**로 알려진, 전자기장의 샘이 또한 존재한다. 이것은 $\begin{bmatrix} 1 \\ 0 \end{bmatrix}$-텐서로 생각할 수 있는데, 각 점에서 이 텐서의 4가지 성분은 전기전하 밀도의 한 성분과 전류의 세 성분을 함께 표현한다. 정지된 상황에서는 전하밀도가 전기장의 샘으로서 그리고 전류밀도는 자기장의 샘으로서 작용한다. 하지만 정적이지 않은 상황에서는 사태가 좀 더 복잡해진다.

이제 우리는 아인슈타인의 일반 상대성 이론으로 기술되는 중력장의 경우에 **F**와 **J**의 유사물이 무엇인지 물어볼 수 있다. 이 이론에서는 시공간에 대한 곡률(이는 일단 계측 **g**가 시공간 전반에 대해 어떻게 변화하는지를 알면 계산할 수 있다)이 존재한다. 곡률은 리만(-크리스토펠) 텐서로 불리는 $\begin{bmatrix} 0 \\ 4 \end{bmatrix}$-텐서 **R**로 기술되며, 다소 복잡한 대칭성으로 인해 점마다 20개의 독립적인 성분을 가진다. 이 성분들은 바일 등각텐서로 불리는 10개의 성분을 가진 $\begin{bmatrix} 0 \\ 4 \end{bmatrix}$-텐서 **C**와 아인슈타인 텐서(이는 리치텐서ricci tensor[2.57]로 불리는 약간 다른 $\begin{bmatrix} 0 \\ 2 \end{bmatrix}$-텐서와 동등하다)로 불리는 10개의 성분을 가진 대칭적인 $\begin{bmatrix} 0 \\ 2 \end{bmatrix}$-텐서 **E**로 구성된 두 부분으로 분리될 수 있다. 아인슈타인의 장 방정식에 따르면 중력장의 샘이 되는 것은 **E**이다.[2.58] 이 방정식은 대개

$$\mathbf{E} = \frac{8\pi G}{c^4} \mathbf{T} + \Lambda \mathbf{g}$$

의 형태로 표현된다. 또는 3.2절에서의 플랑크 단위로는 단순하게

$$\mathbf{E} = 8\pi \mathbf{T} + \Lambda \mathbf{g}$$

로 표현된다. 여기서 Λ는 우주상수이고 에너지 $\begin{bmatrix} 0 \\ 2 \end{bmatrix}$-텐서 **T**는 상대론의 요구에 따라 질량-에너지 밀도 및 그와 관련된 다른 양들을 나타낸다. 다른 말로 하자면, **E**(또는 똑같지만 에너지 텐서 **T**)는 **J**에 대한 중력의 유사물이다. 그리고 바일 텐서 **C**는 맥스웰의 **F**에 대한 중력의 유사물이다.

쇳가루 무늬 또는 나침반 바늘 방향으로 자기장을 보일 수 있듯이, 또는 전기장이 피스볼pith ball에 미치는 그 효과로 드러나듯이, **C**와 **E**를 직

접적으로 관측할 수 있는 효과는 무엇인가 하고 물을 수도 있다. 사실 거의 글자 그대로 말하자면, 우리는 실제로 E의 효과 그리고 더욱 특별하게는 C의 효과를 볼 수 있다. 왜냐하면 이 텐서들은 광선에서 직접적이고 구별 가능한 효과를 갖고 있기 때문이다. 그리고 Λg가 광선에 어떤 효과를 미치지 못하기 때문에, 이런 면에서 E와 T는 완전히 동등하다. 일반상대론을 지지하는 첫 번째 명확한 증거는 그런 직접적인 관측이었다고 말하는 것이 정당할 것이다. 이는 아서 에딩턴(경)이 1919년 일식 동안에 태양의 중력장 때문에 별의 위치가 명확히 이동하는 것을 보기 위해 프린시페 섬에서 탐사한 결과였다.

기본적으로 E는 확대경의 역할을 하는 반면 C는 순전히 난시 렌즈의 역할을 한다. 태양같이 무거운 천체 근처 또는 그 속을 지나갈 때 빛이 어떻게 영향을 받는지를 생각해 보면 이런 효과들이 잘 기술된다. 물론 보통 빛은 실제로 태양의(또는 일식 동안 그 이유 때문에 어두워진 달의) 본체 속으로 진행하지 않는다. 그래서 우리는 이 경우 그런 특별한 광선을 직접적으로 관측할 수 없다. 하지만 만약 우리가 태양을 통해 별의 장을 볼 수 있다면, 그 장은 태양의 실제 본체의 중력 작용을 하는 물질이 머물고 있는 E의 존재 때문에 약간 확대될 것으로 생각할 수 있다. E의 순수한 효과는 단지 그 뒤에 놓여 있는 것을 왜곡 없이 확대해서 보여주는 것이다.[2.59] 그러나 태양의 뚜렷한 원판 바깥쪽에 있는 먼 별의 장에 대한 영상 왜곡(이것이 실체로 관측되는 것이다)의 경우, 우리가 더 멀리 볼수록 바깥쪽으로 이동하는 정도가 점차 줄어듦을 알게 된다. 그리고 이 때문에 먼 별의 장이 난시적으로 왜곡된다. 이 효과는 그림 2.47에 그려져 있다. 태양 둘레 바깥쪽의 장에 대한 왜곡 때문에 멀리 있는 별의 장에서의 작은 원형 무

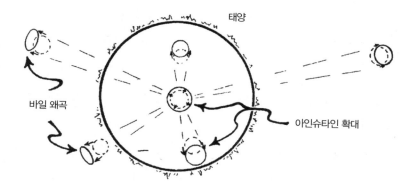

태양

바일 왜곡

아인슈타인 확대

그림 2.47 중력 작용하는 천체(여기서는 태양)를 둘러싼 바일 곡률의 존재는 배경 장에 작용하는 (비등각) 왜곡효과에서 볼 수 있다.

늬는 타원으로 보인다. 이 타원은 시선이 차단한 바일 곡률 **C**의 양을 재는 척도이다.

사실, 아인슈타인이 처음으로 예견한 이 중력 렌즈 효과는 현대 천문학과 우주론에 극도로 중요한 도구가 되었다. 왜냐하면 이는 다른 방법으로는 완전히 보이지 않을지도 모르는 질량분포를 측정하는 수단이 되기 때문이다. 대부분의 이런 경우에 있어 멀리 있는 배경 장은 많은 숫자의 아주 먼 은하들로 구성돼 있다. 목표는 이 배경 장의 외견에 심각한 타원형이 도입되었는가를 규명하는 것, 그리고 이를 이용해 실제 그 중간에 끼어든 질량분포를 추정하는 것이다. 타원형 무늬는 그 중력장이 야기한 것이다. 하지만 은하 자체가 타원형으로 되는 경향이 있어서 대개는 개개 은하의 영상이 왜곡되었는지 아닌지 말하기 어렵다는 걸림돌이 존재한다. 그러나 많은 수의 은하 배경 장이 있으면 통계를 도입할 수 있어서 종종 이런 식으로 질량 분포를 아주 인상적으로 추정할 수 있다. 이따금 이런 것들을 심지어 육안으로 판단하는 것도 가능한데, 몇몇 인상적인 사례를 그림 2.48에 소개했다. 여기서 타원형 무늬는 렌즈 효과의 근원이 존재한다는 특별한 증거가 된다. 이 기술을 적용한 한 가지 중요한 사례는 암흑물질 분포에 대한 지도를 제작하는 것이다(2.1절 참조). 왜냐하면 암흑물질은 다른 식으로는 보이지 않기 때문이다.[2.60]

$\mathbf{C}$가 광선을 따라 영상에 타원형을 도입한다는 사실은 등각곡률을 기술하는 양으로서의 그 역할을 직설적으로 나타낸다. 2.3절 끝에서 시공간의 등각곡률은 사실 그것의 영뿔 구조라고 한 적이 있다. 시공간의 등각곡률, 즉 $\mathbf{C}$는 따라서 이런 영뿔 구조가 민코프스키 공간 $\mathbb{M}$의 구조에서 벗어난 정도를 측정한다. 이 벗어남의 본질은 그것이 광속다발에 타원형을 도입한다는 것임을 우리는 알게 된다.

이제 빅뱅이라는 아주 특별한 성질을 특징짓기 위해 우리가 요구하는 조건으로 돌아가 보자. 기본적으로 우리는 중력 자유도가 빅뱅 때는 활성화되지 않았음을 요구한다. 이는 '거기서는 바일 곡률 $\mathbf{C}$가 사라진다'고 말하는 것과 뭔가 비슷한 뜻을 가진다. 여러 해 동안 나는 '$\mathbf{C}=0$'과 같은 그런 어떤 조건이 초기 형태의 특이점에서 유효할 것이라고 실제로 제안했었다. 이는 블랙홀에서 생겨나는 '최종형태'의 특이점에서 분명히 발생하는 현상, 즉 $\mathbf{C}$가 무한대가 될 것 같은 상황과는 정반대이다. 또한 오펜하이머–스나이더 붕괴에서 특이성을 향할 때 무한대가 되고 또 아마도 BKL 특이점에서와 같이 극도로 격렬하게 발산하는 것과도 반대이다.[2.61] 일반적으로 말하자면 초기형태의 특이점에서 $\mathbf{C}$가 사라진다는 이 조건 — 내가 바일 곡률 가정(영어로는 WCH(Weyl Curvature Hypothesis))이라고 이름 붙인 — 이 적절해 보이지만, 이런 진술에는 사실 많은 다른 판본이

그림 2.48 중력 렌즈. (a)은하단 아벨1689. (b)은하단 아벨2218.

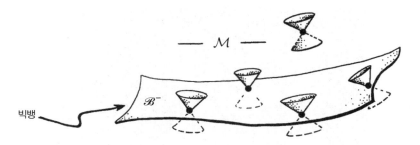

그림 2.49 '바일 곡률 가정'의 형태에 대한 폴 토드의 제안을 그린 개략적인 등각도형. 빅뱅이 시공간 $\mathcal{M}$의 매끈한 경계 $\mathcal{B}$를 제공한다고 주장한다.

존재한다는 약간의 난처함도 있다. 문제는 기본적으로 **C**가 텐서양이고 그래서 그런 양이 어떤 평범한 의미에서도 텐서라는 바로 그 개념이 자신의 의미를 잃어버리는 시공간 특이점에서 어떻게 움직이는지에 대해 수학적으로 애매하지 않게 주장하는 것이 어렵다는 것이다.

운 좋게도 나의 옥스퍼드 동료인 폴 토드가 아주 색다르게 그리고 수학적으로 훨씬 더 만족스럽게 'WCH'를 정식화하는 방법을 자세하게 연구하였다. 이는 다소간, 시공간 $\mathcal{M}$의 매끈한 과거 경계의 역할을 하는 빅뱅의 3차원 면 $\mathcal{B}^-$가 있음을 말하고 있다. 여기서 $\mathcal{M}$은 그림 2.34와 그림 2.35의 엄밀한 등각도형에서 선보였듯이 정확하게 대칭적인 FLRW 모형에서 발생하는 것과 똑같은 등각 다양체로 여겨진다. 하지만 이제 이런 특별한 모형의 FLRW 대칭성을 가정하지 않았다(그림 2.49 참조). 토드의 제안은 적어도 **C**가 빅뱅에서 격하게 발산하는 대신 유한하다고 제한한다 (왜냐하면 $\mathcal{B}^-$에서의 등각 구조가 매끈하다고 가정했기 때문이다). 그리고 이 진술은 요구조건을 충족시키는 것으로 여겨진다.

이 조건을 수학적으로 더 명확히 하려면 초공간 $\mathcal{B}^-$보다 약간 앞쪽에, 등각 다양체에서처럼 시공간이 매끈하게 계속될 수 있는 그런 형태로 그것을 주장하는 것이 편리하다. 빅뱅 이전이라고? 확실히 아니다. 빅뱅은 모든 것의 시작을 나타내는 것으로 여겨진다. 그래서 '이전'은 절대 있을 수가 없다. 하지만 전혀 걱정하지 마라. 이것은 단지 수학적인 속임수일 뿐이다. 그렇게 연장하는 것은 어떤 물리적 의미를 갖지 않는 것으로 여겨진다!

하지만 만약……?

제 3 장

등각 순환 우주

3.1

██████████

무한과 접속하기

물리적으로 시간을 거슬러 멀리멀리 갔을 때, 빅뱅이 일어난 바로 직후 물질적인 우주는 실제로 어떠했을까? 한 가지 특정한 사실은 우주는 뜨거웠어야만 한다는 것이다. 그것도 극도로 뜨거웠어야 한다. 그 당시 입자들의 운동에너지는 너무나 엄청났기 때문에 상대적으로 작은 입자들의 정지에너지(정지질량 m을 가진 입자에 대해, $E = mc^2$)를 완전히 압도했다. 그래서 입자들의 정지질량은 실질적으로는 별 의미가 없어서 연관된 동역학적 과정들에 관한 한 0과 다를 바 없었다. 극도로 초기에는 우주의 내용물이 실질적으로 질량이 없는 입자들로 구성돼 있었다.

이 문제를 약간 다른 식으로 표현해 보자. 기본 입자들의 질량이 실제로 어떻게 생겨나는지에 대한 현대 입자 물리학의 발상에 따르면[3.1] 입자의 정지질량은 힉스 보존이라고 불리는 특별한 입자(또는 아마도 그런 특별한 입자들의 집합)의 작용을 통해 생겨나야만 한다는 점을 명심해야 한다. 따라서 자연의 모든 근본적인 입자의 정지질량의 기원에 대한 표준적인 관점은 다음과 같다. 즉, 양자역학의 미묘한 '대칭성 깨짐' 과정을 통해 실제로 다른 입자에 질량을 부여하는(힉스가 없다면 입자들은 질량을 가질 수 없다) 힉스와 연관된 양자장이 존재한다. 힉스 자신은 그로 인해 그 자신의 특별한 질량(즉 같은 말이지만, 정지에너지)을 부여받는다. 하지만 아주 초기의 우주에서는 온도가 너무 높아 이 힉스값을 크게 웃도는 에너지가 공급되기 때문에 모든 입자는 표준적인 아이디어에 따르면, 정말로 광자와 같이 실질적으로는 질량이 없는 상황이 되었다.

2.3절을 되돌아보면 알 수 있듯이, 질량이 없는 입자들은 단지 그 등각(또는 영뿔) 구조만 관계할 뿐 시공간의 전체 계측의 성질과는 특별히 관련이 있는 것 같지 않다. 이것을 좀 더 명시적으로 (그리고 조심스럽게) 하기 위해 기본적인 무질량의 입자 즉 광자를 생각해 보자. 광자는 오늘날에도 사실 질량이 없는 채로 남아 있다.[3.2] 광자를 잘 이해하기 위해서는 이 상야릇하지만 엄밀한 이론인 양자역학(좀 더 정확하게는 양자장론(Quantum Field Theory, QFT))의 맥락에서 광자를 생각할 필요가 있다. 나는 여기서 세세하게 QFT로 들어갈 수는 없다(3.4절에서 몇몇 기본적인 양자적 이슈를 다루기는 하겠지만). 우리의 주된 관심사는 물리적 장이며, 광자의 장은 양자적 구성물을 제공한다. 이 장은 2.6절에서 말했던 텐서 **F**로 기술되는 맥스웰의 전자기장이다. 이제, 맥스웰의 장 방정식은 완전히 등각적으로 불변임이 드러난다. 이것이 뜻하는 바는 우리가

$$\mathbf{g} \mapsto \hat{\mathbf{g}}$$

과 같이 계측 **g**를 등각적으로 계측 $\hat{\mathbf{g}}$으로 바꿀 때마다 우리가 전자기장 **F**와 그 근원인 전류벡터 **J**에 대해 적절한 축척인수를 찾을 수 있어서 정확하게 똑같은 맥스웰 방정식이 이전처럼[3.3](하지만 이제는 **g**보다는 $\hat{\mathbf{g}}$을 써서 정의된 수학적 작용으로) 유효하다는 것이다. 여기서 새로운 계측이 (비균일적으로)

$$\hat{\mathbf{g}} = \Omega^2 \mathbf{g}$$

와 같이 재조정되는데, 이때 Ω는 양의 값을 가졌고 시공간에서 매끈하게 변화하는 스칼라 양이다(2.3절 참조). 따라서 하나의 특별한 등각척도가 선택된 맥스웰 방정식의 임의의 해는 여느 다른 등각척도를 골랐을 때 정확하게 그에 상응하는 해로 넘어간다. (이는 3.2절에서 좀 더 자세히, 그리고 부록 A6에서 더 충분하게 설명할 것이다.) 더욱이 이는 근본적인 수준에서 기본적으로 QFT[3.4]와 부합한다. 대응되는 입자(즉 광자)에 대한 기술 또한 모자기호가 붙은 계측 $\hat{\mathbf{g}}$로 넘어가면서 개별광자가 개별광자로 넘어간다는 의미에서 그렇다. 따라서 광자 자신은 국소적으로 축적의 변화가 있었다는 것을 전혀 '알아채지' 못한다.

사실 맥스웰의 이론은 이렇게 강력한 의미에서 등각적으로 불변이다. 여기서 전기전하를 전자기장과 결합시키는 전자기적 상호작용은 또한 국소적인 척도 변화에 둔감하다. 광자 그리고 광자와 대전입자들 사이의 상호작용은 그 방정식이 정식화될 수 있기 위해 시공간이 영뿔 구조 — 즉 등각 시공간 구조 — 를 가질 것을 필요로 한다. 하지만 하나의 실제 계측을 다른 계측과 구분하는, 주어진 영뿔 구조와 부합하는 척도인자는 필요가 없다. 게다가 정확하게 똑같은 불변성이 양-밀스의 방정식에도 적용된다. 이는 강한 상호작용뿐만 아니라 약한 상호작용을 지배하는 것으로 여겨진다. 강한 상호작용은 핵자들(양성자, 중성자, 그리고 그들을 구성하는 쿼크들) 사이의 그리고 다른 연관된 강하게 상호작용하는 입자들 사이의 힘을 기술한다. 약한 상호작용은 방사성 붕괴의 원인이다. 수학적으로는 양-밀스 이론[3.5]이 기본적으로 어떤 '부가적인 내적 첨자'(부록 A7 참조)를 가진 맥스웰 이론일 뿐이다. 그래서 하나의 광자는 여러 개의 입자로 대체된다. 강한 상호작용의 경우, 쿼크와 글루온gluon이라 불리는 것들은 각각 전자기 이론에서의 전자와 광자의 유사물들이다. 쿼크는 힉스와 직접적으로 연결된 것으로 여겨지는 질량을 갖고 있어서 무겁다. 하지만 접착자는 그렇지 않다. 약한 상호작용에 대한 표준적인 이론(이제는 전자기 이론 또한 이 이론에 통합되었으므로 '약전기' 이론이라고 불린다)에서는 광자가 세 개의 다른 입자를 포함하는 다중항의 일부로 여겨진다. 그 나머지 셋은 W+, W−, Z로 불리며 모두 질량이 있다. 이 질량들 또한 힉스 질량과 결합된 것으로 여겨진다. 따라서 현재의 이론에 따르면, 빅뱅 가까이 거슬러 올라간 극도로 높은 온도에서는 — 그리고 사실 제네바에 있는 CERN의 입자 가속기인 LHC(Large Hadron Collider)가 최대 출력일 때 대략 도달하게 될 극도로 높은 입자 에너지에서[3.6] — 질량을 부여하는 요소가 사라졌을 때 완전한 등각 불변이 회복되어야만 한다. 물론 이에 대한 세세한 내용은 이러한 상호작용에 적절한 우리의 표준이론에 의존하고 있다. 하지만 입자 물리학에 대한 우리의 생각들이 현재 굳건하기 때문에 이것이 불합리한 가정으로 보이지는 않는다. 어느 경우든, 심지어 (예를 들어, LHC의 세세한 결과들이 알려지고 이해되었을 때) 상황이 현재 이론이 제안하는 것과 아주 같지 않은 것으로 판명되더라도, 에너지가 점점 더 높아지면 정지질량은 점점 더 무의미해지며 물리적 과정들은 등각적으로 불변인 법칙이 지배하게 된다는 것이 여전히 그럴듯해 보인다.

이 모든 것의 결론은 빅뱅 가까이, 아마도 빅뱅의 순간 직후 약 10^{-12}초까지 내려가 온도가 약 10^{16}K를 넘어서면,[3.7] 그때 의미 있는 물리학은 척도인자 Ω에 둔감해지고, 등각 기하가 의미 있는 물리적 과정[3.8]에 적절한 시공간 구조가 된다. 따라서 그 단계에서는 이 모든 물리적 움직임이 국소적인 척도변화에 무감각해진다. 토드의 제안(2.6절, 그림2.49)에 따르면 빅뱅이 뻗쳐 나와 빅뱅 이전의 등각 '시공간'으로 수학적으로 확장되는 완전히 매끈한 공간성의 3차원 면 $\mathscr{B}^-$가 되는 등각 그림에서는, 물리적 움직임이 수학적으로 일관된 방식으로 시간을 거슬러, 물리적으로 의미가 있는 상황을 제공하면서 이와 연루된 엄청난 척도변화에 외관상 교란되지 않은 채, 토드의 제안에 부합하여 부여되는 이 가상적인 선 빅뱅 영역 속으로 진행될 것이다(그림 3.1 참조).

이 가상적인 영역을 사실상 물리적으로 실채하는 것으로 다뤄야만 한다고 우리가 정말 가정할 수 있을까? 만약 그렇다면 어떤 종류의 시공간 영역이 이 '선 빅뱅' 위상이 될 수 있을까? 아마도 가장 즉각적인 제안은 어떤 방식으로 빅뱅 때 팽창하는 우주로 다시 되 튕겨 돌아갈 수 있는

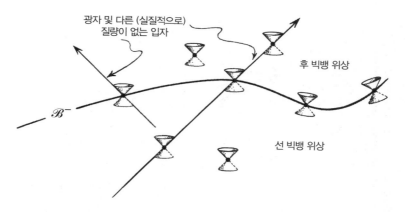

그림 3.1 광자 및 다른 (실질적으로) 질량이 없는 입자/장들은 더 이른 선 빅뱅의 위상에서 현재의 후 빅뱅 위상으로 매끈하게 진행할 수 있다. 또는 역으로, 우리는 입자/장의 정보를 후 빅뱅에서 선 빅뱅 위상으로 거꾸로 진행시킬 수 있다.

어떤 붕괴하는 우주의 위상일 것이다. 하지만 그런 심상은 내가 여기까지 성취하고자 해 왔던 모든 것을 부정하게 될 것이다. 이 심상은 우리의 붕괴하는 선 빅뱅 위상이 믿기지 않을 정밀도로 그처럼 아주 특별한, 우리가 알게 된 바와 같이 우리의 실제 빅뱅이 유별나게 특별한 것과 똑같은 그런 궁극적 상태를 다소간 '겨냥'하도록 했을 것이다. 이는 엔트로피 자체를 우리가 빅뱅에서 발견한 (상대적으로) 극도로 작은 값으로 감소시키기 때문에 그런 선 빅뱅 위상에 대해서는 제2법칙이 엄청나게 깨졌음을 나타낸다. 2.6절에서 선보였던 제2법칙에 부합하는 붕괴하는 우주라는 심상을 떠올려 보자. 이는 완전히 블랙홀로 구멍이 숭숭 뚫린 시공간

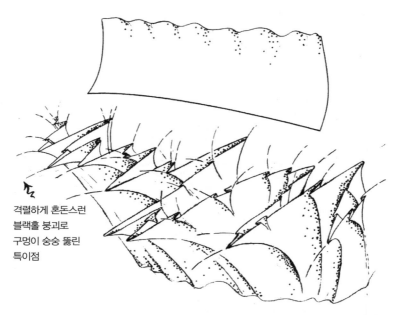

격렬하게 혼돈스런
블랙홀 붕괴로
구멍이 숭숭 뚫린
특이점

그림 3.2 일반적인 붕괴에서 기대되는 형태의 특이점은 등각적으로 매끈한 낮은 엔트로피의 빅뱅과 전혀 들어맞지 않는다.

으로서, 토드의 제안이 요구하는 그런 종류의 합치에 필요한 등각적 매끈함을 가진 기하와 전혀 닮지 않은 특이점으로 붕괴한다(그림 3.2 참조). 물론, 선 빅뱅의 위상에서 제2법칙이 단순히 시간에 따라 다른 방식으로 작동한다는 관점을 채택할 수도 있지만(1.6절의 마지막 문단 참조), 그것은 이 책이 취한 전반적인 기획의도의 핵심을 아주 거스르는 것이다. 우리가 희망하는 것은 우주의 역사 중 어떤 단계에서(즉, 위에서 생각했던 '튕기는' 순간에) 발생하는 어떤 터무니없이 특별한 상태를 단지 공포한다기보다 제2법칙을 '설명'하는 것에 더 가까운 뭔가, 또는 적어도 제2법칙에 대한 어떤 종류의 근본적인 원리를 찾는 것이다. 더욱이 나중에 우리가 보게 되겠지만(톨먼의 복사로 가득 찬 우주모형과 관련해서 3.3절과 부록 B6 참조), 이런 특별한 종류의 '튕기는' 제안에는 또한 몇몇 수학적 어려움이 도사리고 있음이 밝혀졌다.

아니, 아예 완전히 다른 뭔가를 시도해 보자. 시간의 다른 끝, 즉 극도로 멀리 떨어진 미래에는 무엇이 기대되는지 조사해 보도록 하자. 2.1절에서 기술한, 양의 우주상수 Λ(그림 2.5 참조)가 있는 모형에 따르면 우리 우주는 궁극적으로 지수 함수적인 팽창 속으로 자리 잡아야만 한다. 이는 매끈한 공간성 미래 등각경계 $\mathscr{I}^+$가 존재하는 그림 2.35의 엄밀한 등각도형으로 명확하고도 좀 더 가깝게 모형화할 수 있다. 물론 우리 자신의 우주는 지금 어떤 형태의 불규칙성을 갖고 있다. 높은 대칭성을 가진 FLRW 기하에서 국소적으로 가장 크게 벗어난 것은 블랙홀, 특히 은하 중심부에 있는 아주 무거운 것들이다. 그러나 2.5절의 논의를 따르면 모든 블랙홀은 궁극적으로는 '펑' 하고 사라져야만 한다(그림 2.40과 그것의 엄밀한 등각도형을 나타냄. 그림 2.41 참조). 비록 아주 큰 블랙홀은 그런 일이 일어나기 전에 구골(~10^{100})년 또는 그 이상의 세월이 걸려야 하겠지만 말이다.

그처럼 극도로 오랜 시간 간격을 따라가다 보면 우주의 물리적 내용물은 입자의 숫자로 따졌을 때 주로 광자로 이루어져 있을 것이다. 이 광자들은 엄청나게 적색편이된 별빛과 CMB 복사에서, 그리고 궁극적으로 수많은 초대형 블랙홀의 거의 전체 질량-에너지를 간직하고 있는 호킹 복사로부터 아주 낮은 에너지의 광자의 형태로 온다. 하지만 중력자(중력파의 양자적 구성물) 또한 존재할 것이다. 이는 그런 블랙홀들 특히 은하 중심의 아주 큰 블랙홀들이 가까이 마주칠 때 나온다. 블랙홀들의 이런 조우는 실제로 3.6절에서 핵심적인 역할을 할 것이다. 광자도 질량이 없는 입자이지만, 중력자 또한 그렇다. 그래서 그림 2.21에 묘사했듯이 2.3절의 논의에 따라 둘 다 시계를 만드는 데 사용될 수 없다.

또한 아마도 주변에는 상당한 양의 '암흑물질'도 존재하는 것 같다. 그 미스터리한 본질이 무엇이든지 간에(2.1절, 그리고 나 자신의 일반적인 제안에 대해서는 3.2절 참조) 이 물질이 블랙홀에 붙잡히지 않고 살아남는 한도 내에서는 그렇다. 중력장을 통해서만 상호작용을 하는 그런 물질이 시계를 만드는 데에 어떤 가치가 있을 수 있는지 알기 어렵다. 하지만 그런 관점을 가진다는 것은 미묘한 철학적 변화를 나타내는 것이다. 그러나 3.2절에서 우리는 그런 미묘한 변화가 어느 경우이든 내가 제시할 전반적인 심상의 필수적인 성질임을 보게 될 것이다. 그래서 다시, 우리 우주 팽창의 궁극적인 단계에서 물리적으로 의미 있는 것은 단지 시공간의 등각 구조일 것처럼 보인다.

우주가 이 명확한 최종단계에 들어서면 — '아주 지루한 시대'라고 불러도 좋다 — 우주가 무엇을 하든 크게 흥미로운 일은 남지 않을 것으로 보인다. 이에 앞선 가장 흥미로운 사건은 블랙홀이 고통스럽도록 느린 호킹 복사의 과정을 통해 아주 점차적으로 그 모든 질량을 잃어버린 뒤 궁극적으로 그 마지막 아주 작은 잔재가 최종적으로 '펑' 하고 사라지는 것(그렇게 예상된다)이다. 우리 대우주 — 한때는 엄청나게 다른 종류의 환상적인 활동으로 가득했던, 너무나 흥분돼 보였던 그 우주 — 의 최종 단계에 직면해서는 외견상 지루한 권태기에 대한 끔찍한 생각만 남게 된다. 그런 환상적인 활동 대부분은 아름다운 은하 속에서, 놀랍도록 다채로운 별과 종종 수반되는 행성들과 함께 생겨났다. 그 속에는 어떤 종류의 생명을 지탱하는 행성도 있어서 진기한 식물과 동물들로 가득하며 그 중 몇몇은 깊은 지식과 이해력, 그리고 심오한 예술적 창조능력을 갖고 있다. 그러나 이 모든 것이 결국에는 사라져 없어질 것이다. 흥분의 마지막 찌꺼기는 그 마지막 '펑'을 위해 아마도 10^{100}년 또는 그 이상 동안을 기다리고, 기다리고, 그리고 또 기다려야만 할 것이다. 그 '펑' 소리는 아마도 작은 포탄의 요란한 소리 정도가 될 것이고 그 다음엔 더 심대한 지수함수적 팽창밖엔 남지 않으며, 펑 소리는 가늘어지고 차가워지고 비워지고 차가워지고, 그리고 가늘어지고…… 영원히 그렇게 된다. 이런 그림이 우리 우주가 궁극적으로 그 속에 담지한 모든 것을 보여주는 것일까?

그런데 2005년 어느 여름날 내가 그런 생각들로 침울해하고 있을 때, 또 다른 생각이 내게 떠올랐다. 그것은 다음과 같은 질문이었다. 이처럼 명확하게 압도적인 종국의 권태로움을 주위에 누가 있어 지루해할 것인가? 확실히 우리는 아니다. 그것은 광자와 중력자 같이 주로 질량이 없는 입자들일 것이다. 그리고 광자나 중력자를 지루하게 하기란 무척이나 어렵다. 그런 존재가 실제로 의미 있는 경험을 할 수 있을 가능성이란 극도로 희박하다는 점은 차치하고서라도 말이다. 중요한 점은, 질량이 없는 입자에 의하면 시간의 경과는 아무것도 없다는 것이다. 그런 입자는 그림 2.22에서 보였듯이 그 내장 시계가 처음으로 '째깍'거리기 전에 심지어 영원(즉 $\mathscr{I}^+$)에 이를 수도 있다. 광자나 중력자 같이 질량이 없는 입자들에게는 '영원이란 게 뭐 그리 대수야'라고 말해도 좋다.

이것을 다르게 말하자면, 청치질량이 시계를 만드는 데 필수적인 요소인 것처럼 보인다. 그래서 만약 종국적으로 어떤 정지질량을 가진 것도 주변에 거의 없으면 시간의 경과를 측정할 능력도 사라져버릴 것이다(거리를 재는 능력도 마찬가지일 것이다. 왜냐하면 거리 또한 시간측정에 의존하기 때문이다. 2.3절 참조). 사실 앞에서 봤듯이, 질량이 없는 입자들은 단지 시공간의 등각(또는 영뿔) 구조만 관여하기 때문에 시공간의 계측 특성은 특히 관련이 있는 것처럼 보이지는 않는다. 따라서 질량이 없는 입자에게는 궁극적인 초공간 $\mathscr{I}^+$가 단지 다른 여느 곳과 똑같아 보이는 등각 시공간의 영역을 나타낸다. 그리고 그 입자들이 $\mathscr{I}^+$의 '다른 면'까지 가상적으로 확장한 이 등각 시공간으로 들어가는 것을 막을 장애물은 없어 보인다. 게다가 강력한 수학적 결과도 있다. 이는 주로 헬무트 프리드리히[3.9]의 중요한 연구를 통해 얻은 것으로, 양의 우주상수 Λ가 존재해야만 하는, 여기서 고려하고 있는 일반적인 상황 속에서 시공간을 실제로 등각적으로 미래로 확장할 수 있음을 지지한다.

이는 토드의 제안과 부합하는 빅뱅 초공간 면에서의 물리학에 대해 우리가 논의한 것을 반영하고 있다. (다른 이유로) $\mathscr{I}^+$와 $\mathscr{B}^-$ 둘 다 등각 시공간을 이 초공간 면의 다른 면으로 매끈하게 확장하는 것을 허락하는 것처럼 보인다. 그뿐만 아니라, 양쪽 면의 물질 내용물은 본질적으로는 그 물리적 움직임이 기본적으로 등각적으로 불변인 방정식의 지배를 받는 질량이 없는 물질일 것이다. 그래서 이 때문에 이 물질의 움직임이 이 가상적인 (등각적) 시공간의 확장면 양쪽으로 계속될 수 있다.

여기서 한 가지 가능성을 생각해 볼 수 있다. $\mathscr{I}^+$와 $\mathscr{B}^-$가 하나이고 또 똑같을 수는 없을까? 아마도 우리의 우주는 등각 다양체로서 '휘감아 고리를 만들'지도 모른다. 이렇게 되면 $\mathscr{I}^+$ 너머에 있는 것은 단지 토드의 제안에 따라 $\mathscr{B}^-$처럼 등각적으로 뻗어 나가 빅뱅의 기원에서 다시 시작하는 우리 자신의 우주이다. 이런 발상의 경제성은 확실히 끌리는 면이 있지만, 나 자신의 관점에서 보자면 일관성에 심각한 문제가 있을 수 있어서 이 제안은 그럴듯하지 않다고 생각한다. 기본적으로 그런 시공간은 닫힌 공간성 곡선을 포함하고 있어서 그 때문에 인과적 영향이 잠재적인 모순을 야기할 수 있으며 또는 적어도 그 움직임에 불쾌한 제한을 가할 수 있다. 그러한 모순 또는 제한은 결맞음 정보가 $\mathscr{I}^+/\mathscr{B}^-$ 초공간 면을 가로질러 지나갈 수 있는 가능성에 의존하고 있다. 하지만 우리는 3.6절에서 이런 부류의 것들은 내가 여기서 제안하고 있는 형태의 기획에서는 실제 가능한 일이어서, 그렇게 닫힌 시간성 곡선은 정말로 심각한 비일관성의 문제를 야기할 잠재성이 있음을 보게 될 것이다.[3.10] 이와 같은 이유 때문에 나는 여기서 $\mathscr{I}^+/\mathscr{B}^-$를 동일시하는 제안을 하지 않을 것이다.

하지만 나는 '그다음으로 최고인 것'을 제안하고자 한다. 즉 $\mathscr{B}^-$ 이전에 물리적으로 실제적인 시공간의 영역이 존재한다고 제안하는 것이다. 이는 이전 우주 위상의 먼 미래이며, 우리의 $\mathscr{I}^+$ 너머로 확장되어 새로운 우주 위상의 빅뱅이 되는 물리적으로 실제적인 우주가 또한 존재한다.

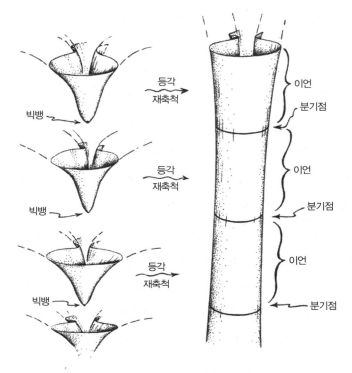

그림 3.3 등각순환우주론. (내가 그림 2.5에 그린 것과 같이, 나는 우주가 공간적으로 열려 있는지 또는 닫혀 있는지 하는 문제에 대해서는 편견을 갖지 않으려고 한다.)

이런 제안에 부합하여 나는 우리의 $\mathscr{B}^-$와 함께 시작하여 우리의 $\mathscr{I}^+$까지 확장된 위상을 현재의 이언$_{\text{aeon}}$이라고 부를 것이다. 그리고 나는 우주가 전체적으로 일련의 (무한히도 가능한) 이언으로 이루어진 확장된 등각 다양체로 볼 수 있다고 제안한다. 각각의 이언은 전체가 팽창하는 우주의 역사이다(그림 3.3 참조). 각각의 '$\mathscr{I}^+$'는 다음의 '$\mathscr{B}^-$'와 동일하며, 각각의 이언은 다음 이언에 연속적으로 이어지기 때문에 그 연결점은 등각 시공간 구조로서 완벽하게 매끈하다.

복사가 0의 온도로 냉각돼 떨어지고 밀도가 0이 되도록 팽창하는 먼 미래를 복사가 무한대의 온도와 무한대의 밀도에서 시작한 빅뱅형 폭발과 동일시하는 것에 대해 독자들이 걱정하는 것도 당연할 것이다. 하지만 빅뱅에서 등각적으로 '늘리면' 이 무한대의 밀도와 온도가 유한한 값으로 내려가며, 무한대에서 등각적으로 '으깨면' 영의 밀도와 온도를 유한한 값으로 끌어올린다. 이는 단지 그 둘을 짜 맞추는 것을 가능하게 하는 일종의 척도조정이며, 양쪽에서 관련된 물리학은 늘리고 으깨고 하는 과정에 대해 완전히 무감각하다. 이는 또한 분기점 양면에서의 모든 물리적 움직임에 대해 가능한 상태의 총체를 기술하는(1.3절 참조) 위상공간 $\mathcal{P}$가 등각적으로 불변인 부피척도[3.11]를 가진다고도 말할 수 있다. 이는 기본적으로 멀리 있는 척도가 줄어들면 그에 상응하는 운동량 척도가, 그 둘의 곱이 척도 재조정에 의해 완전히 변하지 않는 딱 그런 식으로 증가하기 때문이다(이는 3.4절의 논의에서 결정적으로 중요한 사실이 될 것이다). 나는 이런 우주론적 틀을 등각순환우주론, 줄여서 CCC(conformal cyclic cosmology)라고 부를 것이다.[3.12]

CCC의 구조

이 제안에는 내가 위에서 제시했던 것보다 훨씬 더 많은 세세한 주의를 필요로 하는 다양한 면이 존재한다. 한 가지 중요한 이슈는 아주 먼 미래에 우주의 전체 내용물이 어떻게 보일 것인가 하는 점이다. 위에서의 논의는 주로 별빛과 CMB와 블랙홀 호킹 복사로부터 존재하는 상당량의 배경 광자에 집중됐었다. 나는 또한 이 배경에 중력자의 기여가 상당할 것으로 생각했었다. 중력자는 중력파의 기본적인 (양자적) 구성물을 뜻하며 이 파동은 시공간 곡률의 '물결'로서 은하 중심에 있는 극도로 큰 블랙홀들이 가까이 조우할 때 주로 생겨난다.

광자와 중력자는 모두 질량이 없다. 따라서 우주 역사의 아주 늦은 단계에서는 그런 물질로 시계를 만드는 것이 원리적으로 불가능하기 때문에 먼 미래에서는 우주 자체가 어쨌든 '시간 척도의 궤적을 놓쳐버리고' 따라서 물리적인 우주의 기하는 아인슈타인의 일반 상대성 이론의 전체 계측 기하라기보다 실제로는 등각 기하(즉 영뿔 기하)가 된다는 (아주 먼 미래와 연관이 있는) 철학을 받아들이는 것이 비합리적이지는 않아 보인다. 사실, 이 철학을 다소간 누그러뜨리지 않을 수 없게 하는 중력장과 관계된 미묘한 점들이 존재한다는 것을 우리는 곧 보게 될 것이다. 하지만 당분간은 이런 철학적 관점이 처한 또 다른 어려움을 맞닥뜨려보자. 이 어려움은 직접 마주해 볼 필요가 있다.

우주의 마지막 단계에서 그 주된 내용물이 무엇인지를 생각함에 있어 나는 무작위 과정을 통해 모 은하로부터 내던져진, 블랙홀로 절대 빠져들지 않은 천체 속에 많은 물질이 있을 것이라는 점을 무시했다. 어떤 경우에는 그 천체가 원래 살고 있었던 은하단에서 또한 탈출할 수도 있다. 은하에는 사실 블랙홀 속으로 결코 떨어지지 않는 많은 암흑물질이 있다. 예를 들어 이런 식으로 탈출하여 냉각되어서 보이지 않는 검은 난쟁이별이 되는 흰 난쟁이별의 운명은 어떻게 될까? 관측적인 한계에 따르면 양성자의 붕괴 확률은 정말로 아주 느려야 하지만 결국에는 양성자가 붕괴해서 없어질 것이라는 의견들이 종종 제안되었다.[3.13] 어느 경우든 어떤 종류의 붕괴 산물이 있을 것이며, 검은 난쟁이별의 많은 물질이 결국에는 그런 과정을 통해 블랙홀로 붕괴한다 하더라도, 원래 자기들이 들러붙어 있었던 은하단에서 어떤 형태로 탈출한 많은 무거운 '부랑자' 입자들이 있을 것 같다.

나의 관심사는 특히 천차 — 그리고 그의 반입자인 양천차 — 이다. 왜냐하면 전자는 천기적으로 대천된 가장 덜 무거운 입자이기 때문이다. 전자와 양전자보다 더 무거운 양성자와 다른 대전된 입자들이, 엄청난 기간의 시간이 지난 뒤에 결국에는 덜 무거운 입자들로 붕괴할 것이라는 주장은 특별히 비통상적인 관점은 아니다. 우리는 모든 양성자가 궁극적으로는 이런 식으로 붕괴할 수 있다고 생각할 수 있지만, 만약 전기 전하가 절대적으로 보존되어야만 한다는 통상적인 관점을 우리가 받아들인다면, 양성자의 궁극적인 붕괴 산물은 반드시 전체적으로 양의 전하를 포함해야만 하고, 따라서 적어도 하나의 양전자가 최종 생존자 중에 있을 것으로 기대할 수 있다. 음으로 대전된 입자에도 비슷한 논증이 적용된다. 그래서 이런 양전자들의 동반자가 되는, 엄청나게 많은 전자도 또한 존재해야만 한다는 결론을 피하기 어렵다. 만약 종국적으로 붕괴하지 않는다면, 양성자나 반양성자 같은 더 무거운 대전입자들도 또한 있을 것이다. 하지만 핵심적인 문제는 전자와 양전자에 있다.

왜 이것이 문제가 되는가? 실제로는 질량이 없어서, 전자와 양전자가 결국엔 붕괴하여 위의 철학적 관점이 유지되는 다른 형태의 대전된 입자(양과 음의 전하를 모두 가진)가 존재할 수 있을까? 그 대답은 '아니오'인 것 같다. 왜냐하면 그런 형태의 질량이 없는 대전입자가 오늘날 물리적 활동에 참가하는 입자들 형태의 동물원 속에서 단지 존재하기만 해도, 수많은 입자의 과정 속에서 그 존재를 수없이 많이 드러냈을 것이기 때문이다.[3.14] 그러나 이런 과정들은 그런 질량이 없는 대전 입자들을 만들어내지 않고 발생하는 것을 실제로 목격할 수 있다. 따라서 질량이 없는 대전입자는 오늘날 주변에 존재하지 않는다. 그렇다면 (무거운) 전자와 양전자가 소기의 철학적 관점과 모순되게 영원히 주변에 존재해야만 하는 것일까?

이런 관점을 유지하는 한 가지 가능성은 남은 전자와 양전자가 서로를 찾아내서 결국 완전히 소멸되어 단지 광자만 만들어 낸다는 생각이다. 이는 우리의 철학에 무해하다. 하지만 불행하게도 극도로 먼 미래에는 많은 개별 대전입자들이 그림 3.4에서 보인 것처럼(2.5절의 그림 2.43 참조) 자신의 우주사건지평선 속에 고립될 것이다. 그리고 이런 일이 발생하면 — 때로는 그래야만 하는데 — 결국엔 전하가 소멸한다는 어떤 가능성도 없애버린다. 가능한 해결책은 우리의 철학적 관점을 다소간 약화시켜, 자신의 사건지평선 속에 갇혀 짝을 잃은 전자나 양전자가 실제 시계를 만드는 데에 큰 도움이 되기 어렵다고 주장하는 것이다. 내 입장으로 말할 것 같으면, 나는 그런 식의 일련의 추론이 만족스럽지 않다. 그것은 물리적 법칙들에 반드시 요구되는 일종의 엄밀함이 부족해 보이기 때문이다.

좀 더 급진적인 해결책은 전하량 보존이 실제로는 자연의 엄격한 요구조건 중 하나가 아니라고 가정하는 것이다. 따라서 극도로 드문 경우에 대전된 입자가 전기전하가 없는 입자로 붕괴할지도 모르며, 영원의 경계 너머에서는 모든 전기전하가 그에 따라 결과적으로 사라져 버릴지도 모르는 경우가 생길 수도 있다. 이렇게 생각하면 전자나 양전자가 결국에는 자신들의 전하가 없는 형제 중 하나, 즉 중성미자로 바뀔 것이며, 이 경우 세 가지 형태의 알려진 중성미자 가운데 정지질량이 없는 하나가 있어야만 한다는 것이 또한 하나의 요구조건이 될 것이다.[3.15] 전하량 보존을 깨는 그 어떤 증거도 결코 발견되지 않았다는 점은 완전히 차치

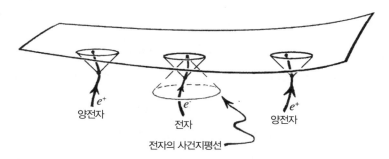

그림 3.4 때때로 자신의 지평선 속에 갇혀 쌍소멸을 통해 전기 전하를 잃어버릴 수 없는 '부랑자' 전자나 양전자가 존재할 것이다.

하고서라도, 그런 가능성은 이론적으로도 극도로 기분 나쁜 경우이다. 이는 또한 광자 자신이 작은 질량을 가질 것을 요구하는 것으로 보이는데, 이는 그 자체로 제안한 철학적 관점을 무효화하는 것이다.

내게 떠오른 한 가지 남은 가능성은 심각하게 고민해 봐야 할 것으로 정말 내 주의를 확 끄는데, 다만 가장 덜 악마적인 것은 아니다. 이는 정지질량이라는 개념이 우리가 그러리라고 상상하듯 절대적인 상수가 아니라는 것이다. 이 아이디어에 따르면 영원의 경계 너머에서 살아남은 무거운 입자들 — 전자, 양전자, 중성미자, 그리고 또한 만약 결과적으로 붕괴하지 않는다면 양성자와 반양성자들, 게다가 그게 무엇이든 암흑물질의 구성물(전하는 필수적으로 없어야 하지만 정지질량은 가지고 있는) — 은 자신의 정지질량이 아주 점차적으로 사라져가며, 종국적인 극한에서 0의 값에 이르게 된다. 이 경우에도 지금으로서는 정지질량과 관련된 보통의 개념이 그렇게 깨졌다는 관측적 증거가 절대적으로 없다. 하지만 이 경우 통상적인 아이디어에서의 이론적인 후퇴가 전하량 보존보다는 훨씬 덜 심각하다. 전기전하의 경우 한 계의 총 전하량은 언제나 모든 개별적 구성물의 총합이라는 의미에서 덧셈이 가능한 양이다. 하지만 정지질량에 대해서는 이것은 확실히 사실이 아니다. (아인슈타인의 $E = mc^2$에 따르면 구성물의 운동에너지는 전체 질량에 기여할 것이다.) 게다가 기본 전기전하의 실제값(말하자면 반 다운 쿼크의 전하량은 양성자 전하량의 삼 분의 일이다)은 이론적인 수수께끼로 남아 있다 하더라도, 우주에서 발견된 모든 다른 전하값은 이 값의 정수배이다. 정지질량의 경우에는 이와 같은 것이 없어 보인다. 그리고 개별입자 형태가 특별한 정지 질량값을 가지게 된 그 근저의 이유에 대해서는 알려진 것이 전혀 없다. 따라서 근본적인 입자들의 정지질량이 절대적인 상수가 아니라 — 사실 위의 3.1절에서 언급했듯이 표준적인 입자 물리학에 따르면 아주 초기 우주에서는 그렇지 않지만 — 자유도가 여전히 존재하는 것처럼 보인다. 그리고 아주 먼 미래에는 정지질량이 정말로 0으로 사라져 버릴지도 모른다.

이와 관련하여 마지막으로 입자 물리학에서 정지질량의 상태와 연관된 한 가지 기술적인 논평을 해야겠다. '기본 입자elementary particle'라는 아이디어를 다루는 표준적인 과정은 '푸앵카레 군의 기약표현'이라고 불리는 것을 찾는 것이다. 임의의 기본 입자는 그러한 기약표현에 따라 기술된다고 여겨진다. 푸앵카레 군은 민코프스키 공간 $\mathbb{M}$의 대칭성을 기술하는 수학적 구조이며, 이 과정은 특수 상대성 이론과 양자역학의 맥락에서 자연스러운 것이다. 푸앵카레 군은 캐시미어 연산자[3.16]라 불리는 두 개의 양을 가지고 있다. 청치질량과 내적 스핀이 그것인데, 이에 따라 정지질량과 스핀은 '좋은 양자수'로 간주된다. 이것은 그 입자가 안정적이며 어떤 것과도 상호작용을 하지 않는 한 상수로 남아 있게 된다. 하지만 $\mathbb{M}$의 이런 역할은 물리 법칙에서 양의 우주상수 Λ가 존재한다면 덜 근본적일 것이다($\mathbb{M}$에서는 $\Lambda = 0$이므로). 그리고 우리가 우주와 관련된 문제에 관심을 갖는다면 궁극적인 우리의 관심은 $\mathbb{M}$이 아니라 드 치터 시공간 $\mathbb{D}$의 대칭군이어야만 할 것 같다(2.5절과 그림 2.36(a), (b) 참조). 그러나 정지질량은 드 지터 군의 정확한 캐시미어 연산자가 아닌 것으로 드러난다(Λ를 수반하는 작은 부가적인 항이 존재하기 때문에). 따라서 이 경우 정지질량의 궁극적인 상태는 더욱 의문스러우며 내게는 정지질량이 아주 천천히 붕괴한다는 것이 질문의 여지가 없이 말도 안 되는 것은 아닌 것 같다.[3.17]

하지만 이 제안에 따라 정지질량이 극도로 점차적으로 사라져버린다는 것은 전체 CCC의 기획과 관련해서 기묘한 의미를 가진다. 왜냐하면 시간의 측정과 관련된 새로운 문제를 야기하기 때문이다. 2.3절의 끝 부분에서 입자의 정지질량이 잘 정의된 시간척도를 부여하는 데에 사용된다고 했던 것을 떠올려 보자. 그런 척도는 우리가 등각 구조에서 전체 계측으로 나아가는 데 필요한 모든 것이다. 위의 논의로부터 꼭 그래야만 할 것처럼 보이듯이, 만약 입자의 질량이 사라져버릴 필요가 있다면, 그 것이 비록 극도로 점차적으로 진행되더라도, 우리는 약간의 곤경에 처하게 된다. 무거운 입자들이 여전히 주변에 있지만 천천히 질량이 사라진다면 우리의 시공간 계측을 엄밀하게 정의하기 위해 입자의 정지질량을 사용한다는 아이디어를 여전히 받아들여야 할까? 만약 우리가 시간의 기준을 제공하는 것으로서 어떤 특정한 입자형태, 말하자면 전자로 정하기로 한다면, 전자가 $\mathscr{I}^+$에 도달했을 때(부록 A2 참조) 충분히 '질량이 없는' 것으로 여겨지기 위해 필요한 것으로 보이는 그런 정도의 붕괴율 때문에 $\mathscr{I}^+$는 전혀 무한대가 아니며, 이 '전자의 계측'에 따른 우주의 팽창은 느려져서 정지하거나 방향을 돌려 붕괴하게 되는 것으로 판명될 것이다. 그런 움직임은 아인슈타인의 방정식과 일치하지 않는 것으로 보인다. 게다가 만약 우리가 '전자 계측' 대신에 이를테면 '중성미자 계측' 또는 '양성자 계측'을 사용한다면 시공간의 자세한 기하학적 움직임은 그에 상응하는, 전자를 사용해서 얻었을 움직임과 달랐을 것이다(모든 질량값에 대해 정확하게 그들의 초기 비율을 유지하면서 0으로 척도조정이 되지 않는다면). 내게 이것은 아주 만족스러워 보이지는 않는다.

이언 전체의 역사를 통틀어 어떤 적절한 형태의 아인슈타인 방정식 ─상수 Λ를 갖는─을 유지하려면 계측의 눈금 조정을 위해 또 다른 방도를 사용할 필요가 있다. 시계를 만드는 목적으로는 거의 '실용적인' 해법이 아니라 하더라도, 우리가 할 수 있는 일은 척도를 정하는 데에 Λ 자체를 사용하는 것이다. 또는 이와 긴밀하게 연관된 것으로 보이는 것은 중력 상수 G의 실질적인 값을 사용하는 것이다. 그러면 먼 미래까지 계속해서 진화하고 지수 함수적으로 끝없이 팽창하는 우주라는 심상은 유지될 것이다. 하지만 국소적으로는 우주가 결국 시간척도의 궤적을 잃어버릴 것이라는 철학을 심각하게 훼손하지는 않는다.

이 문제는 내가 지금까지 용케도 잘 숨겨 온 또 다른 문제, 즉 자유로운 중력장에 대해서는 바일 등각 텐서 $\mathbf{C}$($\mathbf{C}$는 정말로 등각곡률을 기술하므로)로 기술되듯이 등각 불변이 존재하는 반면, 장과 그 근원과의 결합력은 등각적으로 불변이 아니라는 사실과 밀접하게 관련이 있다. 이는 맥스웰의 이론에서 생기는 것과는 한참 다르다. 거기서는 전류벡터 $\mathbf{J}$로 기술되듯이 자유로운 전자기장 $\mathbf{F}$와 $\mathbf{F}$ 및 그 근원 사이의 결합력 모두에게 유효한 등각 불변이 존재한다. 그래서 다시 한번, 우리가 중력을 심각하게 고려하게 되면 CCC의 기본 철학은 다소 진창에 빠지게 된다. 어떤 의미에서 우리는 CCC의 철학이, 시간궤적을 잃어버리는 것이 완전히 전체로서의 물리학이 아니라 중력이 없는(Λ가 없는) 물리학임을 주장한다는 관점을 가져야만 한다.

아인슈타인의 이론과 등각 불변 사이의 관계를 이해해 보자. 이는 다소 미묘한 문제이다. 전자기의 경우 전체 방정식은 등각 척도 재조정 속에서도 보존된다. 우리는 척도인자 Ω를 써서 시공간 계측 $\mathbf{g}$를 등각적으로 연관된 계측인 $\hat{\mathbf{g}}$으로 바꿨을 때 무슨 일이 벌어지는지 살펴보려고 한다. 여기서 척도인자는 시공간에 대해 매끈하게 변화하는 양수로서(2.3절,

3.1절 참조)

$$\mathbf{g} \mapsto \hat{\mathbf{g}} = \Omega^2 \mathbf{g}$$

이다. 맥스웰 이론의 등각 불변성을 보기 위해 전자기장을 기술하는 $\left[\begin{smallmatrix}0\\2\end{smallmatrix}\right]$-텐서 $\mathbf{F}$에 대한, 그리고 (전류의) 근원을 기술하는 $\left[\begin{smallmatrix}1\\0\end{smallmatrix}\right]$-텐서 $\mathbf{J}$에 대한 척도 재조정이

$$\mathbf{F} \mapsto \hat{\mathbf{F}} = \mathbf{F} \text{ 그리고 } \mathbf{J} \mapsto \hat{\mathbf{J}} = \Omega^{-4}\mathbf{J}$$

로 주어진다고 받아들이자. 맥스웰 방정식은 기호로

$$\nabla \mathbf{F} = 4\pi \mathbf{J}$$

로 쓸 수 있다. 여기서 ∇은[3.18] 계측 $\mathbf{g}$에 의해 결정되는 특정한 미분연산자의 집합이다. $\mathbf{g} \mapsto \hat{\mathbf{g}}$이라는 척도변화를 적용하면 ∇은 그 변화에 따른 $\hat{\mathbf{g}}$에 의해 결정되는 연산자 $\hat{\nabla}$으로 바뀌어야만 한다. 그래서 우리는 (부록 A6)

$$\hat{\nabla}\hat{\mathbf{F}} = 4\pi \hat{\mathbf{J}}$$

을 얻는다. 이는 이제 '모자 기호가 붙은' 형태로 이전과 아주 똑같은 방정식으로서, 맥스웰 방정식의 등각 불변을 표현하고 있다. 특히 $\mathbf{J} = 0$일 때 우리가 얻는 것은 자유 맥스웰 방정식

$$\nabla \mathbf{F} = 0$$

뿐이며, $\mathbf{g} \mapsto \hat{\mathbf{g}}$을 적용하면

$$\hat{\nabla}\hat{\mathbf{F}} = 0$$

이 되어 등각 불변을 확인할 수 있다. (등각 불변인) 이 방정식들의 집합은 전자기파(빛)의 진행을 지배하며 또한 개별적인 자유 광자가 만족하는 양자역학의 슈뢰딩거 방정식으로 여겨질 수도 있다(3.4절과 부록 A2, A6 참조).

중력의 경우 그 근원이 되는 $\begin{bmatrix} 0 \\ 2 \end{bmatrix}$-텐서 $\mathbf{E}(\mathbf{J}$의 역할을 하는 아인슈타인 텐서, 2.6절 참조)는 방정식의 등각 불변을 부여하는 척도조정 양상을 갖지 않는다. 하지만 $\nabla\mathbf{F}=0$과 유사한 등각 불변이 존재하는데, 이는 중력파의 진행을 지배하며 개별 자유 중력자에 대한 유사 슈뢰딩거 방정식을 제공한다. 나는 이것을 기호(부록 A2, A5, A9 참조)

$$\nabla\mathbf{K} = 0$$

으로 쓸 것이다. 여기서 미묘한 점은 원래의 (아인슈타인) 물리적 계측 $\mathbf{g}$를 사용했을 때 이 $\begin{bmatrix} 0 \\ 4 \end{bmatrix}$-텐서 $\mathbf{K}$는 (2.6절의) 바일 등각 $\begin{bmatrix} 0 \\ 4 \end{bmatrix}$-텐서 $\mathbf{C}$와 동일하게

$$\mathbf{K} = \mathbf{C}$$

로 간주되는 반면, 우리가 $\mathbf{g} \mapsto \hat{\mathbf{g}} = \Omega^2\mathbf{g}$에 따라 새로운 계측 $\hat{\mathbf{g}}$으로 척도 재조정했을 때 우리는 등각곡률의 척도를 제공한다는 $\mathbf{C}$의 의미를 보존하기 위해, 그리고 $\mathbf{K}$의 파동전파에서의 등각 불변을 보존하기 위해 서로 다른 척도조정

$$\mathbf{C} \mapsto \hat{\mathbf{C}} = \Omega^2\mathbf{C} \quad \text{그리고} \quad \mathbf{K} \mapsto \hat{\mathbf{K}} = \Omega\mathbf{K}$$

를 받아들여야만 한다. 따라서 우리는

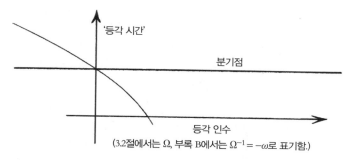

그림 3.5 등각척도인수는 분기점에서 양에서 음으로 깨끗하게 넘어간다. 그 곡선은 수평도 수직도 아닌 기울기를 갖고 있다. 여기서 '등각시간'은 단지 적절한 등각도형에서의 '높이'를 일컫는다.

$$\nabla \hat{\mathbf{K}} = 0$$

을 얻으며 이러한 척도조정의 결과

$$\hat{\mathbf{K}} = \Omega^{-1}\hat{\mathbf{C}}$$

에 이르게 된다.[3.19]

    이는 어떤 수수께끼 같은 결과를 낳는데, CCC에 상당히 중요하다. 과거에서 $\mathscr{I}^+$로 다가감에 따라 우리는 매끈하게 0으로 향해 가는,[3.20] 하지만 0이 아닌 보통의 도함수를 가진 등각인수 Ω를 사용할 필요가 있다. **K**에 대한 파동진행 방정식이 등각 불변이라는 것은 그것이 $\mathscr{I}^+$에서 유한한 (보통은 0이 아닌) 값을 얻는다는 것을 뜻한다(그림 3.5 참조). 이 값은 **K**가 무한대까지 계속 나아가서 그 흔적을 $\mathscr{I}^+$에 남길 때 충력복사 — 빛에 대한 중력의 유사물 — 의 세기(그리고 편광)를 결정한다(그림 3.6 참조). 똑같은 사실이 전자기 복사 장(빛)의 세기와 편광을 결정하는 $\mathscr{I}^+$ 위의 **F** 값에도

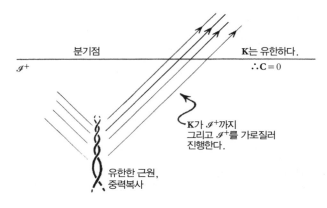

그림 3.6 텐서 **K**로 측정되는 중력장이 등각 불변 방정식에 따라 진행하며, 따라서 일반적으로 $\mathscr{I}^+$에서 0이 아닌 유한한 값을 얻는다.

적용된다. 하지만 Ω가 $\mathscr{I}^+$에서 $\dot{0}$이 된다는 사실 때문에 위에서 보여준 방정식($\hat{\mathbf{C}}=\Omega\hat{\mathbf{K}}$로 다시 쓰면)에 따르면 $\hat{\mathbf{K}}$이 유한하다는 것은 등각텐서 $\hat{\mathbf{C}}$ 자신은 $\mathscr{I}^+$에서 0이 되어야 함을 뜻한다(우리는 $\mathscr{I}^+$에서 유한한 계측 $\hat{\mathbf{g}}$을 사용하고 있다). $\hat{\mathbf{C}}$은 $\mathscr{I}^+$에서 직접적으로 등각 기하를 측정하므로, 등각 기하가 하나의 이언에서 다음 이언으로 넘어가는 3차원 면의 분기점에 걸쳐 매끄러워야 한다는 CCC의 요구조건은 등각곡률이 이후 이언의 빅뱅big-bang 면 $\mathscr{B}^-$에서 또한 0이 되어야 함을 말하고 있다. 따라서 CCC는 등각곡률이 단지 유한해야 한다는 조건(이는 토드의 제안이 직접적으로 던져주는 것이다)보다 더욱 강력한 버전의 바일 곡률가정(WCH, 2.6절 참조), 즉 이 등각곡률이 WCH의 원래 발상과 부합하여 각 이언의 $\mathscr{B}^-$에서 정말로 없어진다는 조건을 실제로 부여하고 있다.

분기면의 다른 쪽에서는, 즉 잇따르는 이언의 $\mathscr{B}^-$를 따라가면 등각인수가 $\mathscr{B}^-$에서 무한대가 됨을 알 수 있다. 하지만 Ω^{-1}가 $\mathscr{B}^-$에서 매끈하게 움직이도록 하는 꼭 그런 방식으로 그렇게 된다.[3.21] 따라서 Ω는 어떻게든 3차원 면의 분기점을 너머까지 계속되어 갑자기 그 역수가 될 수 있어야만 한다는 것이 사실인 것 같다! 이 상황을 수학적으로 다루는 방법은 Ω의 본질적인 정보를 그것과 그 역수 Ω^{-1}를 구분할 수 없는 방식으로 부호화하는 것이다. 이는 $\begin{bmatrix} 0 \\ 1 \end{bmatrix}$-텐서 Π(1형)를 도입하면 가능하다. 수학자들은 다음과 같이 쓴다.[3.22]

$$\Pi = \frac{d\Omega}{\Omega^2 - 1}.$$

Π에 대해 가장 중요한 두 가지 사실 중 첫째는 이것이 3차원 면 분기점에 걸쳐 매끈하게 남아 있다는 것이고 둘째는 $\Omega \mapsto \Omega^{-1}$로 바꾸더라도 변하지 않는다는 것이다.

　CCC에서 우리는 Π가 정말로 분기점에 걸쳐 매끈하게 변화하는 양임을 요구하도록 할 것이다. 그래서 만약 우리가 필요한 척도정보를 정의하기 위해 Ω보다 Π를 취한다면 우리는 분기점을 넘어갈 때 Π가 매끈하게 남아 있는 채로 분기점에서 $\Omega \mapsto \Omega^{-1}$로 전환시킬 수 있다. 이렇게 되려면 $\mathscr{I}^+$에서 Ω의 움직임이 만족해야 하는 어떤 수학적 조건들이 필요하다. 그리고 정말로 만족스럽게 그리고 유일하게 그렇게 될 수 있다는 징후들이 있다. (자세한 논증은 부록 B에 나와 있다.) 이 모두를 요약하자면 질량이 없는 장을 3차원 면 분기점을 통해 미래로 계속되게 하는 명쾌하고도 유일한 수학적 과정이 있는 것으로 드러났다는 것이다. 여기서 이전(즉 $\mathscr{I}^+$ 바로 전의) 이언의 아주 먼 미래에는 오직 질량이 없는 장들만 존재한다고 가정했다.

　오직 질량이 없는 장들만 존재하기 때문에 주어진 등각 구조와 모순되지 않는, 이전 이언의 $\mathscr{I}^+$의 바로 앞 영역에서 척도 재조정된 계측 $\hat{\mathbf{g}}$을 선택할 때 우리는 특별한 척도조정의 자유도가 있다. 이 자유도는 ϖ라는 장으로 기술된다. 이것은 내가 (부록 B2에서) 'ϖ 방정식'이라고 부르는, 자가 결합된(즉 비선형적인) 등각적으로 불변인 질량이 없는 스칼라 장 방정식을 만족한다. ϖ 방정식의 서로 다른 풀이들은 서로 다른 가능한 계측 척도를 제공한다. 이는 우리가 선택한 $\hat{\mathbf{g}}$ 계측에서 다른 가능한 계측 $\varpi^2\hat{\mathbf{g}}$으로 우리를 인도하는데 (우주상수 Λ가 있는) 아인슈타인 방정식이 말하는 바에 따르면 이는 단지 질량이 없는 근원에만 관계가 있다. 아인슈타인의 원래 물리적 계측 $\mathbf{g}$를 주도록 특별히 선택된 ϖ는 '유령장'이라고 불린다(아인슈타인의 $\mathbf{g}$ 계측에서는 단순히 1의 값을 가지며 사라지기 때문이다). 유령장은 $\mathscr{I}^+$에 앞선 영역에서는 어떤 독립적인 물리적 자유도를 갖지 않는다. 단지 계속해서 계측 $\mathbf{g}$를 쫓아가면서 현재 사용되고 있는 $\hat{\mathbf{g}}$ 계측으로부터 $\mathbf{g}$ 계측으로 우리를 되돌려 보내는 척도조정을 말해주고 있다.

바로 다음 이언의 빅뱅을 즉시 따라가는 분기점의 반대면에서는, 그 장을 단지 계속해서 매끈하게 연속되게 하면 이 새로운 이언에서는 음수가 되는 유효중력 상수(물리적인 의미는 없다)를 얻게 됨을 알 수 있다. 따라서 우리는 다른 면에서 Π와 부합하는, Ω^{-1}라는 대안적 선택을 사용하는 또 다른 해석을 채택할 필요가 있다. 이는 유령장 ϖ를 분기점의 빅뱅 면에서 실제 물리적 장(비록 처음에는 무한대이더라도)으로 바꾸는 효과를 낸다. 이 빅뱅을 따라가는 ϖ장이 질량을 얻기 전의 새로운 암흑물질의 초기 형태를 제공한다고 해석하고 싶은 유혹이 생긴다. 왜 그런 해석을 하느냐고? 이유는 단지 새 이언의 빅뱅에서 스칼라 장의 성질을 가진 어떤 새로운 지배적인 기여가 있어야 한다고 수학이 강제하기 때문이다. 이는 위에서 말한 등각인수의 움직임에서 생겨난다. 이는 광자(전자기장) 또는 여느 다른 물질입자(3차원 면 분기점에 이르렀을 때쯤 자신의 정지질량을 잃어버린 것으로 여겨지는)에 대해 부가적인 기여를 하고 있다. 이는 우리가 분기점에서 $\Omega \mapsto \Omega^{-1}$의 변환을 받아들이기만 하면 수학적 일관성을 위해 꼭 존재해야만 한다.

수학에서 도출되는 또 하나의 추가적인 특징은 분기점의 빅뱅 면에서는 모든 근원이 질량이 없다는 조건이 엄격하게 유지될 수 없다는 것이다. 정지질량이 이렇게 사라지는 것이 가능한 한 오래 유예된다는, 등각인수에서 원하지 않는 자유도를 제한하는 자연스러운 강제조건이 있긴 하지만 말이다. 따라서 이렇게 정지질량을 품은 것이 후 빅뱅 물질 내용물의 구성 성분에 기여한다. 자연스럽게 이것이 초기 우주에서 정지질량의 출현에서 역할을 수행하는 힉스장(또는 그것에 필요한 것으로 드러나는 것이면 무엇이든)과 어떤 관계가 있다고 가정해 볼 수 있다.

암흑물질은 물질의 주된 형태로서 우리 자신의 이언의 초기 단계에 존재하는 것으로 명확히 관측되었다. 암흑물질은 보통물질('보통'이란 단지 우주상수 Λ — 보통 '암흑에너지'[3.23]로 불리는 — 의 기여를 계산에 넣지 않는다는 뜻이다)의 약 70%를 구성하지만 입자 물리학의 표준모형과 전혀 들어맞지 않는 것으로 보인다. 암흑물질은 오직 중력 효과를 통해서만 다른 종류의 물질과 상호작용을 한다. 이전 이언의 나중 단계에서의 유령장 ϖ는 중력장의 유효 스칼라 성분으로서 생겨난다. 이는 단지 우리가 $\mathbf{g} \mapsto \Omega^2 \mathbf{g}$로 등각 척도 재조정을 허용했기 때문에 생기는 것이며, 독립적인 자유도를 갖지 않는다. 그 다음의 이언에서는 처음에 생겨난 새로운 ϖ 물질이 이전 이언에서의 중력장에 존재하는 자유도를 이어받는다. 우리 빅뱅의 시대에는 암흑물질이 특별한 지위를 갖는 것처럼 보인다. 이는 ϖ에 대해서 확실히 그렇다. 기본적인 발상은 빅뱅 직후(아마도 힉스가 작동하기 시작할 때) 이 새로운 장이 질량을 얻고, 그리고는 오늘날 관측되는 다양한 종류의 불규칙성을 가진, 그 이후의 물질 분포를 형성하는 데에 그렇게 중요한 역할을 하는 것으로 보이는 실제 암흑물질이 되었다는 것이다.

우주에 대한 최근 수십 년 동안의 자세한 관찰의 결과인, 점차 명확해진 두 개의 소위 '암흑' 양들('암흑물질'과 '암흑에너지')이 모두 CCC의 필수적인 요소인 것처럼 보인다는 점은 아마도 중요한 관측 결과일 것이다. 이런 틀은 $\Lambda > 0$이 아니라면 확실히 작동하지 않을 것이다. 왜냐하면 그 결과에 의한 $\mathscr{I}^+$의 공간성이라는 본성이 $\mathscr{B}^-$의 공간성 성격과 들어맞기 위해 필요하기 때문이다. 게다가 우리가 위에서 봤듯이 이 틀에서는 합당하게 암흑물질과 동일시될 수 있는 어떤 부류의 초기물질 분포가 있어야만 한다. 암흑물질을 이렇게 해석하는 것이 이론적으로나 관측적으로 버틸 수 있을지 지켜보는 것도 흥미로울 것이다.

Λ에 관해서 우주학자와 양자장 이론가들을 당황하게 만드는 주된 요인은 그 값이다. $\Lambda\mathbf{g}$라는 값은 종종 양자장 이론가들에 의해 진공 에너치로 해석된다(3.5절 참조). 상대론과 관련된 이유 때문에 이 '진공 에너지'는 $\mathbf{g}$에 비례하는 $\begin{bmatrix}0\\2\end{bmatrix}$-텐서여야만 한다고 논증돼 왔다. 그런데 그 비례상수는 관측된 Λ값보다 뭔가 대략 10^{120}배 정도 더 큰 것으로 드러났다. 그렇다면 이 생각에는 뭔가가 분명히 빠졌다![3.24] 또 하나 우리를 당황하게 만드는 것은 관측된 Λ의 작은 값이 우주의 팽창에 있어서 특히 지금 우주에서 물질에 의한 전체 인력에 견줄 만한 효과를 내기 시작한 딱 그런 값이라는 점이다. 물질에 의한 인력은 과거에는 엄청나게 더 컸고 미

래에는 엄청나게 더 작아질 것이므로 이는 기묘한 우연의 일치인 것처럼 보인다.

내게는 이 '우연의 일치'가 그렇게 엄청난 수수께끼, 적어도 Λ의 실제 값이 작다는 것을 암시하는 관측 증거가 나오기 오래 전에 이미 우리와 함께했던 몇몇 수수께끼들보다 더한 수수께끼는 아닌 것 같다. Λ의 관측 값은 확실히 설명이 필요하지만 이는 아마도 꽤 단순한 어떤 공식에 의해 중력 상수 G, 광속 c 그리고 플랑크 상수 h와 독특하게 관련이 있을 수 있다. 하지만 분모에는 어떤 큰 수 N의 6승이 들어가 있다.

$$\Lambda \approx \frac{c^3}{N^6 G \hbar}$$

여기서

$$\hbar = \frac{h}{2\pi}$$

는 플랑크 상수 h의 디랙 형태이다(때로는 축소된 플랑크 상수로도 불린다). 숫자 N은 약 10^{20}이다. 1937년 위대한 양자물리학자 폴 디랙은 이 숫자의 다양한 차수가 차원이 없는 물리학의 기본 상수들의 여러 다른 비율에서, 특히 중력이 어떤 식으로 연관돼 있을 때 (근사적으로) 나타나는 것 같다고 지적했다. (예를 들어, 수소 원자 속의 전자와 양성자 사이의 중력에 대한 전기력의 비율은 대략 $10^{40} \simeq N^2$이다.) 디랙은 또한 우주의 나이가 플랑크 시간 t_P로 불리는 절대 시간단위로 썼을 때 약 N^3임을 보였다. 플랑크 시간과 그에 따른 플랑크 길이 $l_P = ct_P$는 종종 양자 중력에 대한 일반적인 생각에 따라 일종의 '최소' 시공간 척도(또는 각각 시간과 공간의 '양자')를 부여하는 것으로 여겨진다.

$$t_P = \sqrt{\frac{G\hbar}{c^5}} \approx 5.4 \times 10^{-44}\,\text{s}, \qquad l_P = \sqrt{\frac{G\hbar}{c^5}} \approx 1.6 \times 10^{-35}\,\text{m}.$$

이 '플랑크 단위'들과 함께, 자연스럽게 정해지는 (완전히 실용적이지는 않지만) 단위들로서 다음과 같이 주어지는 플랑크 질량 m_P와 플랑크 에너지 E_P

$$m_P = \sqrt{\frac{\hbar c}{G}} \approx 2.1 \times 10^{-5}\,\text{g}, \qquad E_P = \sqrt{\frac{\hbar c^5}{G}} \approx 2.0 \times 10^{9}\,\text{J}$$

을 사용하면, 자연의 많은 다른 상수들을 순전히 (단위가 없는) 숫자로 표현할 수 있다. 특히 이 단위에서는 $\Lambda \backsimeq N^{-6}$를 얻는다.

게다가 우리는 볼츠만 상수를 k를 1로 둠으로써 온도에 대해 플랑크 단위를 쓸 수 있다. 여기서 온도의 한 단위는 터무니없이 큰 값인 2.5×10^{32}K이다. 큰 블랙홀과 관련된 또는 전체 우주에 대한 아주 큰 엔트로피를 생각할 때(3.4절에서처럼) 나는 플랑크 단위를 쓸 것이다. 하지만 이렇게 큰 값들에 대해서는 어떤 단위를 사용하더라도 거의 차이가 없는 걸로 판명된다.

원래 디랙은 우주의 나이가 시간에 따라 (명백히) 증가하기 때문에 N이 시간에 따라 증가해야 한다고, 또는 같은 말이지만 G가 시간에 따라 (우주 나이의 제곱의 역수에 비례해서) 감소해야 한다고 생각했다. 하지만 디랙이 이런 아이디어를 제시했을 때 가능했던 것보다 더 정확한 측정을 하게 되자 G(또는 똑같지만 N)가 상수는 아니라 하더라도 디랙의 아이디어가 요구했던 비율로 변할 수 없음을 알게 되었다.[3.25] 그러나 1961년 로버트 디케가, 별의 진화에 관해 현재 받아들여지고 있는 이론에 따르면 보통의 '주계열성'의 수명이 자연의 다양한 상수들과 관련 있다고 지적했다(나중에 브랜던 카터Brandon Carter가 더 세련된 논증을 했다[3.26]). 그것도 여느 생명체(그 생명과 진화가, 그런 평범한 별이 활동적으로 존재하는 시간 간격의 한가운데 대략 어딘가에 그 생명체가 존재하는가에 달려 있는)가 플랑크 시간 단위로 그 나이가 정말로 대략 N^3인 우주를 발견할 것 같은 그런 방식으로 말이다. Λ의 값이 특별히 N^{-3}임을 이론적으로 이해할 수 있는 한, 이 또한 우주상수가 바로 지금 근방에서 중요한 역할을 수행하게 되는 명백한 우연의 일치라는 수수께끼를 설명하게 될 것이다. 그러나 이런 것들은 분명히 공상적인 문제들이며, 그리고 인정하건대, 이건 숫자들을 이해하는 데엔 더 나은 이론들이 필요할 것이다.

3.3

─────────────

빅뱅 이전에 대한 초기의 제안들

CCC라는 기획은 이전에 제시되었던 선 빅뱅 운동에 대한 수많은 다른 제안들과 대조를 이룬다. 아인슈타인의 일반 상대성 이론과 부합하는 가장 초기의 우주론 모형들, 즉 1922년에 제안된 프리드만의 모형 중에서조차 '진동하는 우주'라고 불리게 된 모형이 있었다. 이 용어는 우주상수가 없는 닫힌 프리드만 모형에 대해($K > 0$, $\Lambda = 0$. 그림 2.2(a) 참조), 공간적인 우주를 묘사하는 3차원 구의 반지름을 시간의 함수로 표현했을 때 사이클로이드 모양을 갖는 그래프가 된다는 사실 때문에 생겨난 듯하다. 이는 시간축을 따라 굴러가는 원형 고리의 원주 위에 있는 점의 자취를 따라가는 곡선이다(광속 $c = 1$이 되게끔 규격화되었다. 그림 3.7 참조). 분명히 이 곡선은 빅뱅에서부터 팽창하여 빅 크런치로 다시 붕괴하는 공간적으로 닫힌 우주를 기술한다. 여기서는 이제 그런 일들이 연속적으로 일어나므로 우리는 전체 모형을 끝없이 연속적인 '이언'(그림 3.8 참조)을 나타내는 것으로 생각할 수 있다. 이런 틀은 1930년에 아인슈타인이 잠깐 흥미를 가졌었다.[3.27] 물론 공간의 반지름이 0이 되는 각 단계에서 일어나는 '튕김bounce'은 시공간 특이점에서 생겨나며(여기서 시공간 곡률은 무한대가 된다) 아인슈타인의 방정식은 보통의 방식으로 의미 있는 변화를 설명하기 위해 사용

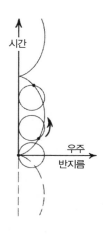

그림 3.7 그림 2.2(a)의 프리드만 모형은 반지름을 시간의 함수로 그렸을 때 사이클로이드를 기술한다. 이는 굴러가는 고리 위의 점을 쫓아가는 곡선이다.

그림 3.8 그림 3.7의 사이클로이드를 진지하게 받아들이면, 우리는 진동하는 닫힌 우주 모형을 얻는다.

될 수 없다. 비록 어떤 부류의 수정이, 아마도 3.2절의 그것과 뭔가 비슷한 논의를 따라 예견되긴 하지만 말이다.

하지만 이 책의 관점에서 볼 때 더욱 심각한 문제는 그런 모형이 어떻게 제2법칙의 이슈를 다룰 수 있을까 하는 점이다. 왜냐하면 이 특별한 모

226

그림 3.9 톨먼이 제안한 이 모형은 엔트로피 증가를 허용하는 내용 물질을 가짐으로써 제2법칙을 다루기 시작했다. 여기서 이 모형은 각 단계에서 더 커진다.

형은 연속적인 엔트로피 증가를 나타내는 진보적인 변화에 대한 어떤 여지도 남겨두지 않기 때문이다. 사실 1934년에 뛰어난 미국 물리학자인 리처드 체이스 톨먼Richard Chace tolman은 프리드만의 '먼지'를 추가적인 내적 자유도를 가진 복합적으로 중력 작용을 하는 물질로 바꿔 프리드만 진동 모형의 수정본을 기술하였다.[3.28] 이는 엔트로피 증가와 부합하는 변화를 겪을 수 있다. 톨먼의 모형은 다소간 진동하는 프리드만의 모형을 닮았지만, 연속적인 이언은 점차적으로 존속시간이 더 길어지고 최대 반지름도 점점 더 커진다(그림 3.9 참조). 이 모형은 여전히 FLRW 형태(2.1절 참조)이며 따라서 중력 뭉침을 통해 엔트로피에 기여할 여지가 없다. 따라서 이 모형에서의 엔트로피 증가는 상대적으로 아주 순한 편이다. 그럼에도 불구하고, 제2법칙을 우주론과 조화시키려는 몇 안 되는 놀라우리만치 진지한 시도였다는 점에서 톨먼은 중요한 공헌을 했다.

이쯤에서 톨먼이 우주론에 기여한 또 다른 점을 언급하는 것이 적절할 것 같다. 이는 CCC에도 또한 상당히 의미가 있다. 우주의 내용물질을 압력이 없는 유체(즉 '먼지'. 3.1절 참조)로 표현하는 것은 프리드만 모형에서 중력의 근원(즉 아인슈타인 텐서 E. 2.6절 참조)을 다루는 방식이다. 이는 모형화된 실제 물질이 적당히 퍼져 있고 차가우면 그다지 나쁜 일차근사는 아니다. 하지만 우리가 빅뱅 근방 아주 가까이 있는 상황을 고려할 때면 우주의 내용물질을 아주 뜨거운 것으로 다룰 필요가 있다(3.1절의 시작 부분 참조). 따라서 해리 시대(2.2절 참조) 이후 우주의 변화에 대해서는 프리드만의 먼지가 더 좋다 하더라도 빅뱅 근처에서는 비응집 복사가 훨씬 더 좋은 근사일 것으로 기대된다. 이에 따라 톨먼은 빅뱅에 가까운 우주를 더 잘 기술하기 위해 2.1절의 6가지 프리드만 모형 모두에 대해 복사로 가득한 유사물을 도입하였다. 톨먼 풀이의 일반적인 모습은 그에 상응하는 프리드만 풀이와 크게 다르지 않으며, 그림 2.2와 2.5는 톨먼의 복사 풀이에 대해서도 또한 충분히 잘 들어맞는다. 그림 2.34와 그림 2.35의 엄밀한 등각도형 또한 각각의 톨먼 복사 풀이에 잘 적용된다. 예외가 있다면 그림 2.34(a)에서는 엄밀히 말해 직사각형 그림이 정사각형으로 바뀔 필요가 있다. (엄밀한 등각도형을 그릴 때는 종종 그런 척도 차이를 조정할 만큼 충분한 자유도가 있지만, 이 경우에는 상황이 다소간 너무 엄격해서 이 두 그림 사이의 전체적인 척도 차이를 없앨 수 없는 것으로 드러난다.)

$K > 0$인 경우 그림 3.7의 프리드만 사이클로이드 아치는 톨먼의 복사 모형에서는 그림 3.10의 반원으로 바뀌어야만 한다. 이는 우주의 반지름을 시간의 함수($K > 0$)로 묘사한 것이다. 톨먼의 반원을 자연스럽게 (해석적으로) 연장시켰을 때 그 움직임이 사이클로이드에서 생기는 것과는 판이하게 다르다는 것은 수수께끼 같은 일이다. 왜냐하면 만약 우리가 진짜 해석적 확장을 생각해 보면, 반원은 사실 원으로 완성되어야만 하기

때문이다.[3.29] 만약 우리가 시간변수의 값을 원래 모형의 범위를 넘게 확장시키는 실제 연장을 생각해 보면 이는 전혀 의미가 없다. 기본적으로, 만약 우리가 우주의 반지름을 이 모형의 빅뱅 이전의 위상까지 해석적으로 확장시키려고 한다면 그 값은 허수가 되어야만 할 것이다.[3.30] 따라서 '진동하는' 프리드만의 $K > 0$인 풀이와 함께 생겨나는 형태의 '되 튐'을 제공하기 위해 직접적으로 해석적 확장을 하는 것은 우리가 프리드만의 먼지에서 톨먼의 복사로 옮겨갈 때 의미가 없어 보인다. 우리가 빅뱅 때 기대하는 유별나게 높은 온도 때문에 실제 빅뱅 근처의 움직임에 대해서는 후자가 훨씬 더 현실적이다.

특이점에서의 이런 움직임의 차이는 토드의 제안과 관련해서 중요하다(2.6절 참조). 이는 프리드만 풀이와 그에 상응하는 톨먼 복사 풀이의 빅뱅을 매끈한 3차원 면 $\mathscr{B}$로 '부풀리기' 위해 필요한 등각인수 Ω의 본성과 관계가 있다. 그러한 Ω가 $\mathscr{B}$에서는 무한대가 되기 때문에 우리가 이 상황을 Ω의 역수로 기술하면 더욱 더 명확할 것이다. 이를 위해 나는 소문자 ω를 사용할 것이다.

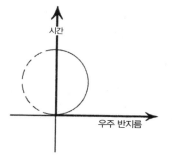

그림 3.10 톨먼의 닫힌 복사로 가득한 우주에서는 반지름 함수가 반원이다.

$$\omega = \Omega^{-1}.$$

(독자들은 여기서, Ω의 정의와 관련해 여기서 사용된 개념과 부록 B에서 사용된 개념 사이에 혼란이 있음에도 불구하고, 여기서 사용된 ω가 실제로 부록 B와 일치함을 다시 확신할 수 있을 것이다.) 프리드만의 경우, 3차원 면 𝓑 가까이에서는 ω라는 양이 국소적인 (등각) 시간변수의 세곱처럼 행동한다(𝓑에서는 0이 된다). 따라서 ω의 부호를 바꾸지 않고 매끄럽게 𝓑를 건너 ω를 연장할 수 있다. 그래서 그 역수인 Ω도 𝓑를 건너갈 때 음수가 되지 않는다(그림 3.11ⓐ). 다른 한편 톨먼 복사의 경우, ω는 그런 국소 시간변수에 곧바로 비례한다 (𝓑에서 0이 된다). 그래서 ω가 매끈하려면 ω의 부호, 따라서 Ω의 부호 자체가 𝓑의 한쪽 면 또는 다른 면에서 음의 값으로 바뀌어야만 한다. 사실 이런 후자의 습성은 CCC에서 일어나는 일에 훨씬 더 가깝다. 우리는 3.2절에서 3차원 면 분기점 앞의 이언이 먼 미래까지 팽창한 것을 매끄럽게 등각 연장시키는 것이 뒤이은 이언에서 음의 Ω값을 가지면서 계속된다(그림 3.11ⓑ)는 것을 보았다. 만약 우리가 분기면에서 $\Omega \mapsto \Omega^{-1}$로 전환하지 않는다면 이 때문에 중력 상수의 부호가 뒤집어지는 재앙을 맞게 된다 (3.2절 참조). 하지만 만약 우리가 이렇게 전환을 하면, 분기점의 빅뱅 면에서의 (−)Ω의 움직임은 프리드만 풀이라기보다는 톨먼 복사 풀이에 대해 우리가 얻게 되는 그런 부류의 움직임이 될 수밖에 없다. 이는 아주 만족스러워 보인다. 톨먼의 복사 모형은 정말로 빅뱅 직후 뒤따르는 시공간에 대해 국소적으로 훌륭한 근사를 제공하기 때문이다. (여기서 나는 2.6절, 3.4절, 3.6절에서 언급했던 이유들 때문에 급팽창의 가능성은 무시하고 있다.)

몇몇 우주학자들이 제안한 아이디어 중에 그림 3.8 같은 프리드만의

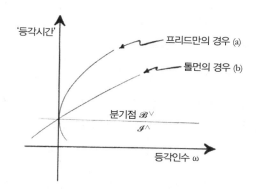

그림 3.11 (a)프리드만의 먼지와 (b)톨먼의 복사에 대한 등각인수 ω의 움직임 비교.후자인 (b)의 경우만 CCC와 부합한다. (용어와 표기법에 대해서는 그림 3.5와 부록 B를 볼 것.)

진동모형 또는 그림 3.9에 묘사했듯 톨먼이 약간 수정한 모형 같은 순환적 모형과 조화를 이루는 아이디어가 있다. 이 아이디어의 기원은 존 휠러인 것으로 보인다. 그는 우주가 이처럼 진동하는 형태의 모형에서 발생하는 반지름이 0인 순간과 같은 특이 상태를 관통할 때, 차원이 없는 자연의 상수들이 바뀔 수도 있다는 흥미로운 제안을 했었다. 물론 우주가 이런 특이 상태를 통과하게 하려면 물리학의 보통의 동역학적 법칙들을 포기해야만 했기 때문에, 왜 우리가 몇몇 법칙들을 더 포기하고 기본 상수들 또한 변하지 않게 해야 하는지 그 이유가 없어 보인다.

하지만 여기에는 한 가지 심각한 문제가 있다. 지구 상의 생명체가 의지하고 있는 것처럼 보이는 자연의 상수들 사이의 관계에는 기묘한 일치가 많이 존재한다는 주장이 종종 제기돼 왔었다. 이들 중 몇몇은 단지 우리가 익숙한 어떤 종류의 생명체에게만 가치 있는 것이기 때문에 기꺼이 기각할 수도 있다. 예컨대 물에서 얼음이 형성될 때 얼음이 물보다 밀도가 덜 높은 것은 이례적이다. 이 때문에 심지어 외부 온도가 어는점 밑으로 떨어질 때에도 생명체는 얼음 표면층의 보호 아래 얼지 않은 채 남아 있는 물속에서 살아남을 수 있다는 미묘한 사실을 결정하는 변수들이 있다. 다른 상수들은 더 문제가 되는 도전적인 과제들을 제시하는 것 같다. 만약 중성자가 양성자보다 단지 아주 약간 더 무겁지 않았다면 화학은 전체적으로 불가능했을 것이라는 우려 같은 경우가 그렇다. 이 사실 때문에 그처럼 전체적으로 다양하게 다른 종류의 안정적인 원자핵 — 이것이 모든 다른 화학 원소들의 기저에 깔려 있다 — 이 존재하는 것이다. 그렇지 않았다면 그런 원자핵들은 생겨나지 않았을 것이다. 그처럼 명확한 우연의 일치들 가운데 가장 두드러진 것 중 하나는 프레드 호일이 놀랍게도 특정한 에너지 준위의 탄소가 존재한다고 예견한 것을 윌리엄 파울러가 확증한 것이다. 이 에너지 준위가 존재하지 않았다면 별 속에서 무거운 원소를 생성하는 과정이 탄소를 넘어 진행되지 못했을 것이다. 이렇게 되면 행성들에는 질소, 산소, 염소, 나트륨, 황, 그리고 수많은 다른 원소들이 없었을 것이다. (파울러는 1982년 이 공로로 찬드라세카르와 함께 노벨상을 받았다. 하지만 이상하게도 호일은 빠졌다.)

'인류 원리anthropic principle'라는 용어는 브랜던 카터가 이름 지었다. 그는 상수들이 이 특별한 우주에서, 이 특별한 우주의 이 특별한 장소 또는 특별한 시간에 정확하게 그 값이 아니었다면, 우리는 이 상수들이 지적인 생명체가 가능하도록 하는 적당한 값을 가진 다른 우주에서 우리 자신을 발견했어야만 했을 거라는 생각을 진지하게 연구하였다.[3.31] 이처럼 극도로 당황스럽지만 대단히 논쟁적인 일군의 발상들을 여기서 계속 쫓아가는 것은 내 의도가 아니다. 이 문제에 대한 나의 입장이 무엇인지

그림 3.12 새로운 '이언'이 블랙홀 특이점에서 생겨난다는 스몰린의 우주에 대한 낭만적인 그림.

나 자신도 전혀 확신할 수는 없다. 다만, 내게는 그럴듯하게 들리지 않는 이론적 제안들을 뒷받침하기 위해 종종 이 원리를 너무 많이 신뢰하는 건 아닌가 하고 생각한다.[3.32] 여기서 나는 단지, CCC에 부합하여 하나의 이언에서 다음으로 넘어갈 때 말하자면 3.2절에서 말했던 'N'의 값이 변할 여지가 있을 수도 있다는 점을 지적하고자 한다. 이 값은 폭넓게 상이한 물리학의 근본적인 무차원 상수들 사이의 다양한 비율을 결정하는 것 같은 힘을 가졌다. 이 문제는 3.6절에서 다시 다룰 것이다.

휠러의 아이디어는 또한 리 스몰린이 1997년 그의 책『우주의 생명*Life of the Cosmos*』에서 제시한 더욱 기괴한 제안으로 편입되었다.[3.33] 스몰린은 블랙홀이 만들어질 때 그 내부의 붕괴하는 영역 — 알려지지 않은 양자 중력의 효과를 통해 — 이 어떤 종류의 '튕김'에 의해 팽창하는 영역으로 전환되며 각 영역은 새로이 팽창하는 우주 위상의 씨앗이 된다는 매력적인 제안을 하였다. 각각의 새로운 '아기 우주'는 그리고서 '성숙한' 우주로 팽창하며 거기에는 자기 자신의 블랙홀이 있고, 다시 그 속에 우주가 있고, 그런 식으로 계속 진행된다(그림 3.12 참조). 이와 같은 붕괴→팽창의 과정은 분명히 CCC(그림 3.2 참조)와 관련 있는 등각적으로 매끈한 그런 부류의 전이와는 아주 달라야만 할 것이다. 그리고 제2법칙과의 관계도 애매하다. 그럼에도 불구하고 이 모형은 자연선택이라는 생물학적 원리의 관점에서 연구될 수 있다는 장점을 갖고 있다. 그리고 그것은 전적으로 의미 있는 통계적 예측이 없는 것도 아니다. 스몰린은 그런 예측을 하려고 의미 있는 시도를 하였고 블랙홀과 중성자별에 대한 관측 통계와 비교하였다. 여기서 휠러 아이디어의 역할은 차원이 없는 상수들이 각각의 붕괴→팽창의 과정에서 오직 적당하게만 변할 것이라는 점이다. 그래서 새로운 블랙홀을 형성하는 성질 속에 어떤 종류의 '유전형질'이 있을 것이고 이는 일종의 자연선택의 영향하에 놓여 있다.

나 자신의 관점에서 보자면 끈 이론의 아이디어에 의존해서 작동하는 그런 우주론적 제안들, 그리고 그것들이 공간 덧차원의 존재 — 끈 이론이 주장하듯이 — 에 의존한다는 것이 그보다 덜 환상적이지도 않은 것 같다. 내가 아는 한 그런 선 빅뱅 제안 중 가장 앞선 것은 가브리엘레 베네치아노Gabriele Veneziano의 제안이었다.[3.34] 이 모형(CCC보다 약 7년 앞선)은 CCC와 몇몇 강점을 공유하는 것 같다. 특히 등각 척도 재조정의 역할과의 관계, 그리고 '급팽창 시기'가 우리가 현재 경험하는 위상보다 앞선 우주의 위상에서 일어나는 지수 함수적 팽창에 더 가깝다고 생각할 수 있다는 발상과의 관계에서 그렇다(3.4절, 3.6절 참조). 다른 한편, 이는 끈 이론의 문화에서 유래한 아이디어에 의존하고 있다. 그 때문에 여기서 제시한 CCC 안과 직접 연결하기가 어렵다. 특히 내가 3.6절에서 다시 논의할 CCC의 명쾌한 예측요소들과의 관계에서 그렇다.

보다 최근에 폴 슈타인하르트Paul Steinhardt와 네일 튜록Neil Turok이 제안한 것에도 또한 비슷한 소견이 적용된다.[3.35] 여기서는 'D막의 충돌collision of D-brane'을 통해 하나의 '이언'이 그다음 이언으로 전이된다. D막은 보통의 4차원 시공간이라는 개념에 부속된 보다 높은 차원의 구조물이다. 여기서는 분기점이 10^{12}년의 두어 배 정도 되는 때에만 생기는 것으로 여겨진다. 이 정도면 현재 천체물리학적인 과정을 통해 생겨나는 것으로 믿어지는 모든 블랙홀이 여전히 도처에 있을 것이다. 게다가 이와는 별도로, 끈 이론 문화에서 나온 개념들에 의존하기 때문에 또다시 CCC와 명확히 비교하는 것이 어렵다. 만약 이런 틀이, 덧차원 구조물의 역할은 오직 근사적일 뿐이라 할지라도 4차원 동역학으로 부호화시키고, 어떤 식으로든 좀 더 통상적인 4차원 시공간에 기초를 둔 것으로 볼 수 있는 방식으로 다시 정식화할 수 있다면 이 점은 아주 명확해질 것이다.

위에서 말한 틀에 더해, 이전의 붕괴하는 우주의 위상에서 그다음의 팽창하는 우주로의 '튕김'을 얻기 위해 양자 충력에서 유래한 아이디어를 사용하려는 시도가 많이 있다.[3.36] 이런 시도들에서는 최소 크기의 순간에 고전적으로 발생하는 특이 상태를 비특이 양자변화가 대체하는 것으로 여긴다. 이를 이루기 위한 많은 시도에서는 저차원으로 단순화된 모형이 종종 사용된다. 비록 4차원 시공간에 대한 의미가 전혀 분명하지 않더라도 말이다. 게다가 양자변화를 꾀하는 대부분의 시도에서 특이점들이 여전히 제거되지 않는다. 현재까지 비특이성 양자 튕김에 대한 가장 성공적인 제안은 고리변수를 사용해서 양자 중력에 접근하는 것으로 보인다. 아쉬테카르Ashtekar와 보요발트Bojowald는 이 변수들을 써서 고전적으로는 우주 특이점이었던 것을 통한 양자변화를 얻었다.[3.37]

하지만 내가 말할 수 있는 한, 이 장에서 기술한 선 빅뱅 제안 중 어떤 것도 1장에서 기술한 것처럼 제2법칙이 제기한 근본적인 이슈 속으로 진지하게 파고들지 못했다. 그 어떤 것도 빅뱅에서의 중력 자유도를 억제하는 문제를 명시적으로 다루지 않는다. 이것은 2.2절, 2.4절, 2.6절에서 강조했듯이 우리가 발견한 특별한 형태에서 실제로 제2법칙의 근원에 대한 열쇠이다. 사실 위의 제안 대부분은 FLRW 모형의 영역 안에 확고하게 자리 잡고 있어서, 이런 본질적인 문제들을 다루는 데에 가까이 다가가지 못한다.

그러나 심지어 20세기 초기의 우주학자들도 FLRW 대칭성을 벗어나는 것이 허용되자마자 상황이 아주 달라질 것임을 확실히 알고 있었다. 아인슈타인 자신은 불규칙성을 도입하면 특이점을 피할 수 있을 것이라는 기대감을 드러냈었다[3.38](이는 리프시츠와 칼라트니코프가 훨씬 나중에 연구한 것과 꽤 똑같은 관점으로, 이들과 벨린스키가 그 오류를 지적하기 전이다. 2.4절을 참조하기 바란다). 이제는 명확해졌듯이, 1960년대 후반의 특이점 정리를 따르면 고전적인 일반 상대성 이론의 틀 안에서는 이런 희망을 현실화시킬 수 없다.[3.39] 그리고 이런 형태의 모형은 불가피하게 시공간 특이점을 직면하게 된다. 게다가 우리는 붕괴하는 위상에서 그런 불규칙성이 존재하면, 그리고 2.6절에서 제안한 심상에 따라 중력 붕괴를 동반하는 엄청난 엔트로피 증가에 부합해서 무자비하게 증식한다면, 그렇다면 붕괴하는 위상이 빅 크런치에서 얻게 될 기하가 — 등각(영뿔) 기하라 하더라도 — 뒤이은 이언의 훨씬 더 매끈한(FLRW 같은) 빅뱅과 맞물릴 가능성은 없다.

따라서 만약 우리가 중력 자유도가 완전히 활성화된 상태에서 선 빅뱅 위상이 정말로 제2법칙과 부합되게 행동해야 한다는 관점을 가지려면, 고전적이든 양자적이든 직접적인 튕김과는 아주 다른 뭔가가 수반되어야만 할 것 같다. 분명히 다소간 이상해 보이는 CCC라는 아이디어를 제시하는 주된 이유 중 하나는 나 자신이 이 심각한 문제를 다루고자 시도해 보려는 것이다. 실제 그렇듯이 이는 하나의 이언과 그다음 사이에 요구되는 기하학적 맞춤을 허용하는 무한 척도의 변화를 수반한다. 그러나 한 가지 심오한 수수께끼가 남아 있다. 그럼에도 불구하고 어떻게 그런 순환적 과정이 이언 다음의 이언 다음의 이언…… 을 통틀어 엔트로피가 연속적으로 증가하면서 제2법칙과 부합될 수 있을까? 이러한 도전적 과제는 이 책이 전체적으로 떠안고 있는 핵심 사항이다. 다음 장에서는 진지하게 이 문제와 대면해 볼 필요가 있을 것 같다.

3.4

제2법칙 바로잡기

이 전체 기획을 촉발시킨 문제, 즉 제2법칙의 기원으로 돌아가 보자. 우선 명확히 할 사항은 하나의 수수께끼를 마주해야 한다는 점이다. 그것은 CCC와 무관하게 우리가 직면하게 될 수수께끼이다. 이 문제는 우리 우주 — 또는 우리가 CCC를 생각하고 있다면 현재의 이언 — 의 엔트로피가 엄청나게 증가하고 있는 것처럼 보인다는 명백한 사실과 관계가 있다. 아주 초기 우주와 아주 먼 미래가 불편하게도 서로 비슷하다는 사실에도 불구하고 말이다. 물론 이 둘은 거의 일치한다는 의미에서 실제로 비슷한 것은 아니다. 하지만 유클리드 기하학에서 일반적으로 적용되는 그 단어의 용법, 즉 그 둘 사이의 구분이 단지 엄청난 척도변화인 것처럼 보인다는 점에 따르면 그 둘은 놀라우리만치 '비슷하다'. 게다가 그 어떤 전체적인 척도의 변화도 본질적으로 엔트로피 — 그 양이 볼츠만의 놀라운 공식으로 정의된(1.3절에서 주어진) — 측정과는 무관하다. 이는 3.1절의 끝에서 지적했듯이 위상공간의 부피는 등각 척도 변화에 의해 바뀌지 않는다는 중요한 사실 때문이다.[3.40] 하지만 우리 우주에서는 중력 뭉침의 효과를 통해 엔트로피가 정말로 엄청나게 증가하는 것처럼 보인다. 우리의 수수께끼는 어떻게 이런 명백한 사실들이 서로 잘 들어맞는지를 이해하는 것이다. 몇몇 물리학자들은 우리 우주가 취하는 궁극적인 최대 엔트로피는 블랙홀로 뭉쳐지는 것에서 생겨나는 것이 아니라, 우주사건지평선의 베켄슈타인-호킹 엔트로피에서 생긴다고 주장해 왔다. 이 가능성은 3.5절에서 다룰 것이다. 거기서 나는 그것이 이 장의 논의들을 무용지물로 만들지 않는다는 점을 논증할 것이다.

빅뱅에서 중력 자유도를 없애기 위해 어떤 적절한 조건이 부여된, 그래서 낮은 중력 엔트로피를 가진 초기 우주의 그럼직한 상태를 좀 더 조심스럽게 조사해 보자. 우주 급팽창을 고려할 필요가 있을까? 독자들은 내가 이 추정적인 과정의 실체에 대해 회의적임을 알게 됐겠지만(2.6절), 전혀 문제가 되지 않는다. 이 논의에서 그것은 별 차이가 없다. 우리는 급팽창의 가능성을 무시하거나, 또는 급팽창 위상이 이전 이언의 지수 함수적으로 팽창하는 위상인 것으로 CCC가 급팽창을 단지 다르게 해석할 수도 있다는 관점을 취하거나(3.6절 참조), 또는 그 상황이 급팽창이 막 끝난 것으로 여겨지는 우주의 '순간' — 대략 10^{-32}초 근방 — 을 단지 뒤따른다고 여길 수도 있다.

3.1절의 앞부분에서 주장했듯이 이 초기우주 상태(즉 대략 10^{-32}초 근방)는 등각적으로 불변인 물리학이 지배하며 실질적으로 질량이 없는 요소들이 거주한다고 가정하는 것이 합당하다. 2.6절의 토드의 제안이 그 모든 세세한 면에서 옳든 그렇지 않든, 중력 자유도가 정말로 엄청나게 억제된 초기 우주 상태를, 등각적 늘림을 통해 여전히 본질적으로 질량이 없는 내용물, 아마도 주로 광자들이 살고 있는 매끈한 비특이적 상태가 되는 그런 상태로 여기더라도 지나치게 잘못된 것은 아닌 것 같다. 우리는 또한 암흑물질 속의 부가적인 자유도를 생각할 필요가 있다. 이 또한

그런 초기의 순간에는 실질적으로는 질량이 없는 것으로 여겨진다.

시간 척도의 또 다른 끝단에는 궁극적으로 지수 함수적으로 팽창하는 드 지터 같은 우주(2.5절)가 있다. 여기서도 또한 질량이 없는 요소들(광자)이 주로 살고 있다. 안정적이고 무거운 입자들로 구성된 다른 부랑자 물질이 있을지도 모르지만, 엔트로피는 거의 전적으로 광자들 속에 있을 것이다. 만약 우리가 빅뱅에 가까운(말하자면 10^{-32}초에서) 상황을 등각적으로 늘려서 얻은 것과 전혀 다르지 않은 매끈한 우주의 상태를 얻기 위해 먼 미래를 등각적으로 으깰 수 있다고 가정하더라도 우리는 여전히 아주 잘못된 길로 가는 것은 아닌 것 같다(3.1절에서 인용한 프리드리히 결과에 기대어). 오히려 늘려진 빅뱅에 더 많은 자유도가 활성화되었을지도 모를 일이다. 왜냐하면 암흑물질 속에서 활성화됐을지도 모를 자유도에 더해, 토드의 제안에 따르면 여전히 CCC가 요구하는 $C=0$인 요구조건보다도 0이 아닌(하지만 유한한) 바일 텐서 C 속에 중력 자유도가 존재할 수 있기 때문이다(2.6절, 3.2절 참조). 하지만 그런 자유도가 정말로 존재한다면, 10^{-32}초와 아주 먼 미래 사이에 절대적으로 엄청난 엔트로피의 증가가 확실히 발생해야만 함에도 아주 초기 우주의 엔트로피가 아주 먼 미래에 발견될 엔트로피보다 (실제로 더 크지는 않더라도) 더 작기가 어려워 보인다는 문제에 직면하게 된다. 이는 우리의 수수께끼를 더욱 심각하게 만들 뿐이다.

이 수수께끼를 적절하게 다루기 위해서는 우리가 예상하는 엄청난 엔트로피의 증가에 주요하게 기여하는 것의 성질과 크기를 이해할 필요가 있다. 현재로서는 우주의 엔트로피에 주로 기여하는 것이 단연 대부분(또는 전부?)의 은하 중심에 있는 거대한 블랙홀에서 오는 것 같다. 일반적으로 은하 속 블랙홀의 크기를 정확하게 추정해서 알아내기가 어렵다. 블랙홀은 그 본성상 보기 어렵다! 하지만 우리 자신의 은하가 꽤 전형적이라 할 수 있고, 또한 약 $4 \times 10^6 M_\odot$(2.4절 참조)인 블랙홀을 간직하고 있는 것 같다. 베켄슈타인-호킹의 엔트로피 공식에 따르면 이는 우리 은하에 대한 중입자당 엔트로피가 약 10^{21}임을 뜻한다(여기서 '중입자'는 사실상 양성자나 중성자를 뜻하는데, 기술의 편의를 위해 나는 중입자 수가 보존된다고 생각하고 있다 — 이 보존법칙이 깨진 경우는 아직 관측되지 않았다). 따라서 이 숫자를 일반적으로 우주 속의 현재의 중입자당 엔트로피에 대한 그럴듯한 추정이라고 받아들이자.[3.41] 중입자당 엔트로피가 대략 10^9보다 크지 않은 CMB가 그다음으로 엔트로피에 가장 크게 기여하는 것 같다는 점을 명심한다면, 해리의 시대 이후(10^{-32}초 이후는 말할 것도 없고) 이미 엔트로피가 얼마나 엄청나게 증가했는지, 그리고 이렇게 엄청난 엔트로피의 증가에 기본적으로 원인이 되는 것은 블랙홀 엔트로피임을 알 수 있다. 좀 더 극적으로 보여주기 위해, 보다 일상적인 개념으로 이것을 써 보자. CMB의 중입자당 엔트로피는 대략 1,000,000,000이다. 반면 (위의 추정을 따르면) 현재 중입자당 엔트로피는 대략

$$1,000,000,000,000,000,000,000$$

으로서 주로 블랙홀 안에 있다. 게다가 우리는 이런 블랙홀들 그리고 결과적으로 우주 속의 엔트로피가 미래에는 아주 상당하게 증가하여 이 숫자조차도 먼 미래에는 끔찍하게 압도당할 것으로 기대해야만 한다. 따라서 우리의 수수께끼는 다음과 같은 질문의 형태를 띤다. 이것이 어떻게 이 장의 앞부분에 말했던 것과 조화를 이룰 수 있는가? 이 모든 블랙홀 엔

트로피에 궁극적으로 무슨 일이 벌어질 것인가?

우리는 엔트로피가 어떻게 궁극적으로 그처럼 엄청난 차수만큼 줄어든 것처럼 보일 것인지를 이해하기 위해 노력해야만 한다. 그 모든 엔트로피가 어디로 가 버렸는지를 알아보기 위해, 엄청난 엔트로피 증가의 원인인 그 모든 블랙홀의 운명이 아주 먼 미래에 정말로 어떻게 될 것인지 돌아보자. 2.5절에서 말했던 것을 따르면 약 10^{100}년 정도 뒤에는 블랙홀들이 모두 호킹 복사의 과정을 통해 증발해 사라질 것이며 각각은 최종적으로 '펑' 하고 사라질 것으로 여겨진다.

블랙홀이 물질을 삼켜 엔트로피가 증가하고, 또한 호킹 복사 때문에 그 크기(그리고 질량)가 결국에는 줄었다는 것은 제2법칙과 완전히 부합한다는 점을 명심해야만 한다. 그뿐만 아니라, 이런 현상은 제2법칙을 직접적으로 암시하고 있다. 이것을 일반적인 방식으로 이해하기 위해 (어떤 중력 붕괴로 먼 과거에 형성된 것으로 여겨지는) 블랙홀의 온도와 엔트로피에 대한 호킹의 절묘한 1974년 초기 논증까지 이해할 필요는 없다. 만약 우리가 2.6절의 베켄슈타인-호킹 엔트로피 공식에서 나타나는 정확한 계수 $8kG\pi^2/ch$에 별 관심이 없다면, 그리고 이에 대한 어떤 근사에 만족한다면, 그렇다면 우리는 순전히 베켄슈타인[3.42]이 1972년에 처음으로 보인 것으로부터 블랙홀 엔트로피의 일반적인 형태가 타당하다고 할 수 있다. 이는 전적으로 제2법칙과 양자역학적 그리고 일반상대론적 원리에 입각하여, 블랙홀 속으로 물체를 내려보내는 것과 관련된 사고실험에 적용해서 얻은 물리학적 논증이다. 호킹의 블랙홀 표면 온도 T_{BH}는 회전하지 않는 블랙홀의 질량 M에 대해

$$T_{\mathrm{BH}} = \frac{K}{M}$$

이며(상수 K는 사실 $K = 1/(4\pi)$로 주어진다), 이는 일단 엔트로피 공식을 받아들이면 표준적인 동역학적 원리[3.43]들로부터 도출된다. 이는 무한대에서 본 온도이며, 블랙홀이 복사하는 비율은 반지름이 블랙홀의 슈바르츠실트 반지름(2.4절 참조)인 구 전체에 걸쳐 이 온도가 균일하게 퍼져 있다고 가정하면 결정된다.

내가 여기서 이런 점들을 힘주어 말하는 이유는 블랙홀 엔트로피와 온도, 그리고 이런 이상한 존재의 호킹 복사 과정이, 비록 낯선 성질을 가졌다 하더라도, 우리가 익숙한 근본 원리들(대체로는 특히 제2법칙)과 잘 들어맞는, 우리 우주 물리학의 아주 중요한 요소들임을 단지 강조하기 위함이다. 블랙홀이 소유한 엔트로피가 엄청난 것은 그 비가역적인 성질과 정지한 블랙홀의 구조는 그 상태를 특징짓기 위해 아주 작은 숫자의 변수만 필요할 뿐이라는 놀라운 사실로부터 기대할 수 있다.[3.44] 이런 변수들 값의 임의의 특별한 집합에 상응하는 위상공간의 부피가 틀림없이 엄청날 것이므로, 볼츠만의 공식(1.3절)은 아주 큰 엔트로피를 시사한다. 물리학은 전체적으로 일관성이 있으므로, 우리는 블랙홀의 역할과 습성에 대한 현재 우리의 일반적인 심상이 정말로 사실일 것으로 기대할 만한 많은 근거를 갖고 있다. 한 가지 예외가 있다면 블랙홀 존재의 마지막 순간 최종적인 '펑'이 다소 추측일 뿐이라는 것이다. 그럼에도 불구하고 그 단계에서 그 외에 어떤 일이 벌어질 수 있을지 생각해 보기도 쉽지 않다.

하지만 우리가 정말로 그 '펑'을 믿을 필요가 있을까? 블랙홀이 기술하는 시공간이 고전척(즉 비양자적)인 기하로 남아 있는 한, 그 복사는 블랙홀이 유한한 시간 안에 사라지도록 하는 비율로 블랙홀에서 질량/에너지를 계속해서 끄집어낼 것이다. 이 시간은 만약 더 이상 어떤 것도 블랙홀 속으로 떨어지지 않는다면 질량 M인 블랙홀에 대해 ~$2 \times 10^{67}(M/M_\odot)^3$년이다.[3.45] 하지만 얼마나 오랫동안 고전적인 시공간 기하라는 개념이 믿을 만한 심상을 제공해 줄 것으로 기대할 수 있을까? (단지 차원만을 고려하면) 블랙홀이 터무니없이 작은 ~10^{-35}m(고전적인 양성자 반지름의 약 10^{-20}배)의 플랑크 차원 l_P에 이르러서야 우리는 대개 어떤 형태의 양자 중력이 연루되어야만 할 것으로 예상한다. 하지만 그렇게 아주 나중의 단계에서 무슨 일이 벌어지든지 남겨진 질량은 아마도 기껏 플랑크 질량 m_P 근방의 어느 값이 될 것이며, 에너지 내용물은 기껏 플랑크 에너지 E_P 정도일 것이다. 그래서 그것이 대략 플랑크 시간 t_P보다 훨씬 더 오래 지속될 수 있으리라고 보기는 어렵다(3.2절 후반부 참조). 어떤 물리학자들은 그 마지막 순간이 질량 ~m_P의 안정적인 잔해일지도 모른다는 가능성을 타진했었다. 하지만 이는 양자장론에 몇몇 난점들을 야기하게 된다. 게다가 블랙홀의 최종적인 운명이 무엇이든 간에, 그 존재의 최종상태는 블랙홀의 원래 크기와는 무관한 것으로 보이며, 블랙홀 질량/에너지의 단지 끔찍하리만치 미세한 일부와만 관계가 있어야 한다. 블랙홀의 이 미세한 잔해의 최종상태에 대해서는 물리학자들 사이에서도 완전한 의견일치가 없는 듯하다.[3.47] 하지만 CCC는 정지질량을 가진 그 어떤 것도 영원히 지속해서는 안 된다는 것을 요구하기 때문에, 그 '펑'이라는 심상은 (그 '펑' 속에서 생성된 임의의 무거운 입자의 정지질량이 궁극적으로 붕괴해 없어진다는 점과 함께) CCC의 관점에서 아주 받아들일 만하다. 그리고 이는 또한 제2법칙과 부합한다.

하지만 이 모든 일관성에도 불구하고 블랙홀에 대해서는 뭔가 뚜렷하게 기묘한 것이 존재한다. 시공간의 미래로의 진화가 불가피하게 내적인 시공간 특이점을 야기한다는 면에서 그렇다. 이는 미래로 변화하는 물리적 현상들 가운데 독보적으로 보인다. 비록 이 특이점이 고전적인 일반 상대성 이론(2.4절, 2.6절)의 결과이기는 하지만 시공간의 곡률반경이 극도로 미세한 척도인 플랑크 길이 l_p(3.2절 끝 부분 참조)까지 내려가기 시작해서 엄청난 시공간 곡률을 대면하게 될 때까지, 양자 중력적인 고려를 한다고 해서 이 고전적인 기술을 심각하게 수정해야 한다고 믿기는 어렵다. 특히 은하 중심의 거대한 블랙홀에 대해서는 그처럼 작은 곡률반경이 제 모습을 드러내기 시작하는 곳은 고전적인 시공간의 심상에서 특이점을 품고 있는 끔찍하게도 미세한 영역이 될 것이다. 시공간에 대한 고전적인 기술에서는 '특이점'이라고 불리는 위치가 사실은 '양자 중력이 접수하기 시작하는' 곳으로 여겨져야만 할 것이다. 하지만 사실상 이는 별 차이가 없다. 왜냐하면 연속적인 시공간이라는 아인슈타인의 심상을 대체할, 일반적으로 받아들여지는 수학적 구조가 없기 때문이다. 그래서 우리는 더 이상 무슨 일이 벌어지는지 묻지 않는다. 다만 거칠게 발산하는(BKL 형태의 혼돈적인 움직임(2.4절, 2.6절)과 부합하여 운동하는 것도 가능한) 곡률의 특이성 경계에 인접할 뿐이다.

고전적인 심상에서 이 특이점의 역할을 더 잘 이해하기 위해서는 그림 3.13의 등각도형을 더 잘 살펴보는 것이 좋다. 이 그림의 두 부분은 기본적으로 각각 그림 2.38(a)와 그림 2.41을 다시 그린 것이다. 이 그림들은 엄밀한 등각도형으로 해석했을 때 정확한 구형 대칭성과 부합한다. 이 대칭성은 붕괴할 때 불규칙성이 존재할 때면 언제나 전혀 정확하게 남아

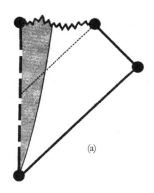
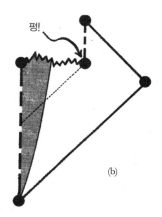

그림 3.13 (a)블랙홀로의 중력 붕괴. (b)호킹 증발에 뒤이은 붕괴를 나타내기 위해 불규칙적으로(대칭성 부족을 암시하기 위해) 그린 등각도형. 강력한 우주검열에 따라 특이점은 공간성으로 남아 있다.

있지 않을 것이다. 하지만 만약 우리가 '펑' 바로 직전까지 계속 강력한 우주검열을 가정한다면(2.5절 끝 부분과 2.6절 참조)[3.48] 특이점은 본질적으로 공간성이어야만 하며, 그림 3.13의 그림들은 고전적인 특이점 근처의 시공간 기하에서 극도의 불규칙성이 있음에도 불구하고, 정성적으로는 도식적인 등각도형으로서 적절하게 남아 있다.

양자 중력의 효과가 고전적인 시공간의 심상을 무력화시킬 것으로 기대되는 영역은 정말로 특이점에 아주 가까울 것이다. 여기서 시공간 곡률은 극단에 이르기 시작하고 고전적인 시공간 물리학은 더 이상 믿을 수가 없게 된다. 이 단계에서는 CCC의 '3차원 면 분기점'과 연관된 것과 같은 관점을 받아들일 가망이 거의 없어 보인다. 거기서는 '다른 면'까지 어떤 종류의 연속에 이르기 위해 시공간이 그 특이점을 매끈하게 관통해 연장될 수 있었다. 사실 토드의 제안은 빅뱅 때 직면하는 잘 길들여진 특이점과 블랙홀의 특이점에서 기대할 수밖에 없는 — 아마도 혼돈스러운 BKL 성질의 — 그런 종류의 것들을 구분하려는 의도에서였다. 3.3절(그림 3.12)에서 묘사했던 스몰린의 자극적인 제안에도 불구하고, 나는 어떤 종류의 '튕김'을 우리에게 하사해 주는 구세주 같은 양자 중력에 대한 희망을 거의 찾을 수 없다. 그 튕김을 위해서는 창발하는 시공간이 어떤 직접적인 의미에서든 기본적으로 시간 대칭적인 어떤 종류의 근본적인 물리적 과정에 따라 들어오는 것을 반영한다. 만약 가능하다면, 그림 2.46의 화이트홀의 성질을 가진 뭔가 또는, 2.6절(그림 3.2와 반대)에서 고려했던 뒤죽박죽으로 갈라지는 화이트홀이 창발할 것이다. 그런 습성은 확실히 우리가 익숙한 우주에서 우리가 발견하는 그런 종류의 상황들과는 아주 다를 것이며 우리가 경험하는 제2법칙과 닮은 그 어떤 것도 갖지 않을 것이다.

그럼에도 불구하고 그런 영역에서는 — 적어도 우리가 고려할 수 있을 것으로 보이는 어떤 종류의 물리적 변화에 따르더라도 — 물리학이 종말을 맞게 되는 일이 벌어질 것 같다. 또는 만약 그렇지 않다면 우리가 알고 있는 우주와는 완전히 생소한 성격을 가진 어떤 부류의 우주 체계에서도 물리학이 계속 작동할 것이다. 어떤 경우든 특이성 영역에 직면하는 물질은 우리가 아는 우주에서 실종되며, 그 물질이 지닌 어떤 정보도 또한 실종되는 것 같다. 그런데 그게 정말 사라진 것일까? 아니면 그림 3.13(b)의 도형에서 어떤 식으로든 옆길로 샐 수 있을까? 거기서는 시공간의 기하에 대한 보통의 생각을 양자역학이 비틀어서, 2.3절의 보통 인과율에 따르면 위법이었을 그런 부류의 외견상 공간성 진행을 다소간 허용한다. 설령 그렇다 하더라도, 그런 방식으로 '펑'의 순간보다 아주 훨씬 더 이전에 이 정보 중 어떤 것도 빠져나오는 것을 보기 어렵다. 그래서 커다란 블랙홀, 말하자면 태양 질량의 수백만 배에 달하는 블랙홀을 만드는 데에 들어간 그 물질 속에 담겨 있었던 많은 양의 정보는 단지 그 한순간 근처에서, 그리고 '펑'을 구성하는 그 미세한 영역에서 어떻게든 모두 넘쳐날 수 있을 것이다. 개인적으로 나는 이것을 믿기가 대단히 어렵다. 그런 시공간 특이점을 향해 미래로 변화하는 모든 과정에 담겨 있는 정보는 변화와 함께 파괴된다는 것이 내게는 훨씬 더 그럴듯해 보인다.

하지만 종종 다음과 같은 주장이 대안으로 제기되었다.[3.49] 즉 어떻게든 정보가 '양자 얽힘quantum entanglement'이라 불리는 것에 암호화되어 아주 오랜 시간 동안 '빠져나오고' 있었다는 것이다. 양자 얽힘은 블랙홀에서 나오는 호킹 복사 속에서 미묘한 상관관계로 표현된다. 이 관점에서는 호킹 복사가 정확하게 '열적'(또는 '무작위')이지 않다. 그러나 특이점에서 빼낼 길 없이 잃어버렸던 것으로 보였던 모든 정보가 어떻게든 블랙홀 밖에서는 전부 (반복해서?) 고려된다. 다시 한번 나는 그러한 제안에 대해 심각한 의문을 가졌다. 이런 부류의 제안을 따르면 특이점 근처로 향하는 그 어떤 정보라 할지라도 이러한 외적 얽힘 정보로서 어떻게든 '반복되거나' 또는 '복사되어야만' 할 것 같다. 이는 그 자체로 기본적인 양자 원리를 위배한다.[3.50]

게다가 호킹은 1974년 블랙홀에서 방출되는 열적 복사의 존재를 증명하는 자신의 원래 논증에서,[3.51] 시험 파동의 형태로 들어오는 정보는 블랙홀을 탈출하는 것과 그 속으로 떨어지는 것 사이에서 공유되어야만 할 것이라는 사실을 명시적으로 사용하였다. 블랙홀 밖으로 나오는 것은 지금 우리가 호킹 온도라고 부르는 것과 정확하게 똑같은 온도의 열적 성질을 가져야만 한다는 결론에 이르게 한 것은, 블랙홀로 떨어지는 일부는 돌이킬 수 없이 상실된다는 가정이었다. 이 논증은 그림 2.38(a)의 등각도형에 의지하고 있다. 이는 내가 보기에 들어오는 정보는 정말로 블랙홀 속으로 떨어지는 것과 무한대로 탈출하는 것 사이에 공유된다는 것을 명시적으로 분명히 하고 있다. 여기서 블랙홀로 떨어지는 정보는 상실된다. 이는 그 논의의 핵심적인 부분이다. 사실 여러 해 동안 호킹 자신은 블랙홀 속에서 정보가 정말로 사라진다는 관점을 가장 강력하게 옹호했던 사람 중 한 명이었다. 하지만 2004년 더블린에서 개최된 17회 일반상대성 이론과 중력에 관한 국제학회에서 호킹은 자신의 마음을 바꾸었다고 선언했으며, 그가 (킵 손Kip Thorne과 함께) 존 프레스킬John Preskill과 했던 내기를 공식적으로 무르면서, 자신이 실수를 저질렀고 지금은 정보가 사실 블랙홀 밖으로 모두 회수되어야만 함을 믿는다고 주장했다.[3.52] 이건 확실히 내 개인적인 의견이지만 호킹은 자신의 무기를 계속 움켜쥐고 있어야만 했다. 그의 이전 관점이 진실에 훨씬 더 가까웠기 때문이다!

하지만 호킹의 수정된 의견은 양자장 이론가들 사이의 '통상적인' 관점으로 여겨지는 것과 훨씬 더 긴밀히 연결돼 있다. 사실 물리적 정보가 실제로 파괴된다는 것은 대부분의 물리학자가 끌릴 만한 뭔가가 아니다. 블랙홀 속에서 이런 식으로 정보가 파괴된다는 생각은 종종 '블랙홀 정보역설'로 불린다. 물리학자들이 이 정보 손실을 난감해하는 주된 이유는 블랙홀의 운명을 양자 중력으로 적절하게 기술하는 것이 일원적 변화로 알려진 양자 이론의 근본적인 원리 중 하나에 부합해야 한다는 믿음을 물리학자들이 유지하고 있기 때문이다. 이 원리는 근본적인 슈뢰딩거 방정식의 지배를 받기 때문에 기본적으로 양자계가 시간 대칭적이고 결정론적으로 변화한다는 원리이다.[3.53] 바로 이 성질로 인해 정보는 가역성 때문에 일원적 변화 과정에서 사라질 수 없다. 그래서 블랙홀 호킹 복사의 필수적인 요소처럼 보이는 정보 손실은 사실 일원적 변화와 부합하지 않는다.

여기서 양자이론의 세세한 부분까지 논의할 수는 없다.[3.54] 하지만 논의의 진전을 위해 기본적인 아이디어를 간단히 언급하는 것도 중요할 것이다. 특정한 시간에서의 양자 계에 대한 기본적인 수학적 계산서는 그 계의 양자 상태 또는 파동함수로 주어지는데 이는 주로 그리스 문자 ψ로 표기한다. 위에서 말했듯이, 양자 상태 ψ는 그 자체로 내버려 뒀을 때 슈뢰딩거 방정식에 의해 시간에 따라 변화한다. 이는 일원적 변화로서 결정론적이며 기본적으로 시간 대칭적이고 연속적인 과정이다. 이를 위해 나는 문자 $\mathbf{U}$를 사용할 것이다. 하지만 어떤 관측 가능한 변수 q가 어떤 시간 t에 어떤 값을 취할 것인지 확인하기 위해서는 ψ에 관측, 또는 측정이라 불리는 아주 다른 수학적 과정이 적용된다. 이것은 ψ에 적용되는 어떤 연산 O로써 기술된다. 이는 우리가 선택한 변수 q의 가능한 결과 q_1, q_2, q_3, q_4,··· 각각에 대해 가능한 다른 상태들의 집합 ψ_1, ψ_2, ψ_3, ψ_4,···를, 이런 결과들에 대한 각각의 확률 P_1, P_2, P_3, P_4,···로 제공해 준다. 다른 상태들의 이 전체집합은 그에 상응하는 확률과 함께 특정한 수학적 과정을 통해 O와 ψ로 결정된다. 측정했을 때 물리 세계에 실제로 일어나는 것처럼 보이는 것을 반영하기 위해, ψ는 단지 주어진 다른 상태들의 집합 ψ_1, ψ_2, ψ_3, ψ_4,···가운데 하나의 상태, 말하자면 ψ_j로 도약한다. 여기서 이 선택은 완전히 무작위인 듯이 보이지만, 그에 상응하는 P_j로 주어지는 확률에 의한다. ψ를 특정한 선택 ψ_j로 대체하며 자연이 그 모습을 드러내는 것을 양자 상태의 환원 또는 파동함수의 붕괴라고 말한다. 나는 이를 문자 $\mathbf{R}$로 쓸 것이다. ψ를 $(\psi_j$로) 도약하게 한 이 측정에 뒤이어 새로운 파동함수 ψ_j는 또다시 새로운 측정이 이루어질 때까지 $\mathbf{U}$에 따라 그 상태가 계속되며 이런 과정이 반복된다.

　양자역학에 대해 특별히 이상한 것은 바로 이 기묘한 혼합이다. 그에 따라 양자 상태의 움직임은 이 두 가지 아주 다른 수학적 과정, 즉 연속적이고 결정론적인 $\mathbf{U}$와 불연속적이고 확률적인 $\mathbf{R}$ 사이를 왔다 갔다 하는 것으로 보인다. 물리학자들이 이따위 상태에 행복해하지 않는다는 것은 놀랍지도 않다. 물리학자들은 수많은 다른 철학적 관점들 가운데 한두 가지를 채택한다. 슈뢰딩거 자신은 (하이젠베르크에 의하면) "만약 이 모든 빌어먹을 양자도약이 정말로 여기 이렇게 떡하니 있다면 나는 내가 양자이론에 관여했다는 것을 유감스럽게 여길 것이다"라고 말했다고 한다.[3.55] 슈뢰딩거가 자신의 변화 방정식을 발견해서 큰 기여를 한 것을 잘 알고 있는 다른 물리학자들은 '양자역학'을 혐오한 슈뢰딩거의 의견에 동의함에도 불구하고 양자 변화의 전체 줄거리가 아직 완전히 나타나지 않았다는 슈뢰딩거의 관점과는 의견을 달리한다. 사실 일반적인 관점에 따르면 전체 줄거리는 ψ의 의미에 대한 어떤 적당한 '해석'과 함께, 어느 정도 $\mathbf{U}$ 속에 포함돼 있다는 것이다. 그리고 이 모든 것으로부터 $\mathbf{R}$이 어느 정도 그 모습을 드러낼 것이다. 이는 아마도 진짜 '상태'가 단지 고려 중인 양자계뿐만 아니라 측정 기구를 포함하는 복잡한 환경과도 관계하기 때문일 것이다. 또는 아마도 궁극적인 관측자인 우리 자신이 일원적으로 변화하는 상태의 일부이기 때문일 것이다.

　나는 여전히 $\mathbf{U}/\mathbf{R}$의 문제를 철저히 흐릿하게 하는 모든 대안이나 논쟁 속으로 들어가고 싶지 않다. 단지 나 자신의 입장만 간단히 말하자면, 기본적으로 슈뢰딩거 자신, 그리고 아인슈타인, 그리고 아마도 더 놀랍겠지만 디랙의 입장을 지지하는 편이다.[3.56] 오늘날 양자역학의 일반적인 형식에 대해서는 우리가 이들에게 빚을 지고 있다.[3.57] 또한 내 입장은 오늘날의 양자역학이 임시적인 이론이라는 관점을 취하는 것이다. 이는 양자역학의 모든 예측이 경이로울 정도로 확증되었고 양자역학이 광대한 폭의 관측현상들을 설명하며, 그리고 그에 반대되는 확증된 관측이 전혀 없음에도 불구하고 그러하다. 좀 더 구체적으로 말하자면, R이라는 현상은 일원성에 엄격하게 고착된 자연이 그로부터 벗어난 정도를 나타내며, 이는 중력이 심각하게 (미묘하게라도) 관련되기 시작할 때 생겨난다는 것이 나의 논지이다.[3.58] 사실, 나는 오랫동안 블랙홀에서의 정보 손실 및 그에 따른 U의 위반이, U에 엄격하게 집착하는 것은 중력에 대한 진정한 (아직 발견되지 않은) 양자이론의 일부가 될 수 없다는 사실의 단면을 강력히 시사하고 있다는 의견을 견지해 왔다.

나는 이것이 이 절의 처음에서 우리가 직면했던 수수께끼를 푸는 열쇠를 쥐고 있다고 믿고 있다. 그래서 나는 독자들에게 블랙홀에서의 정보 손실 — 그리고 그 결과로서의 일원성 위배 — 을 지금 고려 중인 상황 속에서, 그럴듯한 것을 넘어 필수적인 진실로 받아들일 것을 요구하는 것이다. 우리는 블랙홀 증발이라는 맥락에서 엔트로피에 대한 볼츠만의 정의를 재조사해야만 한다. 특이점에서의 '정보 손실'이 정말로 무엇을 의미하는가? 이것을 기술하는 더 나은 방법은 자유도의 손실로 기술하는 것이다. 그렇게 되면 위상공간을 기술하는 몇몇 변수들이 사라져서 위상공간은 이전보다 실제로 더 작아진다. 이는 동역학적 움직임을 고려하고

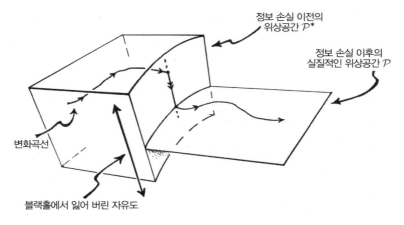

정보 손실 이전의
위상공간 $\mathcal{P}^*$

정보 손실 이후의
실질적인 위상공간 $\mathcal{P}$

변화곡선

블랙홀에서 잃어 버린 자유도

그림 3.14 블랙홀 정보 손실에 뒤이은 위상공간에서의 변화.

있다면 완전히 새로운 현상이다. 1.3절에서 기술했듯이 동역학적 변화에
대한 보통의 생각으로는 위상공간 $\mathcal{P}$는 고정된 것이고 동역학적 변화는
이 고정된 공간 속에서 움직이는 점으로 묘사된다. 하지만 여기서 벗어
지고 있는 듯 보이는 경우에서처럼 동역학적 변화가 어떤 단계에서 자유
도의 손실을 수반한다면 그 위상공간은 실제로 줄어든다. 이는 이 변화
를 기술하는 일부이다! 그림 3.14에서 나는 낮은 차원에서의 유비를 사용
해 어떻게 이 과정이 기술될 것인지를 그려보고자 하였다.

　블랙홀 증발의 경우 이는 아주 미묘한 과정이어서 이 줄어듦을 어떤
특정한 시간에(예를 들면 '펑' 할 때) '갑자기' 발생하는 것이 아니라 은밀하게
발생하는 것으로 여겨야만 한다. 이것은 모두 일반 상대성 이론에서는
유일한 '보편 시간'이 없다는 사실과 연결돼 있으며, 이는 시공간 기하가
공간적 균질성에서 크게 벗어나는 블랙홀의 경우에 특히 중요하다. 이것
은 최종적인 호킹 증발(2.5절과 그림 2.40, 그림 2.41 참조)과 함께 오펜하이머-

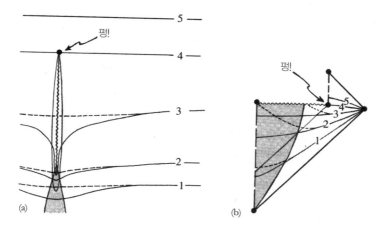

그림 3.15 호킹 증발하는 블랙홀. (a)보통의 시공간 그림. (b)엄밀한 등각도형. 내적 자유도의 손실은 '펑'이 일어날 때에만 일어나는 것으로 여겨진다. 이것은 실선으로 그려진 시간 박편을 따라 그려진 그림이다. 다른 한편 파선으로 그려진 시간 박편을 따라가면 정보 손실은 블랙홀의 전체 역사에 걸쳐 점차적으로 생겨난다.

스나이더의 붕괴 그림(2.4절과 그림 2.24 참조)에 잘 드러나 있다. 그림 3.15(a)와 그 엄밀한 등각도형인 그림 3.15(b)에서 나는 블랙홀의 모든 정보가 '펑' 하는 '순간'에 사라지는 것처럼 보이는 일군의 공간성 3차원 면(시간이 상수인 층)을 실선으로 그렸고, 다른 한편 정보가 블랙홀이 존재했던 전체 역사에 걸쳐 점차적으로 퍼져 사라지는 것 같은 다른 일군의 공간성 3차원 면을 파선으로 그렸다. 이 그림들은 비록 구면 대칭성을 엄격하게 들먹이지만, 강한 우주검열을 가정하는 한 개략적인 방식으로 여전히 적용된다(물론, '펑' 그 자체는 예외이다).

이처럼 정보 손실이 실제 언제 일어나는지가 그다지 중요하지 않다는 점은 그 소멸이 외부의 (열적)동역학에 아무런 영향을 미치지 않는다는 사실을 역설하고 있다. 그래서 우리는 엔트로피가 계속해서 증가하는,

제2법칙이 보통의 관례에 따라 계속 적용된다는 관점을 취해도 좋다. 하지만 여기서 우리가 말하고 있는 '엔트로피'라는 개념이 무엇인지에 대해서는 주의를 기울여야만 한다. 이 엔트로피는 블랙홀 속으로 떨어진 모든 물질의 엔트로피를 포함해 모든 자유도를 일컫는다. 하지만 안으로 떨어진 것으로 언급된 자유도는 조만간 특이점과 직면할 것이고, 위에서 고려했던 바에 따라 그 계에서 상실될 것이다. 블랙홀이 '펑' 하고 사라질 때쯤이면 우리는 위상공간의 척도를 급진적으로 축소시켰을 것이 틀림없으므로 ─ 통화절하를 겪는 나라에서처럼 ─ 위상공간의 부피는 전반적으로 이전보다 훨씬 더 보잘것없을 것이다. 하지만 그럼에도, 문제시되는 블랙홀에서 계속해서 멀어지는 국소적인 물리학은 이런 거대한 평가절하를 알아차리지 못할 것이다. 볼츠만 공식의 로그 때문에 부피의 척도가 이렇게 줄어들면 단지 마치 문제시되는 블랙홀 외부 우주의 전체 엔트로피에서 큰 상수를 뺀 것처럼 계산될 뿐이다.

우리는 이것을 1.3절 끝 부분의 논의와 비교할 수 있다. 거기서는 볼츠만 공식 속의 로그 때문에 독립된 계의 엔트로피가 가산적임을 지적하였다. 앞선 논의에서는 블랙홀이 집어삼키고 마침내 파괴된 자유도가 1.3절에서 고려한 계의 외부의 역할을 한다. 거기서는 실험실 외부의 은하수를 지칭하는 외부 위상공간 $\mathcal{X}$를 정의하는 변수들이 있었던 데 반해 여기서는 그것이 블랙홀을 지칭한다(그림 3.16 참조). 지금 우리가 블랙홀의 바깥 세계라고 여기는 것(어떤 실험이 수행되고 있다고 상상해도 좋다)은, 1.3절 (그림 1.9)의 논의에서는 위상공간 $\mathcal{P}$를 정의하는 계의 내부에 해당한다. 1.3절의 은하수에서 자유도를 없앤다고 해서(예를 들어 그들 중 일부가 은하 중심에 있는 블랙홀로 흡수되는 것) 진행되고 있는 실험에서 무슨 엔트로피를 고

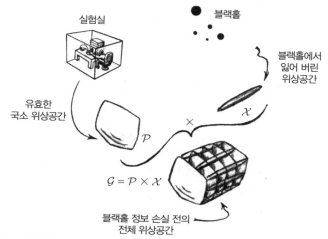

실험실

블랙홀

블랙홀에서
잃어 버린
위상공간

유효한
국소 위상공간

$\mathcal{P}$ × $\mathcal{X}$

$\mathcal{G} = \mathcal{P} \times \mathcal{X}$

블랙홀 정보 손실 전의
전체 위상공간

그림 3.16 블랙홀에서의 정보 손실은, 비록 손실 전의 전체에 기여를 하기는 하지만 국소적인 위상공간에 영향을 미치지 않는다(그림 1.9와 비교할 것).

려하든지 상관이 없는 것과 꼭 마찬가지로, 우주 전체에 걸쳐 블랙홀 속에서 파괴된 정보가 마침내 각자가 개별적으로 '펑' 하고 사라지며 종말을 맞는다고 하더라도 제2법칙은 전혀 실질적으로 위배되지 않는다. 이는 이 절의 앞부분에서 강조했던 것과 일치한다!

그럼에도 불구하고 전체로서의 우주의 위상공간 부피는 이 정보 손실로 인해 아주 극적으로 줄어들었을 것이며,[3.59] 이는 기본적으로 이 장의 처음에 내던졌던 수수께끼를 풀기 위해 우리가 필요로 하는 것이다. 그것은 미묘한 문제이며, 위상공간 부피의 감소가 CCC를 위해 필요로 하는 요건에 적합하기 위해 많은 세세한 일관성의 문제가 만족되어야만 한다. 일반적으로 말해 이 일관성은 불합리해 보이지는 않는다. 왜냐하면 현재의 우리 이언이 그 전체 역사를 통해 탐닉하고 있을 전체적인 엔트로피 증가가 블랙홀의 형성(그리고 증발)을 통해 기대되기 때문이다. 어떤 정밀도로든 정보 손실에 의한 실질적인 엔트로피의 감소를 어떻게 계산할 것인지 나로서는 완전히 명확해 보이지는 않지만, 한 가지 괜찮은 추측을 해 본다면 이렇다. 호킹 복사에서 정보가 사라지지 않았을 때 블랙홀이 도달했을 최대 크기의 베켄슈타인-호킹 엔트로피를 추정하고, 이 엔트로피 전체가 위상공간의 규모를 감축시키게끔 할 수 있을 것이다 (이는 다음 이언의 출발을 위해 유효한 위상공간에서 필요하다). 이런 면에서 CCC가 유용한지 어떤지 우리가 확신하기 위해서는 많은 문제에 있어서 보다 자세한 연구가 필요하다는 것은 분명하다. 하지만 나는 그런 고려를 하더라도 CCC가 모순을 일으킬 것이라고 기대할 만한 어떠한 이유도 찾을 수가 없다.

3.5

━━━━━

CCC와 양자 중력

CCC라는 틀은 우주론이 수년 동안 직면했던 다양하고도 흥미로운 문제들 — 제2법칙 말고도 — 에 대한 색다른 전망을 제시하고 있다. 특히 일반 상대성 이론이라는 고전적인 이론에서 생기는 특이점을 우리가 어떻게 볼 것인가, 그리고 양자역학이 이 심상 속으로 어떻게 들어가는가 하는 문제들이 있다. 우리는 CCC가 빅뱅 특이점의 본성에 대해서 뿐만 아니라, 물리학을 가능한 한 최대로 먼 미래까지 끌고 가고자 했을 때 (우리는 우리의 물리학을 알고 있으므로) 무슨 일이 벌어지는지에 대해서도 뭔가 특별히 할 말이 있음을 알게 되었다. 그 먼 미래에서는 분명히 물리학이 블랙홀 특이점에서 돌이킬 수 없이 끝장나 버리든지 또는 CCC에 따라 새로운 이언의 빅뱅에서 새로 태어나 무한한 미래로 계속될 것이다.

앞 절에서 남겨 둔 문제를 제기하기 위해 아주 먼 미래의 상황을 다시 한 번 조사하는 것으로 이 절을 시작해 보자. 3.4절에서 내가 아주 먼 미래에서 엔트로피가 증가하는 문제를 다뤘을 때, 나는 CCC에 부합하여 엔트로피 증가의 주된 과정은 단연 대형 블랙홀의 형성(그리고 응결)이라고 주장했다. 이후 CMB가 블랙홀의 호킹 온도보다 더 낮게 냉각된 뒤 블랙홀은 그 복사를 통해 결국 증발해 없어진다. 하지만 우리가 봤듯이 초기 위상공간의 듬성갈기 영역(1.3절, 3.4절 참조)이 엄청난 엔트로피의 증가에도 불구하고 최종적인 영역과 실제로 끼워 맞춰져야 한다는 CCC의 조건은 우리가 블랙홀에서의 엄청난 '정보 손실'(호킹이 나중에는 취소했지만 원래는 이를 옹호해 논증했듯이)을 동의해야만 만족될 수 있다. 이로 인해 위상공간은 블랙홀이 자유도를 삼키고 그 뒤 그 정보를 파괴하여 위상공간의 차원이 엄청나게 손실되는 탓에 어마어마하게 '홀쭉하게 줄어들' 수 있게 된다. 일단 블랙홀이 모두 증발해 사라지면, 우리는 이 엄청난 자유도의 손실 때문에 엔트로피를 측정하는 영점을 재조정해야만 함을 알게 된다. 이것은 사실, 아주 큰 숫자가 엔트로피값에서 빼기가 되었으며, 뒤따르는 이언의 연이어지는 빅뱅에서 허용된 상태들은 '바일 곡률 가정'을 만족시키기 위해 크게 제한되어 버린다는 것을 뜻한다. 이는 뒤이은 이언에서 잠재적으로 중력 뭉침을 허용한다.

하지만 적어도 상당히 많은 우주학자의 의견들 속에는 이 논의에 대한 또 다른 요소가 있다. 우리의 핵심적인 논제와 어떤 명확한 관련성이 있음에도 나는 이를 무시했었다(3.4절 첫 문단의 끝을 볼 것). 이것은 $\Lambda > 0$일 때 우주사건지평선의 존재 때문에 생기는 '우주 엔트로피'의 문제이다. 그림 2.42(a), (b)에서 나는 우주사건지평선이라는 개념을 묘사하였다. 이는 양의 우주상수 Λ가 있을 때 생기는 공간성 미래 등각경계 $\mathscr{I}^+$가 존재할 때 생긴다. 돌이켜보자면 우주사건지평선은 2.5절의 '불멸'의 관측자 O의 궁극적인 끝점 $o^+(\mathscr{I}^+$ 위의)의 과거 광원뿔이다(그림 3.17 참조). 만약 우리가 그런 사건 지평선이 블랙홀 사건 지평선과 똑같은 방식으로 다뤄져야 한다는 관점을 견지한다면, 블랙홀 엔트로피에 대한 똑같은 베켄슈타인-호킹 공식($S_{BH} = (1/4)A$, 2.6절 참조)이 또한 우주사건지평선에도 적용

되어야만 할 것이다. 이로부터 궁극적인 '엔트로피'값(플랑크 단위로)

$$S_\Lambda = \frac{1}{4} A_\Lambda$$

을 얻는다. 여기서 A_Λ는 먼 미래의 극한에서 지평선의 공간 단면의 넓이이다. 사실, 이 넓이는 플랑크 단위로 정확하게(부록 B5 참조)

$$A_\Lambda = \frac{12\pi}{\Lambda}$$

임을 알게 된다. 그래서 이렇게 제안된 엔트로피값은

$$S_\Lambda = \frac{3\pi}{\Lambda}$$

가 될 것이다. 이는 오직 Λ값에만 의존하며 우주에서 실제로 무슨 일이 벌어졌는지 하는 어떤 세세한 내용과도 무관하다(여기서 나는 Λ를 정말로 우주상수라고 가정했다). 이와 함께, 만약 우리가 그 유추의 유용성을 받아들인다면, 우리는 어떤 온도를 기대하게 된다. 그 온도는[3.60]

$$T_\Lambda = \frac{1}{2\pi} \sqrt{\frac{\Lambda}{3}}$$

임이 입증된다. 관측된 Λ값을 쓰면 온도 T_Λ는 어이없을 만큼 작은 값인 $\sim 10^{-30} K$를 가지며, 엔트로피 S_Λ는 어마어마한 값 $\sim 3 \times 10^{122}$을 가진다.

　이 엔트로피값은 우리가 알게 된 현재 관측 가능한 우주에서 블랙홀의 형성과 최종적인 증발을 통해 얻을 수 있을 것으로 기대되는 것보다 훨씬 더 크다는 점을 지적하고자 한다. 이 값은 대략 10^{115} 이상에 이르기가 거의 힘들 것으로 예상된다. 이 블랙홀들은 현재 우리의 입자지평선(2.5절) 안의 영역에 있는 것들이다. 하지만 우리는 우주의 어떤 영역이 엔트로피 S_Λ와 관계하는 것으로 기대되는지를 물어봐야만 한다. 사람들의 첫 번째 반응은 그것이 전체 우주의 궁극적인 엔트로피를 언급한다고 생각하는 것이다. 왜냐하면 그것은 우주상수 Λ의 값에 의해 엄밀하게 결정되는, 그리고 우주 안에서 진행되는 어떤 세세한 움직임뿐만 아니라, 우리에게 $\mathscr{I}^+$ 위의 특별한 미래 끝점 o^+를 부여하는 외부관측자 O의 선택과도 무관한, 단지 하나의 숫자에 불과하기 때문이다. 그러나 이런 관점은 잘 작동하지 않을 것이다. 이는 특히 우주가 무한히 많은 블랙홀을 그 속에 함께 갖고서 공간적으로 무한할지도 모르기 때문이다. 이 경우 우주의 현재 엔트로피는 쉽게 S_Λ를 넘을 수 있다. 이는 제2법칙과 모순이다. S_Λ에 대한 좀 더 그럴듯한 해석은 그것이 어떤 우주사건지평선이 에워싼 우리 우주의 그 부분 — $\mathscr{I}^+$ 위의 어떤 임의로 선택된 o^+의 과거 광원뿔의 궁극적인 엔트로피라는 것이다. 이 엔트로피와 관련된 물질은 o^+의 입자지평선 속에 있는 몫일 것이다(그림 3.17 참조).

3.6절에서 보게 되겠지만, o^+에 이를 시간 때쯤이면 입자지평선 안에 있는 우주에서는 표준적인 우주론이 예측[3.61]하는 우주의 변화에 따라 현재 우리의 입자지평선 안에 있는 물질량보다 약 $(\frac{3}{2})^3 \approx 3.4$배 더 많을 것이다. 그래서 만약 그 물질이 모두 하나의 블랙홀 속으로 집결한다면 우리는 약 $(\frac{3}{2})^6 \approx 11.4$ 곱하기 10^{124}의 엔트로피를 얻을 것이다. 여기서 10^{124}는 2.6절에서 현재 우리의 관측 가능한 우주 속에 있는 물질로 얻을 수 있는 엔트로피에 대한 대략적인 상한선으로 인용되었다. 그래서 우리는 엔트로피가 대략 10^{125}인 블랙홀을 얻는 것이 가능하다. 만약 우리가 관측한 Λ값을 가진 우주 속에서 원칙적으로 이 엔트로피를 얻을 수 있다면, 우리는 제2법칙을 크게 위반한 셈이다(왜냐하면 $10^{125} \gg 3 \times 10^{122}$이기 때문

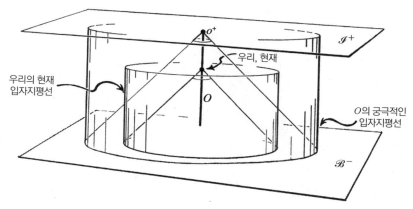

그림 3.17 우리 우주/이언에 대한 현재의 그림에서는 우리의 현재 입자 지평선이 우리의 궁극적인 입자 지평선이 머물 것으로 기대되는 반지름의 약 2/3에 달하는 반지름을 갖는다.

이다). 하지만 만약 우리가 관측된 Λ값에 대해 위의 T_Λ 값을 더 이상 낮출 수 없는 우주 공간의 온도로 받아들인다면, 그런 거대한 블랙홀은 언제나 이 공간의 온도보다 더 차갑게 남아 있을 것이다. 그래서 이 블랙홀은 결코 호킹 복사로 증발해 사라지지 않을 것이다. 이는 여전히 문제를 일으킨다. 왜냐하면 우리는 이 괴물 같은 블랙홀 바깥에 그 과거 광원뿔이 그럼에도 이 블랙홀과 마주치는 (외부의 과거 광원뿔이 블랙홀을 언젠가는 마주칠 것으로 여겨진다는 것과 똑같은 의미에서) $\mathscr{I}^+$ 위의 점으로 o^+를 선택할 수 있기 때문이다. 그래서 그 엔트로피가 포함되어야만 하는 것처럼 보인다 (그림 3.18 참조). 그래서 또다시 제2법칙과 엄청나게 모순이 되는 것처럼 보인다.

게다가 여기에는 어떤 여지가 있어서 이만큼의 물질 — 약 10^{81}개의 중입자에 상당하는(3.4 곱하기 현재 우리의 관측 가능한 우주 속의 10^{80}, 거기에 다

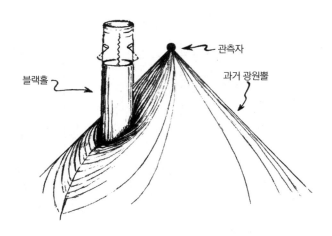

블랙홀

관측자

과거 광원뿔

그림 3.18 $\mathscr{I}^+$에서든 아니든 임의의 '관측자'의 과거 광원뿔은 블랙홀의 지평선과 교차한다기보다, 블랙홀을 집어삼켜 그것과 '마주한다'.

시 곱하기 3을 한다. 왜냐하면 중입자 물질보다 대략 이 정도 더 많은 암흑물질이 존재하기 때문이다) — 은 각각 10^{79}개의 양성자의 질량을 가진 100개의 분리된 영역으로 나눌 수 있다고 생각할 수 있다. 만약 이 각각이 블랙홀을 형성한다면, 그 온도는 T_Λ보다 더 크게 남아 있어야 하며 약 $\sim 10^{119}$ 정도 되는 엔트로피에 이르며 증발해 사라질 것이다. 이것이 100개가 있으니까, 우리는 전체 엔트로피 $\sim 10^{121}$을 얻는다. 이는 3×10^{120}보다 크기 때문에 여전히 제2법칙을 위반하는 것처럼 보이지만, 그다지 아주 크게 위반한 것은 아니다. 이 숫자들은 이로부터 명확한 결론을 끄집어내기에는 아마도 너무 대략적일 것이다. 하지만 나의 관점에서는 이것이 S_Λ를 실제 엔트로피로, 따라서 T_Λ를 실제 온도로 물리적인 해석을 하는 것을 초심해야 한다는 초기 증거가 아닐까 한다.

　나는 적어도 두 가지 또 다른 이유로 인해 어느 경우든 S_Λ가 진짜 엔트로피를 나타낸다는 것에 대해 회의적인 쪽으로 기울고 있다. 우선 만약 Λ가 정말로 상수라면, 그래서 S_Λ가 단지 고정된 숫자라면, 그러면 Λ는 실제로 어떤 구분 가능한 자유도를 야기하지 않는다. 이와 관련된 위상공간은 Λ가 있다는 이유만으로, 그것이 없을 때보다 더 크지 않다. CCC의 관점에서 보자면 이 점은 특히 명확하다. 왜냐하면 우리가 이전 이언의 $\mathscr{I}^+$에서 가능한 자유도를 뒤이은 이언의 $\mathscr{B}^-$에서의 자유도와 끼워 맞출 때, 구분 가능할 것으로 추정되는 자유도가 엄청나게 많이 있을 여지가 절대로 없다는 것을 알게 된다. 그런 자유도는 엄청난 우주 엔트로피 S_Λ를 부여할 수 있다. 게다가 내가 보기에 이런 논평은 우리가 CCC를 가정하지 않더라도 또한 적용되는 것이 명확해 보인다. 이는 등각척도 변화하의 부피 척도 불변에 관해 3.4절에서 앞서 말했던 것 때문이다.[3.62]

하지만 우리는 'Λ'가 실제로 상수가 아니라 어떤 이상한 종류의 물질, 즉 몇몇 우주학자들이 선호하듯이 '암흑 에너지 스칼라 장'일 가능성도 고려해야만 한다. 그렇다면 엄청난 S_Λ 엔트로피는 이 Λ장의 자유도에서 오는 것으로 생각할 수도 있다. 개인적으로 나는 이런 종류의 제안에 대단히 불편함을 느낀다. 왜냐하면 이는 그것이 대답하는 것보다 더 어려운 많은 질문을 야기하기 때문이다. 만약 Λ를 전자기장 같은 다른 장과 똑같이, 변화하는 장으로 여긴다면, 그렇다면 아인슈타인 장 방정식에서 $\Lambda \mathbf{g}$를 단지 분리된 'Λ항'이라고 부르는 대신(플랑크 단위로) — 2.6절의 끝부분에 주어진 것처럼 —

$$\mathbf{E} = 8\pi\mathbf{T} + \Lambda\mathbf{g}$$

와 같이 우리는 아인슈타인 장 방정식에 그런 'Λ항'이 없다고 하고, 대신 Λ장이 에너지 텐서 **T**(Λ)를 갖는다는 관점을 취할 수 있다. 이는 (8π를 곱했을 때) Λ**g**와 근접하게 비슷하다.

$$8\pi\mathbf{T}(\Lambda) \cong \Lambda\mathbf{g}.$$

이것은 이제 **T** + **T**(Λ)가 된 전체 에너지 텐서에 기여하는 것으로 여길 수 있으며, 우리는 이제 아인슈타인 방정식을 Λ항 없이 써 진 것으로 생각할 수 있다.

$$\mathbf{E} = 8\pi\{\mathbf{T} + \mathbf{T}(\Lambda)\}.$$

하지만 Λ**g**는 에너지 텐서가 취하기에는 아주 이상한 형태로 (8π×) 여느 다른 장의 형태와는 아주 다르다. 예를 들어, 우리는 에너지를 기본적으로 질량과 똑같은 것으로 생각한다(아인슈타인의 $E = mc^2$). 그래서 다른 물질을 끌어당기는 영향력을 가져야 한다. 반면에 이 'Λ장'은 그 에너지가 양수임에도 불구하고 다른 물질을 밀어내는 효과를 갖는다. 내 관점은 더욱 심각한데, Λ장이 심상치 않은 방식으로 변하는 것이 허용되는 순간 2.4절에서 말했던 약한 에너지 조건(이는 정확한 Λ**g**항에 의해서만 겨우 엇비슷하게 만족된다)은 거의 확실히 심대하게 위반될 것이다.

개인적으로, $S\Lambda = 3\pi/\Lambda$를 실제 객관적인 엔트로피로 부르는 것에 훨씬 더 근본적으로 반대하는 편이다. 여기서는 블랙홀의 경우와는 반대로 특이점에서 정보가 절대적으로 손실된다고 물리적으로 정당화할 수 없기 때문이다. 사람들은 일단 정보가 관측자의 사건지평선을 지나쳐 가면 정보가 관측자에게서 '실종'된다고 주장하는 경향이 있다. 하지만 이

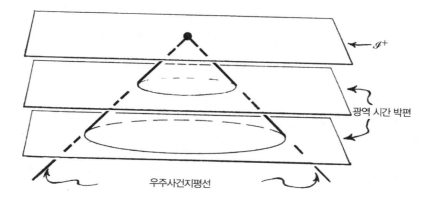

그림 3.19 우주사건지평선에 대해서는 정보 손실이 없다(블랙홀의 경우와는 달리). 이는 일군의 광역 시간 박편이 모든 것을 포괄하는 성질 때문에 명확하다.

는 단지 관측자에 의존하는 개념일 뿐이다. 만약 그림 3.19와 같이 연속적인 공간성 면들을 취하면 우주 엔트로피와 연관될 수 있는 우주 전체와 관련해 실제로 '실종'되는 것은 아무것도 없음을 알 수 있다. 왜냐하면 시공간 특이점(개별 블랙홀 안에 이미 존재하는 것들은 제외하고)이 없기 때문이다.[3.63] 게다가, 나는 이 장의 앞부분에서 언급했던 블랙홀 엔트로피에 대한 베켄슈타인의 논증과 같은, 엔트로피 S_Λ를 정당화하는 어떤 명확한 물리적 논증도 알지 못한다.[3.64]

아마도 이 문제와 관련해 내가 느끼는 곤란함은 우주 '온도' T_Λ의 경우에 보다 명확해질 것이다. 왜냐하면 이 온도는 관측자 의존적인 면이 강하기 때문이다. 블랙홀의 경우 호킹 온도는 '표면 중력'이라고 불리는 것으로 주어지는데, 이는 블랙홀 가까이 정지한 배치상태에서 떠받치고 있는 관측자가 느끼는 가속효과와 관계가 있다. 여기서 '정지한'은 관측자와 무한대에 고정된 좌표계 사이의 관계를 말한다. 다른 한편 만약 그 관측자가 블랙홀 속으로 자유 낙하한다면, 국소적인 호킹 온도는 느낄 수 없을 것이다.[3.65] 호킹 온도는 따라서 이와 같은 주관적인 면을 갖고 있으며, 급속하게 가속하는 관측자가 평평한 민코프스키 공간 $\mathbb{M}$에서조차 느낄 수 있는 언루효과Unruh effect라고 불리는 것의 예로 여길 수 있다. 드 지터 공간 $\mathbb{D}$의 우주온도를 생각해 보면, 똑같은 연유로, 이 온도를 느껴야만 하는 것은 가속하는 관측자이지 자유 낙하하는(즉, 측지선 운동을 하는, 2.3절 끝 부분 참조) 관측자는 아닐 것으로 기대할 수 있다. 드 지터 배경에서 자유롭게 움직이는 관측자는 이런 조건 속에서는 가속되지 않을 것이며, 따라서 온도 T_Λ를 경험하지 않아야만 할 것 같다.

우주 엔트로피에 대한 주된 논증은 우아하긴 하지만 해석적 확장(3.3절 참조)에 기초를 둔 순전히 형식적인 수학적 과정인 것 같다. 그 수학은 확실히 매력적이긴 하지만 그것은 기술적으로 오직 정확한 대칭적 시공간(드 지터 공간 $\mathbb{D}$ 같은)에만 적용되기 때문에, 그 일반적인 유용함에는 이의를 제기할 수도 있다.[3.66] 또한 관측자의 가속상태라는 주관적인 요소도 있다. 이는 $\mathbb{D}$가 가속되는 관측자의 다른 상태에 상응하는, 많은 다른 대칭성을 간직하고 있기 때문에 생겨난다.

민코프스키 공간 $\mathbb{M}$ 속에서 언루 효과를 좀 더 주의 깊게 들여다보면 이 문제를 보다 집중적으로 조명할 수 있다. 그림 3.20에서 나는 균일하게 가속하는 한 무리의 관측자 — 린들러 관측자라고 불리는[3.67] — 를 나타내고자 했다. 이들은 언루 효과에 따르면 완전한 진공 속을 움직인다 하더라도 온도(어떤 가속도를 얻더라도 극도로 작긴 하지만)를 경험할 것이다. 이는 양자장론을 고려했을 때 생겨난다. 이 온도와 연관된 이 관측자들의 미래 '지평선' $\mathcal{H}_0$ 또한 그려져 있는데, 이 온도와 부합하기 위해 그리고 블랙홀에서의 베켄슈타인-호킹의 논의와 부합하기 위해 $\mathcal{H}_0$와 연관된 엔트로피가 틀림없이 있을 것이라는 관점을 우리가 당연히 취할 수도 있다. 사실 만약 우리가 아주 큰 블랙홀 지평선 가까운 근방의 작은 영역에서 무슨 일이 벌어지는지를 상상해 본다면, 그 상황은 그림 3.21에 그려진 것과 아주 근사하게 비슷할 것이다. 여기서 $\mathcal{H}_0$는 국소적으로 블랙홀 지평선과 일치하며 린들러 관측자는 이제 위에서 고려했던 '블랙홀 가까이 정지한 배치상태에서 떠받치고 있는 관측자'가 된다. 이 관측자들은 국소적인 호킹 온도를 '느끼는' 사람들이며, 반면 $\mathbb{M}$ 속의 관성 (가속되지 않은) 관측자와 유사한, 블랙홀 속으로 직접 자유 낙하하는 관측자는 이 국소적 온도를 경험하지 못할 것이다. 하지만 만약 우리가 $\mathbb{M}$에서의 이 그림을 곧바로 무한대로 가져가면, $\mathcal{H}_0$와 관련된 전체 엔트로피는 무한대

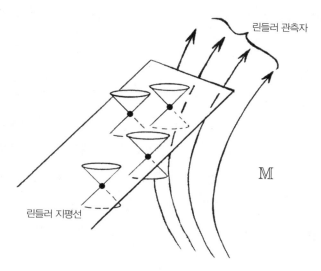

그림 3.20 린들러 (균일하게 가속하는) 관측자. 언루 온도를 느낀다.

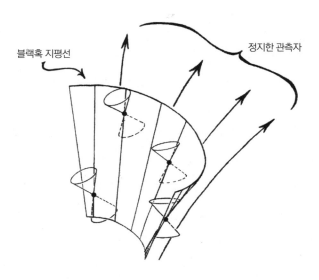

블랙홀 지평선

정지한 관측자

그림 3.21 블랙홀 지평선 가까이 정지한 배치상태에서 떠받치고 있는 관측자들은 강력한 가속도와 호킹 온도를 느낀다. 이 상황은 국소적으로 그림 3.20의 상황과 똑같다.

가 되어야만 할 것이다. 이는 블랙홀 엔트로피와 온도에 대한 전체 논의가 실제로는 어떤 비국소적인 고려사항과 연관돼 있다는 사실을 보여준다.

위에서 고려했듯이 $\Lambda > 0$일 때 생기는 우주사건지평선 $\mathcal{H}_\Lambda$는 린들러 지평선 $\mathcal{H}_0$와 대단히 닮았다.[3.68] 사실, $\Lambda \to 0$인 극한을 취하면 $\mathcal{H}_\Lambda$가 실제로 린들러 지평선이 된다. 하지만 이제는 광역적으로 그렇다. 이는 $S_0 = \infty$에 이르게 하는 엔트로피 공식 $S_\Lambda = 3\pi/\Lambda$와 부합한다. 하지만 이는 또한 이 엔트로피에 객관적인 실체를 부여하는 문제에 이르게 한다. 왜냐하면 이 무한대의 엔트로피는 민코프스키 공간의 경우에 객관적인 의미가 거의 없어 보이기 때문이다.[3.69]

나는 이 문제를 여기서 좀 길게 제기할 가치가 있다고 생각한다. 왜냐하면 진공에 온도와 엔트로피를 부여하는 것은 '진공 에너지'라 불리는 개념과 깊이 연관된 양자 충력의 문제이기 때문이다. 현재 우리가 이해하고 있는 양자장론에 따르면 진공은 완전히 움직임이 없는 뭔가가 아니라, 아주 미세한 척도에서 끝없이 요동치는 혼잡스런 과정들로 이루어져 있다. 여기서 가상입자라 불리는 것들과 그들의 반입자들이 '진공 떨림' 속에서 순간적으로 나타나고 사라진다. 플랑크 척도 l_P에서는 중력과정이 그런 진공 떨림을 지배할 것으로 기대되며, 이 진공에너지를 얻는 데 필요한 필수적인 계산을 수행하는 것은 현재 우리가 이해하는 수학적 과정의 범위를 훨씬 넘어서는 일이다. 그럼에도 불구하고 상대론의 요구조건에 맞춰 대칭성에 대한 일반적인 논증을 따르면, 이 진공에너지를 전반적으로 잘 기술하는 것은 어떤 λ에 대해 다음과 같은 형태의 에너지 텐서 $\mathbf{T}_v$임을 알 수 있다.

$$\mathbf{T}_v = \lambda \mathbf{g}.$$

이는 위에서 봤듯이 우주상수가 제공하는 그런 종류의 에너지 항 $\mathbf{T}(\Lambda)$와 정확하게 같아 보인다. 그래서 우주상수에 대한 자연스러운 해석은 그것이 진공에너지라고 종종 주장해 왔다. 여기서

$$\lambda = (8\pi)^{-1}\Lambda$$

이다. 이 관점은 큰 우주 엔트로피 S_Λ의 원인이 되는 '자유도'를 '진공 떨림' 속의 자유도로 간주하는 것처럼 보인다. 이것은 내가 위에서 '구분 가능한' 자유도라고 불렀던 것이 아니다. 왜냐하면 만약 그것이 어쨌든 위상공간 부피에 이바지하는 바가 있다면, 이는 시공간을 통틀어 균일하게

그렇게 하며, 단지 배경에만 기여할 뿐이기 때문이다. 여기에는 시공간 속에서 진행되는 보통의 물리적 움직임이 기여하지 않는 것으로 보인다.

이런 해석과 관련해 아마도 훨씬 더 심각한 문제는 실제 λ값을 얻기 위해 계산을 시도하면 그 값은 다음과 같이 나온다는 것이다.

$$\lambda = \infty \ \text{또는} \ \lambda = 0 \ \text{또는} \ \lambda \approx t_\mathrm{P}^{-2}.$$

여기서 t_P는 플랑크 시간이다(3.2절 참조). 이 가운데 첫 번째 답은 가장 정직하지만(그리고 양자장론의 규칙을 직접 적용했을 때 이르게 되는 그런 종류의 평범한 결론이다), 또한 가장 틀렸다. 두 번째와 세 번째는 기본적으로 '무한대를 없애는' 이런저런 표준적인 과정(적당한 기술을 적용하면 그런 과정들은 종종 비 양자 중력의 환경에서 눈부시도록 정확한 답을 준다)을 적용한 뒤에 어떤 답변이 나와야 하는지를 생각한 것들이다. $\lambda = 0$이라는 답은 $\Lambda = 0$이 관측 사실들과 잘 맞는다고 믿는 동안은 선호해왔던 것 같다. 하지만 2.1절에서 언급했던 초신성 관측이 $\Lambda > 0$일 가능성이 더욱 높다는 암시를 주고, 이후의 관측이 이 결과를 뒷받침하자 영이 아닌 λ값을 선호하게 되었다. 만약 우주상수가 중력 작용을 하는 '양자 떨림'이라는 의미에서 정말로 진공 에너지라면, 이용 가능한 유일한 척도는 플랑크 척도이다. 이 때문에 t_P(또는 똑같지만 l_P) 또는 거기에 어떤 적당한 작은 숫자가 곱해진 값이 λ에 필요한 척도를 부여해야만 한다. 차원과 관련된 이유 때문에 λ는 거리의 역제곱이어야만 한다. 따라서 대략 $\lambda \approx t_\mathrm{P}^{-2}$라는 답이 기대된다. 그러나 2.1절에서 봤듯이 관측된 Λ값은

$$\Lambda \approx 10^{-120} t_\mathrm{P}^{-2}$$

에 더욱 가깝다. 따라서 이런 해석($\lambda = \Lambda/8\pi$)이든 또는 그 계산이든 분명히 뭔가가 심각하게 잘못되었다.

이 문제에 대한 우리의 이해가 논란을 불식시킬 정도로 진정된 것은 아니다. 그래서 여기에 대해 CCC가 무슨 말을 해야 할 것인지 알아보는 것도 다소 흥미로울 것이다. S_Λ와 T_Λ의 물리적 지위는 CCC에 결정적으로 영향을 미치지 않는다. 왜냐하면 엔트로피 S_Λ와 온도 T_Λ가 물리적인 '실체'로 여겨진다 하더라도, 이로 인해 CCC가 제시하는 심상을 바꿀 필요가 없을 것이기 때문이다. 우리가 아는 우주에서 생겨날 것으로 기대되는 어떤 블랙홀도, T_Λ가 그 변화에 심각한 영향을 미칠 그런 크기와 비슷한 그 어떤 것에도 이르지 못할 것이다. T_Λ에 관한 한, 이것이 3.4절의 수수께끼에 실제로 도움이 될 것 같지 않다. 왜냐하면 거기서의 문제는 구별 가능한 자유도(즉 실제 동역학적 과정과 관계되는 자유도)와 관련이 있었고, 단지 고정된 값 $3\pi/\Lambda$을 가진 '엔트로피'를 도입한다고 해서 실제로 아무것도 바꾸지 못하기 때문이다. 우리는 단지 그것을 무시하면 그만이다. 왜냐하면 그것이 동역학에서 아무 역할도 하지 못하는 것처럼 보이기 때문이다. 그리고 설령 '실체'로 간주된다 하더라도 그것은 어떤 물리적으로 구별 가능한 자유도에도 해당하지 않는 것으로 보인다. 어떤 방식으로든 내 개인적인 입장에서는 S_Λ와 T_Λ를 모두 무시하고, 이들 없이 계속 진행할 것이다.

다른 한편, CCC라는 틀은 양자 중력이 어떻게 고전적인 시공간 특이점에 영향을 주는지에 대해 분명하지만 비통상적인 전망을 내놓고 있다. 고전적인 일반 상대성 이론에서 시공간 특이점이 불가피하기 때문에(2.4절, 2.6절, 3.3절 참조), 물리학자들은 그런 특이점들 근방에서 일어날 것으로 예상되는 유별나게 큰 시공간 곡률의 물리적 결과를 이해하기 위해 어떤 형태의 양자 중력으로 눈길을 돌리게 되었다. 하지만 이처럼 고전적으로 특이적인 영역을 양자 중력이 어떻게 바꿀 것인지에 대해서는 일치된 의견이 거의 없다. 사실, 어느 경우든 '양자 중력'이 실제로 무엇이어야만 하는지에 대해 일치된 의견이 거의 없다.

그럼에도 불구하고 이론가들은 시공간의 곡률 반지름이 플랑크 길이 l_P와 비교해서 아주 크기만 하면(3.2절 참조), 시공간에 대한 적절한 '고전적인' 심상을 유지할 수 있으며, 아마도 일반 상대성 이론에 대한 표준적인 고전 방정식에 아주 작은 '양자 보정'만 있을 것이라는 관점을 견지하게 되었다. 하지만 시공간 곡률이 극대로 커져서 그 곡률 반지름이 터무니없이 작은 척도인 l_P(고전적인 양성자 반지름보다 약 20차수 정도 크기가 더 작은)까지 내려가게 되면, 매끈하고 연속적인 공간이라는 표준적인 심상조차도 완전히 포기해야만 하고, 우리가 익숙한 매끈한 시공간의 심상과는 극적으로 다른 뭔가로 바뀌어야만 할 것으로 보인다.

게다가 존 휠러와 다른 이론가들이 강력하게 주장했듯이, 우리가 경험하는 평평함에 가까운 보통의 시공간조차도 미세한 플랑크 척도에서 살펴보면 난폭하게 혼란스런 성질 또는 아마도 불연속적으로 알갱이진 성질을 갖거나 어떤 다른 방식으로 더 잘 기술할 수 있는 뭔가 다른 종류의 익숙하지 않은 구조를 갖는 것으로 드러날 것이다. 휠러는 중력에 대한 양자효과가 플랑크 수준에서의 시공간을 그가 일종의 '웜홀'[3.70]의 '양자 거품'으로 간주했던 위상학적 복잡함 속으로 말려 들어가게 하는 경우를 제시했다. 다른 사람들은 어떤 종류의 불연속적인 구조가 스스로를 드러내거나(얽히고 매듭진 '고리'[3.71], 스핀 거품[3.72], 격자 같은 구조[3.73], 인과성 집합[3.74], 다면체 구조[3.75] 등등[3.76]) 또는 '비가환적인 기하'[3.77]라고 불리는, 양자역학적 발상으로 모형화한 어떤 수학적 구조가 중요해질 것이거나,[3.78] 또는 끈이나 막 같은 요소들을 수반하는 더 높은 차원의 기하가 어떤 역할을 수행하거나, 또는 심지어 시공간 자체가 완전히 사라져 버려 시공간에 대해 우리가 가지는 보통의 거시적인 심상은 오직 더욱 원시적인 다른 기하학적 구조('마흐적인'[3.79] 이론과 '트위스터' 이론[3.80]에서 일어나듯이)에서 유도된 유용한 개념으로서만 생겨날 것이라고 주장한다. 이처럼 아주 많은 다른 대안적 제안들로부터 분명히 알 수 있듯이, 플랑크 척도에서의 '시공간'에서 실제로 무슨 일이 벌어지는지에 대해서는 그게 무엇이든 간에 일치된 의견이 없다.

하지만 CCC에 따르면 빅뱅에서 우리는 그처럼 거칠거나 혁명적인 제안들과는 아주 다른 뭔가를 발견하게 된다. 우리는 훨씬 더 보수적인 심상을 부여받았다. 여기서는 등각척도조정이 제공되지 않는다는 면에서만 아인슈타인의 시공간과 다른, 완전히 매끈한 시공간이 주어지며 시간변화가 통상적인 수학적 과정으로 다뤄질 수 있다. 다른 한편 CCC에서는 블랙홀 깊숙한 곳에서 생기는 특이점이 빅뱅 특이점과는 아주 다른 종류의 구조를 가진다. 우리는 어떤 종류의 기묘한 정보파괴의 물리학을 고려해야만 할 것이다. 이는 오늘날 물리학에서 사용되는 시공간이라는 개념과 아주 다른 양자 중력적 발상과 부합해야만 할 것이고, 위에서 말했던 그런 것 중에서 몇몇 거칠거나 혁명적인 발상들과도 부합해야만 할지도 모른다.

오랜 세월 동안 나는 이 두 가지 다른 시간의 특이성 끝점이 아주 다른 성질을 갖는다는 관점을 가져 왔다. 이는 제2법칙을 따라가는 것으로서, 어떤 이유에서인지 종국적인 끝점에서는 그렇지 않다고 하더라도 시작점에서는 중력 자유도가 크게 제한되어야만 한다. 나는 왜 양자 중력이 이 두 가지 시공간 특이점의 발생을 그렇게 다른 방식으로 다루는 것처럼 보여야만 하는지가 대단한 수수께끼라고 항상 여겨 왔었다. 하지만 나는 지금 유행하는 것처럼 보이는 관점에 부합하여, 이런 형태의 특이성 시공간 기하 모두에 가깝다고 알게 된 그런 종류의 기하구조를 지배하는 것은 어떤 형태의 양자 중력이어야만 한다고 생각했다. 그러나 통상적인 관점과는 명확하게 다르지만, 나는 진정한 '양자 중력'이 엄청나게 시간 비대칭적인 틀이어야만 한다는 입장을 견지해 왔다. 그것이 오늘날 표준적인 양자역학의 규칙에 그 어떤 수정을 요구하더라도 말이다. 이는 3.4절 끝 무렵 내가 말했던 포부와 부합한다.

CCC가 던지는 관점으로 돌아가기 전에, 내가 기대하지 않았던 관점을 말하자면 빅뱅이 본질적으로 고전적인 변화의 일부로서 다뤄져야만 한다는 것이다. 여기서는 표준적인 일반 상대성 이론에서와 마찬가지로 결정론적인 미분 방정식들이 그 움직임을 지배한다. 문제는 이렇다. CCC는 곡률반지름이 빅뱅 근처 플랑크 척도인 l_P의 수준까지 내려갔을 때 엄청난 시공간 곡률의 존재가, 이것이 야기하는 그 모든 혼란과 함께 양자 중력이 이 장면에 끼어든다는 것을 암시해야만 한다는 결론을 어떻게 피할 수 있는가 하는 것이다. CCC의 대답은 거기에 곡률이 있고, 거기에 곡률이 있다는 것이다. 즉, 좀 더 엄밀히 말해, 바일 곡률 **C**와 아인슈타인 곡률 **E**가 존재한다(후자는 리치 곡률과 동등하다. 2.6절과 부록 A 참조). CCC의 관점은 곡률반지름이 플랑크 척도에 가까워지면 양자 중력의 광기가 (그게 무엇이든 간에) 정말로 점령하기 시작할 것임이 틀림없다는 데에 동의

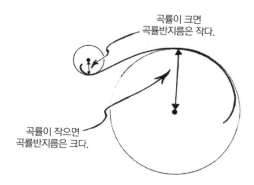

곡률이 크면
곡률반지름은 작다.

곡률이 작으면
곡률반지름은 크다.

그림 3.22 '곡률반지름'은 곡률척도의 역수로서, 곡률이 크면 작고 곡률이 작으면 크다. 양자 중력은 대개 시공간 곡률 반지름이 플랑크 길이에 가까워질 때 우세해진다고들 주장한다. 하지만 CCC는 이 것이 오직 바일 곡률에만 적용된다고 주장한다.

하지만, 문제가 되는 곡률은 등각곡률 텐서 **C**로 기술되듯이 바일 곡률이 어야만 한다. 따라서 아인슈타인 텐서 **E**에 연관된 곡률반지름은 그것이 원하는 만큼 작아질 수 있다. 그리고 시공간 기하는 바일 곡률 반지름이 플랑크 척도에서 크게 여겨지는 한 여전히 본질적으로 고전적이고 매끈 하게 남게 될 것이다(그림 3.22 참조).

CCC의 경우 빅뱅(거기서는 바일 곡률의 반지름이 무한대이다)에서 **C** = 0임 을 우리가 알게 되었다. 그래서 본질적으로 고전적인 생각이면 충분하 다고 온당하게 여길 수 있다. 따라서 각 이언에서의 빅뱅의 세세한 본성 은 이전 이언의 먼 미래에서 무슨 일이 벌어지는지에 의해 완전히 결정 된다. 그리고 이것은 관측적인 결과를 내보일 것임이 틀림없다. 그중 몇 몇을 3.6절에서 고려하였다. 여기서 고전적인 방정식은 직전에 선행했던 이언의 아주 먼 미래에 존재하는 질량 없는 장의 변화를 그다음 빅뱅까 지 연속시킨다. 다른 한편, 아주 초기 우주에 대한 현재의 표준적인 접근법은 양자 중력이 빅뱅에서의 움직임을 결정하는 것임이 틀림없다고 가정한다. 본질적으로 하늘 전체에 걸친 CMB 온도에서(10^5에서 일부) 약간 벗어난 것이 초기에 '양자 떨림'으로부터 어떻게 생겨났는지를 급팽창 우주론은 이런 식으로 ('인플라톤 장'을 써서) 선언하고 있다. 하지만 CCC는 다음 장에서 보게 되겠지만 이에 대해 완전히 다른 전망을 던져준다.

3.6

━━━━━

관측이 주는 암시

지금 내가 다루고 싶은 질문은 CCC의 실제적 유용성을 지지하거나 그에 반하는 어떤 구체적인 증거를 우리가 찾을 수 있을 것인가이다. 우리 빅뱅에 앞서 존재한다고 추정되는 '이언'과 관련된 어떠한 증거들은 여느 관측적 접근을 훌쩍 넘어서는 것이어야만 한다고 생각돼 왔다. 이는 모든 정보를 말살해 버릴 것 같은, 빅뱅 때 생겨나는 절대적으로 엄청난 온도 때문이다. 그로 인해 이전에 있었을 것으로 생각되는 그 모든 활동을 우리에게서 분리해 버린다. 하지만 우리는 제2법칙의 직접적인 암시로서 빅뱅 속에 극단적의 조직이 존재해야만 한다는 점을 명심해야 한다. 그리고 이 책의 논증은 이 '조직'이 우리의 빅뱅을 우리에 앞선 이언에 등각적으로 연장될 수 있도록 하는 성질을 가진다는 점을 지적하고 있다. 이렇게 연장하는 것은 아주 구체적이고 결정론적인 변화에 의해 지배된다. 따라서 우리는 어떤 의미에서는 우리가 실제로 앞선 이언을 꿰뚫어 볼 수 있을지도 모른다는 희망을 갖게 된다.

우리는 우리보다 앞선 이언의 먼 미래의 어떤 특별한 성질을 우리가 관측할 가능성이 있을 것인지를 물어 봐야 한다. 만약 CCC가 옳다면, 우리가 확신할 수 있는 한 가지는 우리 자신의 이언의 전반적인 공간 기하가 이전 이언의 기하와 들어맞아야만 한다는 점이다. 예를 들어 만약 이전 이언이 공간적으로 유한하다면, 우리 자신의 이언도 그러해야만 한다. 만약 그 이전의 이언이 큰 규모에서 봤을 때 유클리드의 3차원 공간 기하($K = 0$)와 부합한다면, 그것은 또한 우리의 이언에도 적용될 것이고, 만약 그것이 쌍곡면 공간 기하($K < 0$)를 갖는다면 우리 자신의 이언도 또한 쌍곡면일 것이다. 이 모든 것은 공간 기하가 전반적으로 3차원 분기면의 기하에 의해 결정되기 때문이다. 이 3차원 면의 기하는 그것이 묶어두고 있는 양쪽의 모든 이언에 공통적이다. 물론 이것이 뭔가 새로운 관측적 가치를 우리에게 제공하지는 않는다. 왜냐하면 이전 이언의 전반적인 공간 기하에 대한 독립적인 정보가 없기 때문이다.

그러나 다소간 좀 더 작은 규모에서는 각 이언이 진보하는 과정 전반에 걸쳐 어쩌면 어떤 복잡한 — 하지만 원리적으로 이해 가능한 — 동역학적 과정에 따라 물질분포가 스스로를 재배열할지도 모른다. 질량이 없는 복사의 형태를 취하는(CCC의 3.2절 요건에 부합하여) 이런 물질분포의 궁극적인 움직임은 그 신호를 3차원 분기면에 남길 수도 있으며, 그렇다면 아마도 CMB에서의 미묘한 불규칙성으로 읽을 수도 있을 것이다. 우리의 임무는 이 점과 관련해 이전 이언의 진행 여정에서 발생하는 가장 중요한 과정들이 무엇인가를 확인하는 것, 그리고 CMB에서 그런 미세한 불규칙성 속에 숨겨진 신호를 해독하는 것이다.

이런 종류의 신호를 해석할 수 있으려면, 그것을 야기했을 거라 생각되는 현상들을 제대로 이해할 필요가 있다. 이를 위해, 이전 이언이 관련되었을지도 모르는 동역학적 과정들을, 그리고 또한 어떻게 만물이 하나의 이언에서 다음 이언으로 진행할 수 있는지를 주의 깊게 살펴볼 필요가 있다. 하지만 이전 이언의 자세한 성질에 대해 어떤 합당하고도 명쾌한 결론에라도 이르기 위해서는, 일반적으로 그것이 우리 자신의 이언과 본질적으로 같다고 가정하는 것이 도움이 될 것이다. 그렇다면 우리에 앞선 이언이 우리 주변의 우주에서 보는 그런 부류의 움직임과 밀접하게 부합하여 움직일 것이며, 먼 미래로 변화할 것으로 기대되는 그런 일반적인 방식으로 변화해 나갈 것이라고 받아들일 수 있다.

가장 명확하게는, 이전 이언의 먼 미래에 지수 함수적인 팽창이 있었어야만 한다고 우리는 기대할 것이다. 여기서 우리 자신의 경우로 나타나는 것처럼(만약 우리가 Λ를 상수로 여긴다면), 양의 우주상수가 아주 먼 미래에 그 이언의 움직임을 지배했을 것으로 가정하고 있다. 그 결과에 의한 앞선 이언의 지수적 팽창은 우리 우주의 아주 초기 역사에 대해 현재 선호하고 있는 심상인 가정적인 급팽창 단계와 감질나게 닮았을 것이다. 비록 현재의 통상적인 이 심상은 우리 자신의 이언에서 빅뱅 그 자체에 근접하여 약 10^{-36}초에서 10^{-32}초 사이에 지수적 팽창이 일어났지만 말이다(2.1절, 2.6절 참조). 다른 한편, CCC는 이 '급팽창 단계'를 빅뱅 이전에 위치시키며 그것을 이전 이언의 먼 미래의 지수적 팽창으로 인식한다. 사실 3.3절에서 말했듯이 이런 성질에 대한 발상은 가브리엘레 베네치아노가 (비록 그의 틀은 끈 이론에서 따온 발상에 심하게 의존하고 있었지만) 1998년에 제시하였다.[3.81]

이런 일반적인 발상에서 한 가지 중요한 면은 CMB에서 보이는 약간의 온도 변화로부터 알 수 있듯이, 현재 표준적인 급팽창 우주론의 심상을 결정적으로 지지하는 것처럼 보이는 두 가지 핵심적인 관측적 증거 조각들이, 이런 성질을 가진 선 빅뱅 이론들로도 또한 다룰 수 있을 것 같

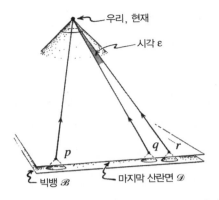

그림 3.23 표준적인 (선급팽창) 우주론은 그림에서 ε=2°로 주어진 것보다 더 멀리 떨어진 CMB 하늘의 점들은 서로 상관관계가 없어야 함을 암시하는데(왜냐하면 q와 r의 과거 광원뿔이 겹치지 않으므로), 반면 그런 상관관계가 p나 r 같은 점들에서와 같이 약 ~60°까지 관측된다.

다는 점이다. 그중 한 가지는 하늘에서 여러 각도에 걸쳐(실제로는 약 60°까지) CMB의 온도 변화에서 상관관계가 관측되었다는 것이다. 이는 만약 빅뱅 자체가 태생적으로 상관관계가 없는 것으로 여겨진다면, 프리드만 또는 톨먼 형태의 표준적인 우주론(2.1절, 3.3절)과는 일치하지 않는다. 이 불일치가 그림 3.23의 개략적인 등각도형에 그려져 있다. 여기서 우리는 마지막 산란면 $\mathscr{D}$(해리. 2.2절 참조)가 빅뱅의 3차원 면 $\mathscr{B}^-$에 너무나 가까이서 생겼기 때문에 과거를 향한 우리의 관점에서 봤을 때 하늘에서 약 2° 떨어진 것보다 더 많이 떨어져 보이는 효과들은 인과적 접촉을 하지 못했을 것이다. 이것은 그 모든 상관관계가 빅뱅 이후에 생기는 과정에서부터 생겨나며 $\mathscr{B}^-$의 다른 점들은 사실상 완전히 관계가 없다고 추정하게 된다. 급팽창은 그런 상관관계를 얻을 수 있다. 왜냐하면 '급팽창 단계'는 등각도형에서 $\mathscr{B}^-$와 $\mathscr{D}$ 사이의 간격을 증가시켜,[3.82] 우리의 시점에서 바라봤을 때 더 큰 각도가 인과적 접촉 속으로 들어오게 된다(그림 3.24 참

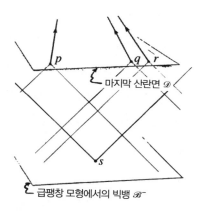

그림 3.24 급팽창의 효과는 $\mathscr{B}^-$와 $\mathscr{D}$ 사이의 간격을 증가시키기 때문에 그림 3.23의 상관관계가 생길 수 있다.

조).

급팽창을 강력하게 지지하는 것으로 보이는 관측 증거의 또 다른 핵심조각은 초기 밀도요동 — CMB에서 온도의 요동을 야기하는 — 이 아주 넓은 범위에 걸쳐 척도 불변인 것처럼 보인다는 것이다. 급팽창 우주론은 빅뱅 아주 직후에 초기의 완전히 무작위인 불규칙성 — '인플라톤장'(2.6절 참조)에서 초기의 미세한 양자 떨림의 성질을 가진 — 이 있었다고 설명한다. 그리고는 급팽창에 의한 지수적 팽창이 상황을 접수하여 이 불규칙성을 엄청난 정도로 팽창시켜 마침내 물질분포(주로 암흑물질)에서 실제 밀도가 불규칙하게 현실화되었다.[3.83] 자, 지수적 팽창은 자가 유사 과정이므로 만약 초기 요동이 시공간 속에 무작위로 분포했다면, 이런 요동에 지수적인 팽창작용을 한 결과는 어떤 척도 불변의 분포일 것으로 생각할 수 있다. 사실 급팽창이라는 기획이 제시되기 오래전에 E. R. 해리슨과 Y. B. 젤도비치는 1970년 만약 초기 요동이 정말로 척도 불변이라고 가정한다면 우주에서 초기 물질분포의 균일성에서 벗어난 관측결과를 설명할 수 있다고 제안하였다. 급팽창은 이런 제안에 대한 이론적 근거를 제공했을 뿐만 아니라, 이후 CMB 관측을 분석하여 이전보다 훨씬 더 큰 범위에 걸쳐 척도 불변에 가까운 결과를 확증하였다. 이는 급팽창이라는 발상을 상당히 뒷받침해 주었다. 특히 다른 어떤 종류의 설명이 이렇게 관측된 척도 불변성에 이론적 기초를 제공할 수 있을 것인지 찾기 어려웠기 때문이다.

사실 만약 누군가 급팽창이라는 심상을 거부하고자 한다면, 초기 밀도 불규칙성에서의 척도 불변과 지평선 크기를 넘어서는 상관관계 모두에 대한 어떤 대안적 설명을 찾을 필요가 있다. CCC에서는 (초기 베네치아노의 틀에서와 마찬가지로) 이 두 가지 사항을 사실상 빅뱅 바로 직후의 순간에 생겨난 우주의 급팽창 단계를 위에서 묘사한 대로 빅뱅에 앞서는 팽창단계로 대체해서 다루고 있다. 급팽창과 꼭 마찬가지로 사실상 자가유사한 우주의 팽창단계를 우리가 여전히 갖게 되기 때문에 이것이 척도 불변의 성질을 가진 밀도 요동에 이를 수 있다고 기대할 수 있을 것이다. 게다가 프리드만이나 톨먼 모형의 지평선 척도 바깥의 상관관계도 또다시 기대할 수 있다. 하지만 이제 이 상관관계는 우리의 이언에 앞선 이언에서 발생한 사건들을 통해 구축된다(그림 3.25 참조).

CCC에 따르면 이런 사건들이 어떤 형태와 비슷할 것인지 좀 더 명확히 하기 위해서는, 무엇이 우리 자신의 이언 이전의 이언에서 일어나는 가장 중요한 과정들일 것인지 이해하려고 노력해야만 한다. 이 문제에 대해 아주 세세하게 파고들어 가기 전에 우리가 다뤄야만 하는 특별히 큰 물음표가 있다. 3.3절에서 말했던 우리가 심각하게 여겨야만 하는

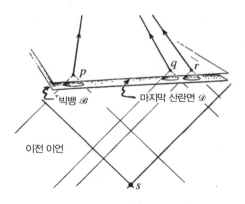

그림 3.25 CCC에서는 그림 3.23에서 요구하는 상관관계가 이전 이언에서의 움직임으로부터 야기될 수 있다.

가능성이 존재하기 때문이다. 그것은 존 휠러의 제안으로서 자연의 기본 상수들이 이전의 이언에서는 우리 자신의 이언에서와 정확히 똑같은 값을 가지지 않을 수도 있다는 것이다. 그런 가능성 중 가장 명확한 (그리고 가장 단순한) 것은 3.2절의 끝에서 말했던 큰 수 N이다. 이는 우리의 이언에서 $N \approx 10^{20}$의 값을 가지지만, 이전의 이언에서 어떤 다른 값을 가질지도 모른다. 물론 이 문제에는 양면이 존재한다. 만약 우리가 N 같은 근본적인 수치 상수들이 이전 이언에서 우리 이언에서와 똑같은 값을 가진다고, 또는 그런 숫자들의 값이 (적당하게) 바뀌어도 관측이 그에 무감각할 것이라고 그냥 가정할 수 있다면 인생은 확실히 더 편해질 것이다. 하지만 다른 한편, 만약 N 같은 숫자를 바꾸는 것이 분명하게 구분 가능한 효과를 낸다면, 그런 숫자가 근본적으로 상수인지 아닌지(어쩌면 원리상 수학적으로 계산할 수 있는) 또는 그 자체가 관측적으로 검증에 들어갈 수 있는, 아마도 어떤 특별한 수학적 방법으로 그 숫자가 실제로 이언마다 정말로 변하는지 아닌지를 실제로 확인할 수 있는 흥미진진한 가능성이 잠재적으로 존재하게 된다.

우리 자신의 이언이 아주 먼 미래로 어떻게 변화할 것인지에 대한 우리의 예상과 관련해 몇몇 부수적인 물음표들이 있다. 여기서는 CCC의 요구조건과 기대가 다소간 더욱 명확하다. 구체적으로 말해, Λ는 정말로 우주상수여야만 하고 우리의 이언은 영원히 지수적 팽창을 계속해 나간다. 블랙홀의 호킹 복사는 실체여야 하고 모든 블랙홀이 사라져 없어질 때까지 계속돼야만 한다. 이때 블랙홀은 자신의 전체 정지질량을 낮은 에너지의 광자와 중력 복사 속에 사실상 내던져 두게 된다. 그리고 이런 현상은 우리가 기대할 수 있는 가장 큰 블랙홀에 대해서도, 그것이 마침내 사라질 때까지 일어날 것이다. 만약 이런 호킹 복사가 우리에 앞선 이언에서 생겨난다면 실제로 감지할 수 있을까? 블랙홀의 전체 질량-에너지는 그것이 처음에 아무리 거대하다 할지라도, 궁극적으로는 이 낮은 진동수의 전자기 복사 속에 내던져져야만 할 것임을 명심해야 한다. 이 에너지는 궁극적으로 분기면에 결국 도달하여 우리 자신의 이언의 CMB에 미묘한 흔적을 남길 것이다. 만약 CCC가 옳다면, 결국에는 CMB의 미세한 불규칙성으로부터 이 정보를 검증하는 것도 전혀 불가능하지는 않다. 만약 그렇다면 이는 대단히 놀라운 일이다. 왜냐하면 우리 자신의 이언에서의 호킹 복사는 대개 너무나 터무니없이 미세한 효과인 것으로 여겨지기 때문에 완전히 관측 불가능할 것이기 때문이다!

CCC의 좀 더 비통상적인 결과는 모든 입자의 정지질량이 결국에는 영원히 방대하게 뻗은 연장선 위로 사라져야만 한다는 것이다(3.2절 참조). 그래서 점근적인 극한에서는 대전된 입자를 포함해서 모든 살아남은 입자들의 질량이 없어진다. 이 틀에 따르면 정지질량이 사라지는 것은 무거운 입자들의 보편적인 특징이다. 따라서 그것은 관측 가능한 효과여야만 할 것으로 예상할 수 있다. 하지만 현 단계의 이해수준에서 이 틀은 질량이 소멸하는 비율에 대해 그 어떤 규칙도 제공하지 못하고 있다. 그 붕괴율은 극도로 낮을 수도 있어서, 그런 붕괴를 관측하지 못한 것이 CCC의 이런 면을 부정하는 어떤 증거를 나타낸다고 주장하기는 어렵다. 여기서 한 가지 지적할 만한 점은 만약 모든 다른 형태의 입자들이 비례관계에 가까운 질량 붕괴율을 갖고 있다면, 그 효과는 중력 상수를 아주 천천히 약화시키는 것으로 드러날 것이다. 1998년까지는[3.84] 중력 상수의 여느 붕괴율에 대한 최고의 실험적 한계는 그것이 매년 약 1.6×10^{-12}보다 더 작아야만 한다는 것이다. 하지만 10^{12}년이라는 시간척도는 모든 블랙홀이 사라지는 데에 허용된 시간으로 고려할 필요가 있는, 적어도 10^{100}년의 기간이라는 시간과 비교해 보면 정말로 하찮은 시간이다. 이 글을 쓰고 있는 지금 나는 정지질량이 궁극적으로 소멸할 것을 요구하는 CCC의 전망을 심각하게 검증할 그 어떤 명확한 관측 결과를 알지 못한다.

하지만 CMB를 적절히 분석하면 확증하는 것이 가능할 수밖에 없는 한 가지 분명한 CCC의 결과가 존재한다. 문제가 되는 그 효과는 극도로 무거운 블랙홀들(주로 은하 중심에 있는 그런 것들)이 서로 아주 가까이 조우할 때 생겨나는 중력 복사이다. 그러한 조우의 결과는 무엇일까? 만약 블랙홀들이 서로가 특히 가깝게 마주쳐 지나간다면, 각 블랙홀은 다른 블랙홀의 운동을 충분히 격렬하게 뒤틀어서 그 블랙홀 쌍으로부터 엄청난 양의 에너지를 지니고 나올 수 있는 중력파 폭발이 있을 것이며, 이들의

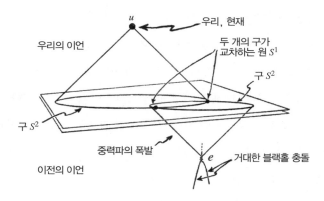

그림 3.26 이전 이언에서 거대한 블랙홀들이 마주치면 엄청난 중력파 폭발을 야기할 것이다. 이는 CMB 하늘에서 증가된 또는 감소된 온도(전체적인 기하에 따라)의 원으로서 나타나야만 한다.

상대적인 운동은 눈에 띄게 줄어들 것으로 예상된다. 만약 그 조우가 극도로 가깝다면, 이들은 서로에 대한 궤도에서 각각 상대방을 당연히 붙잡게 될 것이다. 이는 중력파로 에너지를 잃어버리는 것을 통해 점점 더 단단해지고, 이런 식으로 엄청난 총에너지 손실을 야기하게 되어 결국에는 서로가 서로를 잡아먹고 하나의 블랙홀을 형성하게 된다. 극단적인 경우에는 이 하나의 블랙홀이 직접적인 충격의 결과일 수도 있다. 그 결과로 생긴 블랙홀은 자리를 잡기 전에 중력 복사를 통해 초기에 크게 뒤틀릴 수도 있다. 어느 경우든 두 블랙홀이 결합된 거대한 질량으로부터 상당히 무시하지 못할 정도의 비율을 가지고 나올 것 같은 엄청난 중력파 복사가 있을 것이다.

우리가 여기서 관심 있는 그런 부류의 시간척도에서는 이 온전한 중력파의 폭발이 사실상 순간적일 것이다. 우주 전체에 걸쳐 커다란 뒤틀림 효과가 더 이상 없다면 이 복사는 본질적으로 얇고 거의 구형인 껍데기 속에 포함되어 조우점 e에서 광속으로 영원히 퍼져 나갈 것이다. (개략적인) 등각도형(그림 3.26)의 관점에서 보자면 이 에너지 폭발은 e에서 $\mathscr{I}^\wedge$으로 연장되는 외향성 광원뿔 $\mathscr{C}^+(e)$로 표현될 것이다(여기서 $\mathscr{I}^\wedge$은 우리보다 앞선 이언의 '$\mathscr{I}^+$'이다). 최종적으로 $\mathscr{I}^\wedge$에 도달했을 때 이 복사가 완전히 별 의미 없는 것이 되기 위해서는 결국에는 무한히 가늘어져야만 할 것이라고 생각할지도 모르겠지만, 이 상황을 제대로 바라본다면 실제로는 그렇지 않다는 것을 알게 된다. 중력장은 $[^0_4]$-텐서 $\mathbf{K}$로 기술할 수 있으며, 이는 등각 불변의 파동방정식 $\nabla \mathbf{K} = 0$을 만족한다는 3.2절을 떠올려 보자. 이 파동방정식은 정말로 등각적으로 불변이므로, 우리는 $\mathbf{K}$를 그림 3.26에 그려진 시공간 속을 진행하는 것으로 여길 수 있다. 이때 미래경계 $\mathscr{I}^\wedge$은 보통의 공간성 3차원 면으로 생각할 수 있다. 이 파동은 유한한 시간 안에 $\mathscr{I}^\wedge$에 도달하고 $\mathbf{K}$는 거기서 유한한 값을 가진다. 이는 그림 3.26의 기하로부터 추정할 수 있다.

이제 그림 3.26에 사용할 등각계측 척도조정에서의 $\mathbf{K}$와 등각텐서 $\mathbf{C}$ 사이의 관계 때문에(3.2절의 '$\hat{\mathbf{C}} = \Omega \hat{\mathbf{K}}$'), 우리는 등각텐서 $\mathbf{C}$가 $\mathscr{I}^\wedge$에서 0의 값에 도달하지만 $\mathscr{I}^\wedge$을 가로지를 때 0이 아닌 수직 도함수를 갖는다는 것을 알 수 있다(그림 3.27 참조. 그림 3.6과 비교). 부록 B12의 논증으로부터 우리는 이 수직 도함수의 존재가 두 가지 직접적인 영향을 미친다는 것을 알 수 있다. 그중 하나는 '코튼-요크' 텐서로 알려진 등각곡률량을 통해 분기면($\mathscr{I}^\wedge/\mathscr{B}^-$)의 등각 기하에 영향을 미치는 것이다. 그래서 우리는 빅뱅의 순간에 연속되는 이언(우리 자신의)의 공간 기하가 정확하게 FLRW형이라고 기대할 수 없지만, 약간의 불규칙성은 분명히 존재할 것이다. 둘째는 보다 즉각적으로 관측할 수 있는 효과인데, ϖ 장의 물질 — 3.2절에서 새로

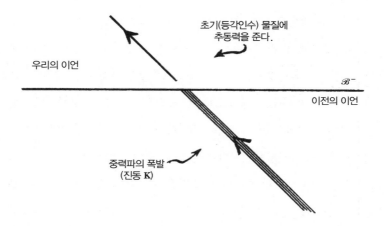

초기(등각인수) 물질에
추동력을 준다.

우리의 이언

$\mathscr{B}^-$

이전의 이언

중력파의 폭발
(진동 K)

그림 3.27 중력파 폭발이 3차원 분기면을 만나면 뒤이은 이언의 초기 물질에 파동의 방향으로 '추동력'을 주게 된다.

운 암흑물질의 초기 단계인 것으로 논증되었다 — 에 복사 방향으로 상당한 '추동력'을 준다는 것이다(그림 3.27 참조).

만약 점 u가 시공간에서 현재 우리의 위치를 나타낸다면, u의 과거 광원뿔 $\mathscr{C}^-(u)$는 우리가 직접 '볼' 수 있는 우주의 부분을 나타낸다. 따라서 $\mathscr{C}^-(u)$와 해리면 $\mathscr{D}$의 교차면은 CMB에서 직접 관측할 수 있는 것을 나타낸다. 하지만 엄밀한 등각 표현에서는 $\mathscr{D}$가 분기면 $\mathscr{B}^-$에 아주 가깝기 때문에(그림에서는 전체 이언의 총 높이의 약 1%), 우리가 이것을 $\mathscr{C}^-(u)$와 $\mathscr{B}^-$의 교차면으로 생각하더라도 크게 잘못된 것은 아니다.[3.85] 우리 자신의 이언 속 물질분포에서 여느 비균일 효과를 무시한다면 이는 기하학적인 구일 것이다. e의 미래 광원뿔 $\mathscr{C}^+(e)$ 또한 우리가 이 이전 이언에서의 밀도 비균일성을 무시할 수 있다고 가정한다면, 기하학적 구에서 $\mathscr{I}^\wedge(=\mathscr{B}^-)$과 만날 것이다. 따라서 우리가 CMB에서의 그 효과를 통해 직접적으로 볼 수 있는, e에서의 블랙홀 조우로부터 나온 복사 일부는 $\mathscr{B}^-$에서의 이 두 개의 구의 교차선일 것이다. 이 교차선은 기하학적으로 정확한 원 C이다. 나는 여기서 3차원 면 $\mathscr{B}^-$와 $\mathscr{D}$ 사이의 약간의 차이를 무시하고 있다.

중력파 폭발이 (가정된) 원시 암흑물질에 부여할 에너지-운동량 충격에 의한 '추동력'은 우리 방향으로 성분을 가진다. 이는 u, e, 그리고 분기면 사이의 기하학적 관계에 따라 우리를 향할 수도, 우리에게서 멀어질 수도 있다. 우리를 향하거나 멀어지는 이 효과는 전체 원 C의 모든 둘레에서 똑같을 것이다. 따라서 우리는 이 두 개의 구가 교차하는 이전 이언에서의 그런 각각의 블랙홀에 대해 CMB 하늘에 하나의 원이 있어서 하늘 전체에 걸쳐 평균적인 배경 CMB의 온도에 양으로 또는 음으로 기여할 것이라고 기대하게 된다.

한 가지 유용한 비유를 들어 보자. 평화롭고 바람이 없는 날, 가벼운 비가 내리는 연못을 상상해 보자. 각각의 빗방울은 충돌점에서 바깥으로 멀리 움직이는 원형의 물결을 만들 것이다. 하지만 만약 그런 충돌점이 많다면 개개의 물결은 연속적으로 밖으로 움직여 복잡한 방식으로 서로 중첩됨에 따라 곧 구별하기가 어려워질 것이다. 각각의 충돌점은 위에서 보여 준 블랙홀의 조우들 가운데 하나와 유사하게 생각할 수 있다. 잠시 뒤 비가 잦아들면(블랙홀들이 마침내 호킹 증발을 통해 사라지는 것과 유사하다), 우리에겐 무작위로 보이는 물결무늬만 남게 된다. 그리고 그런 무늬의 사진으로부터 그것이 이런 식으로 만들어졌다고 확인하기란 어려울 것이다. 그럼에도 만약 이 무늬를 적절하게 통계적으로 분석하면 원래 빗방울의 충격에 대한 원래 시공간 배열을 재구성하는 것이 틀림없이 가능할 것이며(만약 비가 아주 오래 계속되지 않았다면), 그 무늬가 실제로 이런 성질을 가진 불연속적인 충격으로부터 생겨났다는 확신은 굳건해진다.

내 생각에는 이런 부류의 통계적 방식으로 CMB를 잘 분석하면 CCC라는 제안을 틀림없이 훌륭하게 검증할 수 있을 것 같다. 그래서 2008년 5월 초에 프린스턴 대학을 방문하게 되었을 때, 나는 CMB 데이터 분석의 세계적인 전문가인 데이비드 스퍼겔에게 문의할 기회를 얻었다. 나는 그에게 혹시 누가 CMB 데이터에서 그런 효과를 본 적이 있었냐고 물었다. 그의 대답은 "아니오"였다. 뒤이어 말하기를, "하지만 누구도 그걸 쳐다보지 않았습니다!" 그는 나중에 그 문제를 자신의 박사 후 조수 중 한 명인 아미르 하지안에게 던졌다. 그는 이후 이런 종류의 효과에 대한 어떤 증거가 있을까 알아보기 위해 WMAP 관측위성의 관측 데이터에 대한 예비분석을 수행하였다.

하지안이 한 것은 일련의 또 다른 반지름들을 고른 것으로, 약 1°의 각반지름에서 시작하여 이 반지름을 약 0.4°의 단계로 약 60°의 각반지름까지 증가시켰다(그래서 모두 171개의 서로 다른 반지름을 골랐다). 각각 주어진 반지름에 대해 원을 그리면 하늘 전체에 걸쳐 균일하게 흩어져 있는 196,608개의 서로 다른 점에 중심을 둔 원이 생긴다. 이 원들은 각각 원 주변에서 계산한 CMB 온도의 평균값을 가진다. 그러면 하나의 히스토그램이 만들어진다. 이를 통해 완전히 무작위 데이터의 '가우시안 습성'에서 기대되는 바로부터 상당히 벗어나는 것이 혹시 있는지 알아볼 수 있다. 처음에는 어떤 '뿔'이 보여서 CCC가 예측하는 성질을 가진 많은 개별 원에 대한 분명한 증거를 보여주는 듯했다. 하지만 머지않아 이것들은 완전히 가짜였음이 명확해졌다. 왜냐하면 문제가 되는 원들은 하늘의 어

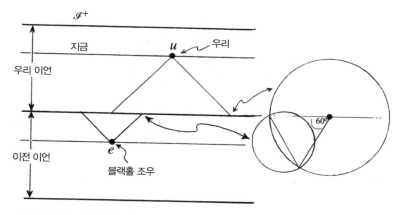

그림 3.28 우리는 등각도형에서 우리 이언의 위쪽으로 약 2/3 되는 지점에 있는 것 같다. 만약 이것이 이전 이언에서의 가장 빠른 블랙홀 조우에도 적용된다면, 각도 상관관계가 60°에서 제한될 것으로 기대된다.

떤 영역들을 통과해 지나갔는데, 몇몇은 우리 자신의 은하수 위치와 연결돼 있었다. 이는 보통의 CMB 하늘보다 더 뜨겁거나 더 차가운 것으로 알려졌었다. 그런 가짜 효과를 없애기 위해서는 은하면에 가까운 영역들에서 오는 정보가 억제돼야만 한다. 이런 의미에서 그 가짜 '뿔'들은 효과적으로 제거되었다.

　이 단계에서 한 가지 지적할 만한 가치가 있는 것은, 어느 경우든 그 뿔을 제공하는 상당히 많은 원이 하늘에서 30°가 넘는 반지름을 가진다는 것이다. CCC에 따르면 만약 우리에 앞선 이언이 우리 자신의 이언에 기대했던 것과 전반적으로 대략 비슷한 역사를 가졌다면, 어느 경우든 이런 일은 일어나지 말아야만 한다. 왜냐하면 여기서 고려하고 있는 은하 블랙홀의 조우가 이전의 이언에서 '현재의 시대'였을 무렵 이전에 일어나지 말아야 하기 때문이다. 이는 우리 이언에서 등각도형을 따라 위

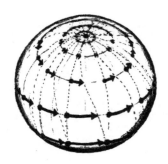

그림 3.29 구면 극좌표계에서 CMB 하늘을 트위스트하기(공식 $\theta'=\theta, \ \phi'=\phi+3a\pi\theta^2-2a\theta^3$을 사용하여). 이 때문에 원은 좀 더 타원형이 된다.

쪽으로 약 $\frac{2}{3}$쯤에서 생겨난다(그림 3.28 참조). 그렇다면 간단한 기하학을 통해, 이전 이언의 등각도형을 따라 위쪽으로 약 $\frac{2}{3}$보다 더 나중에 있는 블랙홀 조우 e는 우리가 점 u에서 과거를 바라보는 시점에서는 반지름이 30°보다 작은 원들이 반드시 생겨나게 해야 함을 알 수 있다(이는 많은 뿔과 일치하지 않는다). 따라서 이런 효과들이 만들어낼 수 있는 온도의 상관관계는 천구를 가로질러 60°만큼까지 뻗지 못할 것이다. 신기하게도 CMB 관측 온도의 상관관계가 정말로 60° 근방에서 떨어지는 것처럼 보인다. 내가 아는 한 이는 표준적인 급팽창의 심상에서는 설명되지 않는다. 그래서 이것이 아마도 CCC 제안을 어느 정도 뒷받침한다고 여길 수 있을지도 모르겠다.

이 뿔을 없애더라도 하지안의 분석에는 가우스적 무작위로부터 상당히 질서 있게 벗어나 보이는 것들이 여전히 다양하게 남아 있는 것처럼 보인다. 그렇게 벗어나는 것들은 각반지름이 약 7°에서 15°사이의 범위에 있는 차가운 원들이 명백히 과다하다는 점과 관련이 있다. 이는 특별

294

히 주목할 가치가 있어 보였고 내 의견으로는 이에 대한 설명이 필요하다. 이런 효과들이 CCC와 아무런 상관이 없는 어떤 가짜 요소들의 결과일 수도 있지만, 내가 보기에 중대한 이슈는 무작위에서 벗어난 것이 특별히, 평균을 낸 하늘의 영역이 어떤 다른 형태가 아니라 실제로 원이라는 사실과 관계가 있는가 하는 점이다. 왜냐하면 CMB에서 추정되는 교란이 실제로 원형이라는 점은 CCC의 이런 예측의 독특한 성질로 보이기 때문이다. 그에 따라 나는 분석을 반복하자고 제안했다. 하지만 넓이를 보존하는 '트위스트'를 천구에 적용할 것을 제안했다(그림 3.29 참조). 그렇게 되면 천구에서의 실제 원들은 그 분석에 따라 좀 더 타원형의 모양을 갖는 것으로 보인다. 나는 세 가지 다른 판본의 분석을 수행해야 한다고 제안했다. 천체 트위스트가 없는 분석, 작은 트위스트를 갖는 분석, 더 큰 트위스트를 갖는 분석이 그것이다. CCC의 예측을 따르면 트위스트가 없을 때 비가우스 효과가 최대이고 작은 트위스트일 때 약간 감소되고, 그리고 아마도 큰 트위스트에서는 모두 사라질 것으로 기대할 수 있다.

그런데 이 분석결과(2008년 가을 하지안이 수행했다)가 나를 놀라게 했다! 8.4°에서 12.4°까지의 반지름 범위에 걸쳐 (이는 12개의 연속적인 별개의 히스토그램을 포괄한다) 완전히 체계적으로, 작은 양의 천체 트위스트가 실제로 이 특별한 효과를 아주 명확하게 향상시켰으며, 반면 더 큰 천체 트위스트는 정말로 비가우스 효과를 사라지게 했다. 히스토그램의 다른 부분에서는 조사 중인 모양의 원형에 민감한 다소 비슷한 징후가 있었다. 처음에 나는 이 결과에 다소 어이가 없어 말을 잇지 못했다. 적은 양의 트위스트 때문에 어떻게 그런 증강을 설명할 수 있을지 상상할 수 없었다. 하지만 그때 (오히려) 우리 자신의 이언에서의 질량 분포에 원형의 영상을 약간 타원형으로 왜곡시키는 데에 일조하는 비균질성이 클지도 모른다는 가능성이 내게 떠올랐다.[3.86] 2.6절에서 바일 곡률이 존재할 때 만들 수 있는 중대한 영상왜곡을 떠올려보자(그림 2.48 참조). 작은 트위스트가 만들어 낸 효과의 증대는 (내가 제안한 심상에 따라) 하늘의 어떤 영역에서 우리가 도입한 인위적인 천체 트위스트의 양과 바일 곡률에 의한 실제 왜곡 사이에 우연한 일치가 있어서 생겨날 수 있다. 다른 영역에서는 트위스트가 더 큰 불일치를 야기할 것이다. 하지만 그 효과는 적당한 환경 속에서는 당연하게도 전반적인 향상일 수가 있다. 왜냐하면 불일치에 의한 것들은 '잡음' 속에서 쉽게 사라질 것이기 때문이다.

바일 곡률의 개입 탓에 중대한 왜곡이 있을지도 모르기 때문에 그 분석은 불행하게도 상당히 복잡해졌다. u와 해리의 3차원 면 $\mathscr{D}$ 사이의 시선을 따라 상당한 바일 곡률이 어디에 있을 것인지를 확인하기 위해서는 천상을 더 작은 영역으로 쪼개는 것도 유용할 것이다. 아마도 이것은 우주 물질분포 속의 알려진 비균질성과 관계가 있을지도 모른다(예를 들면 커다란 '빈 공간들'[3.87]). 어느 경우든 당분간은 관측 결과가 우리를 위해 남겨둔 것 같은 상황에 대해 뚜렷하게 감질나는 뭔가가 있다. 이런 문제들이 너무 머지않은 미래에 명확해질 것이라고 확실히 희망할 수 있다. 그리하여 그리 오래지 않아 등각 순환 우주론의 물리적 지위는 명쾌한 방법으로 해명될 수 있을 것이다.

에필로그

톰은 의심스러운 눈치로 프리실라 숙모를 바라보고는 이렇게 말했다.
"그건 제가 들어 본 말 중 가장 어이없는 생각이군요!"

톰은 자신을 집에 데려다 줄 숙모의 차까지 활보하듯 걸어갔고, 숙모
는 약간 떨어져서 톰의 뒤를 따랐다. 하지만 곧 톰은 멈추더니 방앗간 한
편에 있는 커다란 연못 위로 떨어지는 빗방울을 살펴보았다. 비는 이제
차차 잦아들어 희미한 보슬비가 되었고, 그래서 이제 각각 물방울들의
충격이 분명하게 보였다. 톰은 잠시 그것들을 바라보았다 — 그리고 톰
은 궁금증을 떨쳐 버릴 수가 없었다…….

부록 A

:등각 척도 재조정, 2-스피너, 맥스웰 그리고 아인슈타인 이론

내가 여기서 제시한 대부분의 상세한 방정식들은 2-스피너 형식을 이용하고 있다. 이것은 필요성의 문제가 아니다. 왜냐하면 더 익숙한 4-텐서표기를 하나의 대안으로서 전반적으로 아주 잘 제시할 수 있었기 때문이다. 하지만 등각 불변의 성질(A6 참조)들을 표현하는 것에 관한 한 2-스피너 형식이 더 단순할 뿐만 아니라 질량이 없는 장의 진행과 그에 상응하는 그 구성 입자들에 대한 슈뢰딩거 방정식에 관해서도 더욱 체계적으로 개괄할 수 있다.

여기서 도입한 규약법은 추상적 첨자 사용법을 포함해 펜로즈와 린들러(1984, 1986)[A.1]의 표기법과 같다. 예외가 있다면 그 연구에서의 'λ' 대신 여기서는 Λ가 우주상수를 나타낸다. 그리고 거기서 나타나는 스칼라 곡률량 'Λ'는 $\frac{1}{24}R$이다. 'P&R'로 시작하는 방정식의 참고문헌은 그 작업을 말하며, 사실상 모든 필요한 방정식들은 1986년 저작 2권에서 찾아볼수 있다. 여기서 사용된 아인슈타인 텐서 R_{ab}는 거기서 사용된 '아인슈타인 텐서' $R_{ab} - \frac{1}{2}Rg_{ab}$의 마이너스(리치 텐서 R_{ab}의 부호는 거기서 채택한 것과똑같다)이다. 그래서 아인슈타인의 장 방정식은 다음과 같다(2.6절과 3.5절의 경우와 같다).

$$\mathbf{E}_{ab} = \frac{1}{2} R \mathbf{g}_{ab} - R_{ab} = 8\pi G T_{ab} + \Lambda \mathbf{g}_{ab}.$$

A1. 2-스피너 표기법: 맥스웰 방정식

2-스피너 형식은 추상적 스피너 첨자를 가진 양들(2차원 복소 스핀 공간에 대해)이다. 이를 위해 나는 프라임이 없거나($A, B, C, \cdots$) 또는 프라임이 붙은 ($A', B', C', \cdots$) 이탤릭체의 라틴 대문자를 쓴다. 이들은 복소켤레에 대해 서로 바뀔 수 있다. 시공간 각 점에서의 (복소화된) 접공간은 프라임이 붙지 않은 스핀 공간과 프라임이 붙은 스핀 공간의 텐서곱이다. 이 때문에 우리는 추상적 첨자 동일화를 채택할 수 있다.

$$a = AA', \quad b = BB', \quad c = CC', \quad \cdots$$

여기서 소문자로 쓴 이탤릭 라틴 첨자 $a, b, c, \cdots$는 시공간 접공간을 뜻한다. 좀 더 구체적으로 말해, 접공간은 위쪽에 있는 첨자를, 동반접공간은 아래쪽 첨자를 말한다.

반대칭적 맥스웰 장 텐서 $F_{ab}(=-F_{ba})$는 2-스피너 형에서 대칭적 2첨자 2스피너 $\varphi_{AB}(=\varphi_{BA})$를 써서

$$F_{ab} = \varphi_{AB}\varepsilon_{A'B'} + \overline{\varphi}_{A'B'}\varepsilon_{AB}$$

로 표현할 수 있다. 여기서 $\varepsilon_{AB}(=-\varepsilon_{BA}=\overline{\varepsilon_{A'B'}})$는 스핀공간의 복소 사교 구조를 정의하는 양이며 추상 첨자 방정식에 의해 계측과 연결돼 있

다.

$$g_{ab} = \varepsilon_{AB}\varepsilon_{A'B'}.$$

이때 스핀첨자는 다음과 같은 규칙에 따라 올려지거나 내려진다(여기서 입실론의 첨자순서가 중요하다!).

$$\xi^A = \varepsilon^{AB}\xi_B, \quad \xi_B = \xi^A\varepsilon_{AB}, \quad \eta_{B'} = \varepsilon^{A'B'}\eta_{B'}, \quad \eta_{B'} = \eta^{A'}\varepsilon_{A'B'}.$$

전류벡터 J^a를 샘으로 갖는 맥스웰 장 방정식(3.2절에서 집합적으로 $\nabla \mathbf{F} = 4\pi \mathbf{J}$로 표현되었다)은

$$\nabla_{[a}F_{bc]} = 0, \quad \nabla_a F^{ab} = 4\pi J^b$$

이다(이때 첨자 주변의 사각괄호는 반대칭화를 나타내고 둥근 괄호는 대칭화를 나타낸다). 그리고 전류보존방정식은

$$\nabla_a J^a = 0$$

이다. 이것은 각각 2-스피너 형을 취한다(P&R 5.1.52, P&R 5.1.54).

$$\nabla^{A'B}\varphi^A{}_B = 2\pi J^{AA'}, \quad \nabla_{AA'}J^{AA'} = 0.$$

그리고 샘이 없을 때는($J^a = 0$) 자유 맥스웰 방정식을 얻는다(3.2절에서 $\nabla \mathbf{F} = 0$으로 표현되었다).

$$\nabla^{AA'}\varphi_{AB} = 0.$$

A2. 질량이 없는 자유장('슈뢰딩거') 방정식

이 마지막 방정식은 질량이 없는 자유장 방정식(P&R 4.12.42), 또는 스핀 $\frac{1}{2}n(>0)$인 질량 없는 입자의 '슈뢰딩거 방정식'[A.2]의 $n=2$인 경우이다.

$$\nabla^{AA'}\phi_{ABC\cdots E} = 0.$$

여기서 $\phi_{ABC\cdots E}$는 n개의 첨자를 가졌고 완전히 대칭적이다.

$$\phi_{ABC\cdots E} = \phi_{(ABC\cdots E)}.$$

$n=0$인 경우 장 방정식은 대개 $\Box\phi = 0$의 형태를 취한다. 여기서 달랑베르시안 연산자 $\Box$는 다음과 같이 정의된다.

$$\Box = \nabla_a \nabla^a.$$

하지만 굽은 시공간에서는 연산자 ∇_a를 공변 미분이라고 부를 필요가 있다. 그래서 여기서는 다음과 같은 방정식 형태(P&R 6.8.30)

$$(\Box + \frac{R}{6})\phi = 0$$

을 더 선호할 것이다. 왜냐하면 우리가 곧(A6) 알아보겠지만, $R = R_a{}^a$가 스칼라 곡률이라는 의미에서 이 방정식이 등각적으로 불변이기 때문이다.

A3. 시공간 곡률량

(리만–크리스토펠) 곡률텐서 R_{abcd} 는 대칭성

$$R_{abcd} = R_{[ab][cd]} = R_{cdab}, \quad R_{[abc]d} = 0$$

을 가지며, 미분교환자와는 다음과 같은 관계가 있다(P&R 4.2.31).

$$(\nabla_a \nabla_b - \nabla_b \nabla_a) V^d = R_{abc}{}^d V^c.$$

이로부터 R_{abcd} 의 부호 표기를 어떻게 선택할지 결정된다. 여기서 $R = R_a{}^a$ 일 때 리치와 아인슈타인 텐서, 그리고 리치 스칼라를 각각

$$R_{ac} = R_{abc}{}^b, \quad E_{ab} = \frac{1}{2} R g_{ab} - R_{ab}$$

로 정의하며 바일 등각 텐서 C_{abcd} 는(P&R 4.8.2)

$$C_{ab}{}^{cd} = R_{ab}{}^{cd} - 2R_{[d}{}^{[c} g_{b]}{}^{d]} + \frac{1}{3} R g_{[a}{}^{c} g_{b]}{}^{d}$$

로 정의된다. 이는 R_{abcd} 와 똑같은 대칭성을 갖는데 추가적으로 모든 자취는 0이 된다.

$$C_{abc}{}^{b} = 0.$$

스피너를 쓰면 다음과 같이 쓸 수 있음을 알게 된다(P&R 4.6.41).

$$C_{abcd} = \Psi_{ABCD} \varepsilon_{A'B'} \varepsilon_{C'D'} \overline{\Psi}_{A'B'C'D'} \varepsilon_{AB} \varepsilon_{CD}.$$

여기서 등각 스피너 Ψ_{ABCD}는 완전히 대칭적이다.

$$\Psi_{ABCD} = \Psi_{(ABCD)}.$$

R_{abcd}에 남은 정보는 스칼라 곡률 R과 리치(또는 아인슈타인) 텐서의 자취가 없는 부분에 담겨 있다. 후자는 대칭성과 에르미트 성을 가진 스피너 양 $\Phi_{ABC'D'}$ 속에 숨겨져 있다.

$$\Phi_{ABC'D'} = \Phi_{(AB)(C'D')} = \overline{\Phi_{CDA'B'}}.$$

여기서 (P&R 4.6.21)

$$\Phi_{ABA'B'} = -\frac{1}{2}R_{ab} + \frac{1}{8}Rg_{ab} = \frac{1}{2}E_{ab} - \frac{1}{8}Rg_{ab}$$

이다.

A4. 질량이 없는 중력샘

부록 B에서 우리는 (대칭적인) 샘 텐서 T_{ab}가 자취가 없을 때, 즉

$$T_a{}^a = 0$$

일 때 아인슈타인 장 방정식에 특별히 관심을 가질 것이다. 왜냐하면 이는 질량이 없는(즉 정지질량이 0인) 샘에 대해 적절하며, 스피너 첨자가 붙은 양 $T_{ABA'B'} = \overline{T}_{A'B'AB} = T_{ab}$가 다음과 같은 대칭성을 가진다고 말해주기 때문이다.

$$T_{ABA'B'} = T_{(AB)(A'B')}.$$

발산방정식 $\nabla^a T_{ab} = 0$, 즉 $\nabla^{AA'} T_{ABA'B'} = 0$은 다음과 같이 다시 표현할 수 있다.

$$\nabla^{A'}_B T_{CDA'B'} = \nabla^{A'}_{(B} T_{CD)A'B'}.$$

이제 위의 아인슈타인 방정식은 (P&R 4.6.32)

$$\Phi_{ABA'B'} = 4\pi G T_{ab}, \qquad R = 4\Lambda.$$

정지질량이 존재할 때는 T_{ab}가 자취를 가지므로

$$T_a{}^a = \mu.$$

이때 아인슈타인 방정식은 다음과 같은 형태를 띤다.

$$\Phi_{ABA'B'} = 4\pi G T_{(AB)(A'B')}, \qquad R = 4\Lambda + 8\pi G\mu.$$

A5. 비앙키 항등식

일반적인 비앙키 항등식 $\nabla_{[a}R_{bc]de} = 0$은 스피너 첨자형에서 다음과 같이 된다(P&R 4.10.7, 4.10.8).

$$\nabla^A_B \Psi_{ABCD} = \nabla^{A'}_{(B} \Phi_{CD)A'B'}, \qquad \nabla^{CA'} \Phi_{CDA'B'} + \frac{1}{8}\nabla_{DB'} R = 0.$$

R이 상수일 때, 즉 샘의 질량이 없을 때 아인슈타인 방정식에서 일어나는 상황에서

$$\nabla^{CA'}\Phi_{CDA'B'} = 0, \quad \nabla^{A}_{B'}\Psi_{ABCD} = \nabla^{A'}_{B}\Phi_{CDA'B'}$$

을 얻는다. 이때 오른편에서 BCD에 대한 대칭성이 함축돼 있다. 아인슈타인 방정식을 질량이 없는 샘과 함께 결합하면 우리는

$$\nabla^{A}_{B'}\Psi_{ABCD} = 4\pi G \nabla^{A'}_{B} T_{CDA'B'}$$

을 얻는다(P&R 4.10.12 참조). $T_{ABC'D'} = 0$일 때 방정식(P&R 4.10.9)

$$\nabla^{AA'}\Psi_{ABCD} = 0$$

을 얻음에 유의하라. 이는 A2에서 $n = 4$인 경우 (즉 스핀 2에 대한) 질량이 없는 자유 장의 방정식이다.

A6. 등각 척도 재조정

등각 척도 재조정($\Omega > 0$은 매끈하게 변화한다)

$$g_{ab} \mapsto \hat{g}_{ab} = \Omega^2 g_{ab}$$

에 부합하여 우리는 다음과 같은 추상적 첨자 관계를 채택한다.

$$\hat{g}^{ab} = \Omega^{-2} g^{ab},$$

$$\hat{\varepsilon}_{AB} = \Omega\, \varepsilon_{AB}, \quad \hat{\varepsilon}^{AB} = \Omega^{-1} \varepsilon^{AB},$$

$$\hat{\varepsilon}_{A'B'} = \Omega\, \varepsilon_{A'B'}, \quad \hat{\varepsilon}^{A'B'} = \Omega^{-1} \varepsilon^{A'B'}.$$

연산자 ∇_a는 이제 다음과 같이 변해야만 한다.

$$\nabla_a \mapsto \hat{\nabla}_a$$

그래서 스피너 첨자로 쓰인 일반적인 양에 대한 ∇_a의 작용은 다음에 의해 생성된다.

$$\hat{\nabla}_{AA'}\phi = \nabla_{AA'}\phi,$$

$$\hat{\nabla}_{AA'}\xi_B = \nabla_{AA'}\xi_B - \Upsilon_{BA'}\xi_A,$$

$$\hat{\nabla}_{AA'}\eta_{B'} = \nabla_{AA'}\eta_{B'} - \Upsilon_{AB'}\eta_{A'}.$$

여기서

$$\Upsilon_{AA'} = \Omega^{-1}\nabla_{AA'}\Omega = \nabla_a \log\Omega$$

이다. 아래첨자를 많이 가진 양을 다룰 때는 각 첨자에 대해 항 하나씩 이런 규칙들로 구축하면 된다(위쪽 첨자도 그에 상응하는 취급법이 있지만 여기서는 필요하지 않을 것이다).

우리는 질량이 없는 장 $\phi_{ABC\cdots E}$에 대한 척도조정을 다음과 같이 선택한다.

$$\hat{\phi}_{ABC\cdots E} = \Omega^{-1}\phi_{ABC\cdots E}.$$

그리고 위의 규칙들을 적용하면 다음을 얻는다.

$$\hat{\nabla}^{AA'} \hat{\phi}_{ABC\cdots E} = \Omega^{-3} \nabla^{AA'} \phi_{ABC\cdots E}.$$

그래서 한쪽 변이 0이 되면 다른 변도 0이 된다. 그에 따라 질량이 없는 자유 장 방정식을 만족하면 등각적으로 불변이 된다. 샘이 있는 맥스웰 방정식의 경우에서 우리는 전체 계의 등각 불변 $\nabla^{A'B} \varphi^A{}_B = 2\pi J^{AA'}$, $\nabla_{AA'} J^{AA'} = 0$(P&R 5.1.52, 부록 A2에서 P&R 5.1.54)이 다음과 같은 척도 조정

$$\hat{\varphi}_{AB} = \Omega^{-1} \varphi_{AB}, \qquad \hat{J}^{AA'} = \Omega^{-4} J^{AA'}$$

에 따라 보존된다는 것을 알게 된다. 왜냐하면

$$\hat{\nabla}^{A'B} \hat{\varphi}^A{}_B = \Omega^{-4} \nabla^{A'B} \varphi^A{}_B, \qquad \hat{\nabla}^{AA'} \hat{J}_{AA'} = \Omega^{-4} \nabla^{AA'} J_{AA'}$$

이기 때문이다.

A7. 양-밀스 장

현재 우리가 입자들 사이에 상호작용하는 강력과 약력 모두를 이해하는데에 근간을 이루는 양-밀스 방정식이 또한, 질량의 도입을 무시할 수 있는 한 등각적으로 불변임을 아는 것이 중요하다. 질량은 힉스 장이라는 차후의 기제를 통해 얻어진다. 양-밀스 장의 세기는 텐서 양(곡률다발)

$$F_{ab\Theta}{}^{\Gamma} = -F_{ba\Theta}{}^{\Gamma}$$

으로 기술할 수 있다. 여기서 (추상적) 첨자 $\Theta, \Gamma, \cdots$는 입자의 대칭성과 관

계있는 내적 대칭군(U(2), SU(3), 또는 무엇이라도)을 말한다. 우리는 이 다발 곡률을 스피너 양 $\varphi_{AB\Theta}{}^{\Gamma}$(P&R 5.5.36)를 써서 표현할 수 있다.

$$F_{ab\Theta}{}^{\Gamma} = \varphi_{AB\Theta}{}^{\Gamma}\,\varepsilon_{A'B'} + \overline{\varphi}_{A'B'}{}^{\Gamma}{}_{\Theta}\,\varepsilon_{AB}.$$

여기서 일원성 내적 군에 대해서는 아래 내적 첨자의 복소켤레가 위쪽 내적 첨자가 되고 그 반대도 마찬가지이다. 장 방정식들은 맥스웰 방정식에 대한 것들과 닮았다. 여기서 우리는 위에서 적시한 바와 같이 부가적인 내적 첨자들을 보충하였다. 따라서 맥스웰 이론의 등각 불변성은 양–밀스 방정식에도 또한 적용된다. 왜냐하면 내적 첨자들 Θ, Γ, …은 등각 척도조정으로 영향을 받지 않기 때문이다.

A8. 정지질량이 0인 에너지 텐서의 척도조정

자취가 없는($T_a{}^a = 0$) 에너지 텐서 T_{ab}에 대해, 척도조정(P&R 5.9.2)

$$\hat{T}_{ab} = \Omega^{-2} T_{ab}$$

가 보존방정식 $\nabla^a T_{ab} = 0$을 보호한다는 점을 주목해야만 한다. 왜냐하면

$$\hat{\nabla}^a \hat{T}_{ab} = \Omega^{-4} \nabla^a T_{ab}$$

이기 때문이다. 맥스웰 이론에서는 에너지 텐서를 F_{ab}를 써서 표현할 수 있다. 이는 다음과 같이 스피너 형으로 전환된다(P&R 5.2.4).

$$T_{ab} = \frac{1}{2\pi} \varphi_{AB} \overline{\varphi}_{A'B'}.$$

양–밀스 이론의 경우 단지 부가적인 첨자가 있을 뿐이다.

$$T_{ab} = \frac{1}{2\pi} \varphi_{AB}{}^{\Gamma} \overline{\varphi}_{A'B'} \, \boldsymbol{\Phi}_{\Gamma}.$$

질량이 없는 스칼라 장의 경우, 앞서 고려했던 방정식 $(\square + \frac{R}{6})\phi = 0$에 종속되는데(P&R 6.8.30), 등각 불변성

$$(\hat{\square} + \frac{\hat{R}}{6})\hat{\phi} = \Omega^{-3}(\square + \frac{R}{6})\phi$$

이고, 여기서

$$\hat{\phi} = \Omega^{-1}\phi$$

이며, 그래서 그것의 (가끔 '새로 향상'되었다고 불리는)[A3] 에너지 텐서(P&R 6.8.36)

$$
\begin{aligned}
T_{ab} &= C\{2\nabla_{A(A'}\phi\nabla_{B')}\phi - \phi\nabla_{A(A'}\nabla_{B')}\phi + \phi^2\Phi_{ABA'B'}\} \\
&= \tfrac{1}{2}C\{4\nabla_a\phi\nabla^a\phi - g_{ab}\nabla_c\phi\nabla^c\phi - 2\phi\nabla_a\nabla_b\phi \\
&\qquad\qquad\qquad + \tfrac{1}{6}R\phi^2 g_{ab} - \phi^2 R_{ab}\}
\end{aligned}
$$

는(C는 양의 상수이다) 다음의 요구조건을 만족시킨다.

$$T_a{}^a = 0, \quad \nabla^a T_{ab} = 0, \quad \hat{T}_{ab} = \Omega^{-2}T_{ab}.$$

A9. 바일 텐서 등각 척도조정

등각 스피너 Ψ_{ABCD}는 시공간 등각 곡률의 정보를 부호화하며, 등각적으로 불변이다(P&R 6.8.4).

$$\hat{\Psi}_{ABCD} = \Psi_{ABCD}.$$

이 등각 불변과 질량이 없는 자유장 방정식을 계속 만족시키기 위해 필요한 조건 사이의 기묘한 (하지만 중요한) 불일치를 주목할 필요가 있다. 후자의 경우 Ω^{-1}인수가 우변에 있다. 이 불일치를 해소하기 위해 우리는 어디서나 ψ_{ABCD}에 비례하는 양 Ψ_{ABCD}를 정의할 수 있다. 하지만 이것은

$$\hat{\psi}_{ABCD} = \Omega^{-1}\psi_{ABCD}$$

에 따라 척도조정을 하며, 중력자[A4]에 대한 우리의 진공($T_{ab} = 0$)에서의 '슈뢰딩거 방정식'(P&R 4.10.9)

$$\nabla^{AA'}\psi_{ABCD} = 0$$

은 등각적으로 불변임을 알 수 있다. 3.2절에서 위 방정식은

$$\nabla \mathbf{K} = 0$$

으로 썼다. 위의(A3, P&R 4.6.41) 바일 텐서 C_{abcd}에 따라, 우리는

$$K_{abcd} = \psi_{ABCD}\varepsilon_{A'B'}\varepsilon_{C'D'} + \overline{\psi}_{A'B'C'D'}\varepsilon_{AB}\varepsilon_{CD}$$

을 정의할 수 있으며, 그에 따른 척도조정은(3.2절에서 $\hat{\mathbf{C}} = \Omega^2\mathbf{C}$와 $\hat{\mathbf{K}} = \Omega^2\mathbf{K}$

로 썼다)

$$\hat{C}_{abcd} = \Omega^2 C_{abcd}, \quad \hat{K}_{abcd} = \Omega K_{abcd}$$

임을 알 수 있다.

부록 B

━━━━━━━

분기점에서의 방정식

부록 A에서처럼 추상적 첨자의 사용을 포함한 규칙들은 펜로즈와 린들러(1984, 1986)와 같다. 하지만 그 연구에서의 'λ' 대신 여기서는 Λ가 우주상수를 나타내며, 거기서 'Λ'라고 불렀던 스칼라 곡률양은 $\frac{1}{24}R$이다. 이후에 제시된 자세한 분석에는 다소간 불완전하고 잠정적인 측면들이 약간 있으며, 좀 더 완전하게 다루려면 이런 제안들을 보다 정밀하게 할 필요가 있을 것 같다. 그럼에도 불구하고, 우리는 한 이언의 먼 미래에서 다음 이언의 후 빅뱅 영역 속으로, 일관되고 완전히 결정론적인 방식으로 나아갈 수 있게 해 주는 잘 정의된 고전적인 방정식들을 갖고 있는 것 같다.

B1. 계측 $\hat{g}_{ab}$, g_{ab} 그리고 $\check{g}_{ab}$

우리는 3장의 아이디어에 부합하여 3차원 분기면 $\mathscr{X}$ 근방에서의 기하를 조사할 것이다. 여기서는 $\mathscr{X}$를 포함하는 매끈한 등각 시공간의 깃 $\mathscr{C}$가 존재한다고 가정한다. 이는 $\mathscr{X}$의 과거와 미래 모두로 확장되며 분기점 $\mathscr{B}$에 앞선 $\mathscr{C}$ 속에는 오직 질량이 없는 장만 존재한다. 우리는 주어진 등각 구조에 부합하여 이 깃 속에서 매끈한 계측 텐서 g_{ab}를, 적어도 국소적으로 그리고 처음에는 다소간 임의적인 방식으로 고른다. $\mathscr{X}$ 바로 앞에 있는 4차원 영역 $\mathscr{C}^\wedge$ 속의 물리적 아인슈타인 계측을 $\hat{g}_{ab}$, 그리고 $\mathscr{X}$를 곧 바로 뒤따르는 4차원 영역 $\mathscr{C}^\vee$ 속의 계측을 $\check{g}_{ab}$라 하자. 여기서

$$\hat{g}_{ab} = \Omega^2 g_{ab}, \quad \check{g}_{ab} = \omega^2 g_{ab}$$

이다. (이들은 3.2절에서 사용했던 규칙들과 아주 다르다. 왜냐하면 거기서는 아인슈타인의 물리적 계측에 대해 '모자가 없는' g_{ab}를 사용하였다. 하지만 부록 A에서 주어진 구체적인 공식들은 그 모습대로 여기서 유효하게 남아 있다.) 하나의 '기억연상법'으로서, 기호 '$\wedge$'와 '$\vee$'를 $\mathscr{X}$ 위 점들에서의 영뿔의 각각 해당하는 부분과 연결시키면 된다. 이 각각의 두 영역에서 나는 고정된 우주상수 Λ를 가진 아인슈타인 방정식이 유효하며, 이전 영역 $\mathscr{C}^\wedge$에서의 모든 중력샘들은 질량이 없어서 그들의 총 에너지 텐서 $\hat{T}_{ab}$는 자취가 없다고 가정할 것이다.

$$\hat{T}_a{}^a = 0.$$

나중에 그 이유가 드러나겠지만, 나는 $\mathscr{C}^\vee$에서의 에너지 텐서를 다른 문자 $\check{U}_{ab}$로 쓸 것이다. 그리고 공식의 일관성을 위해 이 텐서는 실제로 작은 자취

$$\check{U}_a{}^a = \mu$$

를 얻어야만 하고 그래서 에너지 텐서의 정지질량 성분은 $\mathscr{C}^\vee$에서 나타나기 시작하는 것으로 판명된다. 이는 힉스 메커니즘[B.1]과 부합하여 정지질량이 나타나는 것과 어떤 관계가 있다고 추정할 수도 있으나, 이 발

상은 여기서 탐구하지 않을 것이다. ($\hat{T}_{ab}$와 같은 '모자 쓴' 양들은 $\hat{g}^{ab}$와 $\hat{g}_{ab}$에 의해, 또는 따라서 $\hat{\epsilon}^{AB}$, $\hat{\epsilon}^{A'B'}$, $\hat{\epsilon}_{AB}$ 그리고 $\hat{\epsilon}_{A'B'}$에 의해 각각 그 첨자가 올려지거나 내려진다. 다른 한편 $\check{U}_{ab}$처럼 '뒤집어진 모자'를 쓴 양들은 $\check{g}^{ab}$, $\check{g}_{ab}$, $\check{\epsilon}^{AB}$, $\check{\epsilon}^{A'B'}$, $\check{\epsilon}_{AB}$ 그리고 $\check{\epsilon}_{A'B'}$를 사용한다.) 아인슈타인 방정식은 각각의 영역 $\mathscr{C}^{\wedge}$와 $\mathscr{C}^{\vee}$에서도 유효하며, 그래서 '모자 쓴' 판본과 '거꾸로 모자 쓴' 판본이 모두 유효하다.

$$\hat{E}_{ab} = 8\pi G \hat{T}_{ab} + \Lambda \hat{g}_{ab},$$
$$\check{E}_{ab} = 8\pi G \check{U}_{ab} + \Lambda \check{g}_{ab}.$$

여기서 나는 두 영역에서 똑같은[B.2] 우주상수가 유효하다고 가정했다. 그래서

$$\hat{R} = 4\Lambda, \quad \check{R} = 4\Lambda + 8\pi G\mu$$

이다. 당분간은 3차원 분기면 $\mathscr{D}$에 걸쳐 앉은 계측 g_{ab}를 완전히 자유롭게, 하지만 매끈하고 또 $\mathscr{C}^{\wedge}$와 $\mathscr{C}^{\vee}$의 주어진 등각 구조와 부합하게 선택된다. 나중에 나는 표준적이고 근사적인 방법으로 g_{ab}에 대한 유일한 척도를 고정하는 것으로 보이는 제안을 할 것이다. 그렇게 되면 궁극적으로 g_{ab}에 대한 특정한 선택만이 부여되고, 거기에 대해 나는 표준적인 이탤릭체의 'g_{ab}'라는 표기법을 제안할 것이다. 나는 또한 g_{ab}를 g_{ab}로 특화하든 그렇지 않든 곡률량 R_{abcd}에 대해서는 표준적인 이탤릭체를 쓸 것이다.

B2. $\mathscr{C}^\wedge$에 대한 방정식

앞으로 나는 우선 $\mathscr{C}^\wedge$에 연관된 방정식들을 고려할 것이다. $\mathscr{C}^\vee$는 추후에 다룰 예정이다(B11 참조). 아인슈타인(그리고 리치) 텐서의 변환 법칙은 다음과 같이 표현할 수 있다(P&R 6.8.24).

$$\hat{\Phi}_{ABA'B'} - \Phi_{ABA'B'} = \Omega \nabla_{A(A'} \nabla_{B')B} \Omega^{-1} = -\Omega^{-1} \hat{\nabla}_{A(A'} \hat{\nabla}_{B')B} \Omega.$$

이와 함께(P&R 6.8.25)

$$\Omega^2 \hat{R} - R = 6\Omega^{-1} \Box \Omega$$

즉,

$$\left(\Box + \frac{R}{6}\right) \Omega = \frac{1}{6} R \Omega^3$$

이다. 이 마지막 방정식은 칼라비 방정식[B.3]으로 불리는 것의 한 예로서 순전히 수학적인 흥미를 상당히 갖고 있다. 하지만 물리적으로도 흥미로운데, 이는 등각적으로 불변인 자가 결합된 스칼라 장 ϖ으로서, $R = 4\Lambda$일 때 다음과 같이 쓸 수 있다.

$$\left(\Box + \frac{R}{6}\right) \varpi = \frac{2}{3} \Lambda \varpi^3.$$

이 'ϖ 방정식'(앞으로 이렇게 부를 것이다)의 모든 풀이는 그 스칼라 곡률이 상숫값 4Λ를 갖는 새로운 계측 $\varpi^2 g_{ab}$를 부여한다. ϖ 방정식의 등각 불변은 다음과 같은 사실에서 표현된다. 만약 우리가 새로운 등각 인수 $\tilde{\Omega}$를 골라 g_{ab}에서 등각적으로 연결된 새로운 계측 $\tilde{g}_{ab}$로 변환했을 때

$$g_{ab} \mapsto \tilde{g}_{ab} = \tilde{\Omega}^2 b_{ab}$$

ϖ 장에 대한 등각 척도조정

$$\tilde{\varpi} = \tilde{\Omega}^{-1}\varpi$$

은(A8에서 이미 언급했다. P&R 6.8.32 참조)

$$\left(\tilde{\Box} + \frac{\tilde{R}}{6}\right)\tilde{\varpi} = \tilde{\Omega}^{-3}\left(\Box + \frac{R}{6}\right)\varpi$$

의 결과를 준다. 이로부터 우리가 요구한 비선형 ϖ 방정식의 등각 불변이 곧바로 나온다. ($\tilde{\Omega} = \Omega$이고 $\varpi = \Omega$일 때 우리는 $\tilde{\varpi} = 1$로 그저 아인슈타인의 $\hat{g}_{ab}$ 계측으로 되돌아가고 그 방정식은 항등식 $\frac{2}{3}\Lambda = \frac{2}{3}\Lambda$가 된다.)

우리는 A8에서 그처럼 물리적으로 여겨지는 $\tilde{\varpi}$ 장에 대한 에너지 텐서가, $\tilde{\varpi}^3$항이 없을 때(P&R 6.8.36),

$$T_{ab}[\varpi] = C\{2\nabla_{A(A'}\varpi\nabla_{B')}\varpi - \varpi\nabla_{A(A'}\nabla_{B')}\varpi + \varpi^2\Phi_{ABA'B'}\}$$
$$= C\varpi^2\{\varpi\nabla_{A(A'}\nabla_{B')B}\varpi^{-1} + \Phi_{ABA'B'}\}$$

임을 보았다. 여기서 C는 어떤 상수이다. 게다가 ϖ 방정식의 $\tilde{\varpi}^3$항은 보존방정식 $\nabla^a T_{ab}[\varpi] = 0$을 저해하지 않음을 알 수 있다. 그래서 우리는 이 표현을 ϖ 장의 에너지 텐서로 또한 채택한다. 그리고 이후의 일관성을 위해,

$$C = \frac{1}{4\pi G}$$

로 고를 것이다. 이것을 위의 식들(P&R 6.8.24, B2)과 결합하면, $\hat{g}_{ab}$계측에서 유효한 아인슈타인 방정식

$$\hat{\Phi}_{ABA'B'} = 4\pi G \hat{T}_{ab}$$

에서

$$T_{ab}[\Omega] = \frac{1}{4\pi G} \Omega^2 \hat{\Phi}_{ABA'B'} = \Omega^2 \hat{T}_{ab}$$

를 얻게 된다. 자취가 없는 에너지 텐서에 대해 우리는 척도조정 $\hat{T}_{ab} = \Omega^{-2} T_{ab}$(A8, P&R 5.9.2)이 보존방정식을 유지한다는 것을 알 수 있다. 그래서 우리는 다소 놀랍게도 질량이 없는 샘 T_{ab}에 대해 g_{ab} 계측으로 불리는, 아인슈타인 이론을 다시 정식화할 수 있다.

$$T_{ab} = T_{ab}[\Omega].$$

B3. 유령장의 역할

나는 질량이 없는 자가 결합된 등각적으로 불변인 장 ϖ의 특별한 한 경우로 여겨지는 Ω를 유령장[B.4]이라 부를 것이다. 이는 물리적으로 독립적인 자유도를 부여하지 않는다. 그것이 존재하면 (g_{ab} 계측에서) 우리는 단지 필요한 척도조정을 자유롭게 할 수 있어서, 우리는 물리적 계측을 척도 재조정하여 아인슈타인의 물리적 계측에 등각적인, 하나의 이언과 다음 이언의 각 연결점을 매끈하게 포괄하는 매끈한 계측 g_{ab}를 얻을 수 있

다. 3차원 분기면을 포괄하는 그런 계측들의 도움 덕분에 우리는 명시적이고 고전적인 미분방정식을 사용해서 CCC의 요구조건에 부합하여 이 언들 사이의 구체적인 연결들을 자세하게 연구할 수 있다.

　유령장의 역할은 계측 g_{ab}를 어떻게 척도조정해서 물리적인 계측으로 되돌릴 것인지($\hat{g}_{ab} = \Omega^2 g_{ab}$를 통해)를 우리에게 말해 줌으로써 아인슈타인의 실제 물리적 계측을 단지 '쫓아가는' 것이다. 그러면 우리는 선 분기면 공간 $\mathscr{C}^\wedge$에서 아인슈타인 방정식이 만족하는 것을 표현하게 되는데, 이제는 g 계측을 써서 단순히 $T_{ab} = T_{ab}[\Omega]$로 쓴다. 즉, 아인슈타인 방정식은 시공간 영역 $\mathscr{C}^\wedge$에서의 모든 물리적 물질장(질량이 없고 올바른 등각 척도조정을 갖고 있다고 가정한다)의 총 에너지 텐서 T_{ab}가 유령장 $T_{ab}[\Omega]$의 에너지 텐서와 똑같아야 한다는 요구 속에서 표현되는 것이다. 이것은 열린 영역 $\mathscr{C}^\wedge$ 속에서 아인슈타인의 이론을 (g_{ab}를 사용하여) 단지 재정식화한 것으로 여길 수도 있는 반면, 실제로는 뭔가 좀 더 미묘하다. 이 때문에 우리는 우리의 방정식을 미래 경계면 $\mathscr{I}^+$까지, 그리고 심지어 그 너머까지 확장할 수 있다. 하지만 이를 효과적으로 하기 위해서는, 우리가 관심 있는 양을 지배하는 관련된 방정식들과, $\mathscr{I}$에 다가갔을 때 이들의 예상되는 움직임을 좀 더 주의 깊게 살펴 볼 필요가 있다. 더욱이, 우리는 우리가 관심을 가졌던 '깃' $\mathscr{C}$를 위해 선택했던 g 계측 — 즉 등각인수 Ω — 을 초기에 다소 자의적으로 골랐을 때의 자유도를 이해하고 또 그리고 제거할 필요가 있다.

　지금 이대로는 Ω에 다소 상당한 자유도가 정말로 존재한다. 지금까지 요구했던 것이라고는 $g_{ab} = \Omega^{-2}\hat{g}_{ab}$에 의해 아인슈타인의 물리적 계측 $\hat{g}_{ab}$로부터 얻은 g_{ab}가 유한하고, $\mathscr{I}$를 가로질러 0이 아니며 매끈한, 그런 Ω이어야 한다는 것이 전부였다. 그런 Ω의 존재를 요구한다는 것 자체가 중요한 요구조건인 것처럼 보일지도 모르겠지만, 헬무트 프리드리히 [B.5] 덕분에 강력한 결과들이 있다. 이 때문에 우리는, 양의 우주상수 Λ가 있을 때 무거운 근원이 없는 완전히 팽창하는 우주에서 질량이 없는 복사장의 전체 자유도가 매끈한 (공간성) $\mathscr{I}^+$에 의해 합쳐진다고 기대할 수 있다. 이것을 달리 말하자면 우리가 $\mathscr{C}^\wedge$에 대해 매끈하게 등각적인 경계 $\mathscr{I}^+$를 발견할 것으로 기대할 수 있다는 것은, 우주론 모형이 무한히 팽창하고 있으며 모든 중력 근원들이 등각적으로 불변인 방정식에 따라 진행하는 질량이 없는 장들이라는 사실로부터 다소간 자동적으로 끌어낼 수 있는 결과이다. 이 단계에서, g 계측의 스칼라 곡률 R이 $R = 4\Lambda$는 고사하고 심지어 상수일 필요가 없으며, 따라서 우리를 아인슈타인의 $\hat{g}_{ab}$로 다시 데려다 주는 등각인수 Ω^{-1}가 $\hat{g}$ 계측에서의 ϖ 방정식 $(\hat{\Box} + \frac{1}{6}\hat{R})\varpi = \frac{2}{3}\Lambda\varpi^3$을 반드시 만족하지는 않는다는 점을 주목해야만 한다.

B4. $\mathscr{X}$에 수직인 N

아래쪽에서 $\mathscr{I}^+(=\mathscr{X})$에 다가가면 $\Omega \rightarrow \infty$임을 보게 된다. 왜냐하면 Ω의 역할은 $\mathscr{I}^+$에서 유한한 g 계측을 무한한 양으로 척도를 늘려 이전 이언의 먼 미래가 되게 하는 것이기 때문이다. 하지만 우리는 다음과 같은 양

$$\omega = -\Omega^{-1}$$

가 $\mathscr{I}^+$에서 매끈한 방식으로 아래쪽에서 $\dot{0}$으로 근접한다는 것을 알 수 있

다(음의 부호는 이후에 필요하다). 그리고 이 때문에 다음과 같은 양

$$\nabla^a \omega = N^a$$

가 3차원 분기면 $\mathscr{X}(= \mathscr{I}^+)$에서 0이 아니다. 그래서 $\mathscr{X}$의 점들에서 $\mathscr{X}$에 수직인 미래를 향하는 시간성 4벡터 N을 주게 된다. 이 특별한 'ω'가 $\mathscr{C}^\wedge$에서 $\mathscr{C}^\vee$ 영역으로 0이 아닌 도함수를 가지고 $\mathscr{X}$를 가로질러 매끈하게 계속되게끔 해서 그것이 실제로 $\mathscr{C}^\vee$의 아인슈타인 계측 $\check{g}_{ab} = \omega^2 g_{ab}$를 위해 요구되는 것과 똑같은 (양수의) 양인 'ω'가 되도록 (그리고 이 이유 때문에 '$\omega = -\Omega^{-1}$'에서 음수 부호가 필요하다) 모든 것을 재배열하겠다는 발상이다. '정규화' 조건(P&R 9.6.17)

$$g_{ab} N^a N^b = \frac{1}{3}\Lambda$$

는 중력장에 대해 단지 질량이 없는 근원이 있을 때 등각 무한대(여기서는 $\mathscr{X}$)의 자동적인 일반적 성질이라고 말할 수 있다. 그래서

$$\left(\frac{3}{\Lambda}\right)^{\frac{1}{2}} N$$

은 등각인수 Ω의 특별한 선택에 관계없이 $\mathscr{X}$에 대해 일원척으로 수직이다.

B5. 사건지평선 넓이

부차적인 논평을 하자면, 3.5절에서 지적했듯이 여느 우주사건지평선의

단면적 극한은 $12\pi/\Lambda$여야 한다는 사실을 이로부터 쉽게 유도할 수 있다. 여느 사건지평선은 (앞선 이언에서 취한) 2.5절에서처럼 그 이언의 어떤 불멸의 관측자의 $\mathscr{U}$ 위의 미래끝점 o^+의 과거 광원뿔 $\mathcal{C}$이다(그림 2.43 참조). 그러면 아래에서 o^+에 다가갈 때의 $\mathcal{C}$의 단면적 극한은 $4\pi r^2$이다. 여기서 r(g 계측에서)은 그 단면의 공간 반지름이다. $\hat{g}_{ab}$ 계측에서는 이 넓이가 $4\pi r^2 \Omega^2$가 되며, 우리는 위로부터(B4) 단면이 o^+에 다가감에 따라 그 극한에서 Ωr이 $(\frac{1}{3}\Lambda)^{-1/2}$이 됨을 곧 알 수 있다. 그래서 우리가 요구하는 사건지평선 넓이는 정말로 $4\pi \times (3/\Lambda) = 12\pi/\Lambda$이다. (이는 비록 CCC의 맥락에서 제시된 논증이지만, 여기서 요구되는 모든 것은 공간성 등각 무한대가 약간 매끈하다는 것뿐이다. 이는 프리드리히의 연구가 보였듯이[B.6] $\Lambda > 0$일 때 아주 가벼운 가정이다.)

B6. 역수 제안

물론 여기 우리의 특별한 상황에서는, $\mathscr{C}^\wedge$에서 $\mathscr{C}^\vee$로의 전환을 기술함에 있어 Ω에나 ω에나 아인슈타인 계측 $\hat{g}_{ab}$와 $\check{g}_{ab}$ 모두로 균일하게 되돌리는 척도조정을 기술하는 매끈하게 변화하는 양을 갖지 않는다는 난처한 문제가 있다. 하지만 이 문제를 다루기 위해서는 정말로 위에서 언급한 역수 제안 $\omega = -\Omega^{-1}$를 채택하는 것이 적절해 보인다. 그리고 다음과 같이 정의된

$$\Pi = \frac{d\Omega}{\Omega^2 - 1} = \frac{d\omega}{1 - \omega^2}$$

즉

$$\Pi_a = \frac{\nabla_a \Omega}{\Omega^2 - 1} = \frac{\nabla_a \Omega}{1 - \omega^2}$$

의 1형 $\mathbf{\Pi}$를 고려하는 것이 편리하다. 왜냐하면 이 1형은 위의 역수 제안에서 암묵적으로 숨어 있는 가정을 우리가 고수하는 한 $\mathscr{X}$를 가로질러 유한하고 매끈하기 때문이다. $\mathbf{\Pi}$라는 양은 약간 (필연적으로) 애매한 방법을 통해서이긴 하지만 시공간 계측의 척도조정에 대한 정보를 담고 있다.[B.7] 적분을 하면 변수 τ를 얻을 수 있는데, 그래서

$$\mathbf{\Pi} = d\tau, \quad -\coth\tau = \Omega \, (\tau < 0), \quad \tanh\tau = \omega \, (\tau \geq 0)$$

이다.

여기서조차 부호가 변하는 난처한 문제가 있음에 주목하라. 왜냐하면 비록 $\mathbf{\Pi}$가 Ω를 Ω^{-1}로 또는 ω를 ω^{-1}로 바꾸는 것에 둔감하다 하더라도, 우리가 Ω^{-1}에서 ω로 넘어갈 때 부호가 바뀌기 때문이다. 우리는 어느 경우든 등각인수의 부호가 그다지 중요하지 않다는 관점을 취할 수 있다. 왜냐하면 계측의 척도 재조정 $\hat{g}_{ab} = \Omega^2 g_{ab}$과 $\breve{g}_{ab} = \omega^2 g_{ab}$에서 등각인수 Ω와 ω가 제곱으로 나타나므로, 이 등각인수 각각의 값을 음수 대신 양수로 채택하더라도 순전히 관습적인 것으로 여길 수 있기 때문이다. 하지만 부록 A를 떠올려 보면, Ω(또는 ω)가 제곱되지 않고 척도 변화하는 양들이 많이 있다. 가장 주목할 만한 것으로, $\Psi_{ABCD} = \Psi_{ABCD}$와 $\hat{\psi}_{ABCD} = \Omega^{-1}\psi_{ABCD}$의 척도 변화 사이에는 불일치가 있어서 $\mathscr{C}^{\wedge}$ 공간에서는 아인슈타인의 물리적 계측이 $\hat{g}_{ab}$이므로,

$$\Psi_{ABCD} = \Omega^{-1}\psi_{ABCD}, \text{ 즉 } \mathbf{C} = \Omega^{-1}\mathbf{K}.$$

이며, 이는 다음 결과를 준다.

$$\hat{\Psi}_{ABCD} = \hat{\psi}_{ABCD}, \text{ 즉 } \hat{\mathbf{C}} = \hat{\mathbf{K}}.$$

(이 규칙은 3.2절에서 채택했던 것과 다르다. 이제는 아인슈타인 방정식이 유효한 모자 쓴 계측이기 때문이다.) 그래서 Ω와 ω 모두 부호를 바꾸는(각각 ∞와 0을 통해), $\mathscr{X}$를 가로지르는 양의 매끈한 움직임을 고려할 때 우리는 이런 부호들의 물리적 중요성을 추적하는 데 주의를 기울여야만 한다.

하지만 여기서 인용하고 있는 Ω와 ω 사이의 특별한 역수적 관계는 계측 g_{ab}에 대한 척도조정을 고를 때의 제한조건, 즉 $\hat{R} = 4\Lambda = \check{R} - 8\pi G\mu$와 함께 조건

$$R = 4\Lambda$$

가 유효하다는 제한조건에 의존한다(B1 참조). 이 척도조정은 적어도 국소적으로는 $\mathscr{C}$에 대한 새로운 (국소적) 계측 $\tilde{g}_{ab}$를 단지

$$\tilde{g}_{ab} = \tilde{\Omega}^2 g_{ab}$$

와 같이 선택함으로써 쉽게 조정할 수 있다. 여기서 $\tilde{\Omega}$는 분기점에 걸쳐 ϖ 방정식의 어떤 매끈한 풀이이다. 하지만 이 $\tilde{g}$ 계측은 표준적인 방식으로 분기점을 포괄하기 위해 우리가 찾고 있는 유일한 g 계측이 아직은 아니다. 왜냐하면 ϖ 방정식에서 선택할 수 있는 많은 가능한 풀이 $\tilde{\Omega}$가 있기 때문이다. 우리의 표준적인 계측 g_{ab}가 만족할 것을 요구하는, 몇몇 더한

요구조건들로 곧 돌아올 것이다. 당분간은 우리의 계측 $\mathfrak{g}_{ab}$가 $R = 4\Lambda$를 갖게끔 선택되었다고 그냥 가정하자(즉 위의 $\tilde{\mathfrak{g}}_{ab}$를 우리가 새로 선택한 $\mathfrak{g}_{ab}$로 다시 이름 붙인다). $R = 4\Lambda$ 같은 제한조건이 없다면 Ω와 ω 사이의 이 역수 관계는 엄밀할 수가 없었을 것이다. 비록 우리가 토드의 제안[B.8](2.6절 끝 부분과 3.1절, 3.2절 참조)으로부터 알게 되는 그런 형태의 등각인수 ω에 대해, 복사로 가득한 톨먼 풀이[B.9](3.3절 참조)에서처럼 중력 근원으로서 순전히 복사만 있는 빅뱅의 경우에는 등각인수가 빅뱅에 다가가는 과거의 극한에서는 사실상 마치 이전 이언에 대한 Ω 척도인수를 매끈하게 연장한 것의 역수에 비례하는 것처럼 행동하더라도 말이다. $\mathscr{X}$에서 $\mathscr{C}$의 계측에 대해 $R = 4\Lambda$를 선택하는 것은 이 비례인수가 $(-)1$이 되게 정하는 것이다. 이것은 다소간 놀라운 관계식(Π_a에 발산 연산자 ∇^a를 작용하고 다음으로 Ω에 대한 ϖ 방정식을 적용하면 얻게 된다)

$$\Omega = \frac{\nabla^a \Pi_a}{\frac{2}{3}\Lambda - 2\Pi_b \Pi^b}$$

가, 등각인수 Ω가 변화하여 말하자면 $-A/\Omega$가 아니라 그것의 (음의) 역수 $\omega = -1/\Omega$가 되어야 한다는 이 제한조건에 의존한다는 사실에서 알 수 있다. 이 관계식은 이러한 제한조건이 R, 즉 Π의 형태에 대한 특별한 선택(말하자면 다소간 더 일반적인 형태 $d\Omega/(\Omega^2 - A)$라기보다)에 부여되었을 때 얻게 된다.

$\Omega = \infty$인 $\mathscr{X}$에서 우리는

$$\Pi_b \Pi^b = \frac{1}{3}\Lambda$$

를 가져야 하며, $\mathscr{X}$에서 우리는 또한 앞서 지적했듯이 길이가 $\sqrt{\Lambda/3}$인

$\mathscr{X}$에 수직인 벡터 $\Pi_a = \nabla_a \omega = N_a$를 가진다는 점에 주목하라(P&R 9.6.17).

B7. $\mathscr{X}$를 가로지르는 동역학

우리의 동역학적 방정식이 애매하지 않은 방식으로 $\mathscr{X}$를 가로질러 나아갈 것이라고 어떻게 기대할 수 있을까? 나는 이전 이언의 먼 미래에는 아인슈타인 방정식이 유효하고, 모든 근원이 질량이 없고 잘 정의된, 결정론적이고 등각적으로 불변인 고전 방정식에 따라 진행한다고 가정하고 있다. 우리는 이것이 맥스웰 방정식, 질량이 없는 양−밀스 방정식, 그리고 디랙−바일 방정식 $\nabla^{AA'}\phi_A = 0$(질량이 0인 극한에서의 디랙방정식)과 같은 어떤 것이며, 몇몇 그런 입자들은 3.2절에 부합하여 정지질량이 0에 도달한 것으로 취급되는 극한에서 취한, 게이지 장들의 근원으로서 작용한다고 가정할 수도 있다. 중력장에 대한 이들의 결합은 방정식 $T_{ab} = T_{ab}[\Omega]$에 표현돼 있다. 여기서 Ω는 유령장이다. 우리는 Ω가 $\mathscr{X}$에서 무한대가 됨에도 불구하고, $T_{ab}[\Omega]$는 $\mathscr{X}$에서 유한해야 한다는 것을 알고 있다. 왜냐하면 T_{ab}는 그 자체가 $\mathscr{X}$에서 유한해야만 하며, T_{ab}와 관련된 장의 진행은 등각적으로 불변이고 따라서 $\mathscr{C}$ 속의 $\mathscr{X}$의 위치에 특별히 관계하지 않기 때문이다. CCC의 제안은 이렇다. 어쩌면 보통의 중력 근원이 힉스 메커니즘으로 또는 그게 무엇이든 결국에는 좀 더 정확한 것으로 드러날지도 모르는 다른 어떤 대안적 제안으로 정지질량을 얻기 시작하는 등의 과정을 통해 상황이 더욱 복잡해질 때까지, 물질 근원에 대한 이 똑같은 등각 불변 방정식이 후 빅뱅 영역 $\mathscr{C}^\vee$ 속으로 계속되어야만 한다는 것이다. 하지만 우리는 여기서 보여준 예비적 상황에도 불구하고, $\mathscr{R}$를 건너가자마자 어떤 형태의 정지질량이 나타나는 것을 피할 수 없음을 보게 될 것이다(B11 참조).

B8. 등각 불변인 D_{ab}연산자

$\mathscr{C}^\vee$의 물리적 의미에 대한 이해를 돕기 위해, 그리고 그 영역에서 아인슈타인 방정식이 어떻게 작동할 것인지를 보기 위해, 우선 $T_{ab}[\Omega]$를 명시적으로 살펴보자.

$$T_{ab}[\Omega] = \frac{1}{4\pi G}\,\Omega^2\{\Omega\nabla_{A(A'}\nabla_{B')B}\Omega^{-1} + \Phi_{ABA'B'}\}.$$

이것을 우리는 $\omega = -\Omega^{-1}$를 써서 다음과 같이 다시 쓸 수 있다.

$$\{\nabla_{A(A'}\nabla_{B')B} + \Phi_{ABA'B'}\}\,\omega = 4\pi G\omega^3 T_{ab}[\Omega].$$

이스트우드와 라이스[B.10]가 일찍이 지적했듯이 이 방정식은 좌변에 있는 2계 연산자

$$\mathrm{D}_{ab} = \nabla_{(A|(A'}\nabla_{B')|B)} + \Phi_{ABA'B'}$$

이 등각무게 1인 스칼라 양에 작용했을 때(이 연산자가 여기에서처럼 스칼라에 작용할 때는 AB에 대한 부가적인 대칭성이 아무런 역할을 하지 않는다) 등각 불변이라는 점에서 흥미롭다. 텐서를 써서 우리는 이것을 (여기서 채택한 R_{ab}에 대한 부호규칙으로) 다음과 같이 쓸 수 있다.

$$D_{ab} = \nabla_a \nabla_b - \frac{1}{4} \mathfrak{g}_{ab} \Box - \frac{1}{2} R_{ab} + \frac{1}{8} R \mathfrak{g}_{ab.}$$

양 ω는 정말로 등각무게 1을 갖는다. 왜냐하면 만약 $\mathfrak{g}_{ab}$가

$$\mathfrak{g}_{ab} \mapsto \tilde{g}_{ab} = \tilde{\Omega}^2 \mathfrak{g}_{ab}$$

에 따라 계속해서 재조정되면, $\tilde{g}$ 계측에 대한 $\tilde{\omega}$의 정의를 취해 $\mathfrak{g}$ 계측에 대한 ω의 정의를 반영하여

$$\tilde{g}_{ab} = \tilde{\omega}^2 \tilde{g}_{ab}, \quad \mathfrak{g}_{ab} = \omega^2 \hat{g}_{ab}$$

우리는 다음을 얻는다(즉, ω는 등각무게 1을 갖는다).

$$\omega \mapsto \tilde{\omega} = \tilde{\Omega} \omega.$$

그래서

$$\tilde{D}_{ab} \tilde{\omega} = \tilde{\Omega} D_{ab} \omega$$

이다. 우리는 이 등각 불변을 연산자 형태로 쓸 수 있다.

$$\tilde{D}_{ab} \circ \tilde{\Omega} = \tilde{\Omega} \circ D_{ab}.$$

위에서 주어진 항들로써 $\mathfrak{g}$ 계측으로 쓴 $\hat{g}$ 계측에 대한 아인슈타인 방정식

$$D_{ab} \omega = 4\pi G \omega^3 T_{ab}$$

는 T_{ab}가 (기대되듯이) $\mathscr{X}$를 가로질러 매끈할 때 $D_{ab}\omega$라는 양이 $\mathscr{X}$ 자체를

가로질러 ω의 3차로 줄어들어야 함을 말해준다. 특히 $\mathscr{X}$에서 $D_{ab}\omega = 0$이므로

$$\mathscr{X}\text{에서 } \nabla_{A|(A'}\nabla_{B')|B}\omega (=-\omega\Phi_{ABA'B'}) = 0$$

이며, 이것을 다음과 같이 다시 쓸 수 있다(위의 B4에서와 같이 $N_c = \nabla_c\omega$와 함께).

$$\mathscr{X}\text{에서 } \nabla_{(a}N_{b)} = \tfrac{1}{4}g_{ab}\nabla_c N^c.$$

이는 $\mathscr{X}$에 수직인 것들이 $\mathscr{X}$에서 '전단이 없음'을 말해주는데, 이는 $\mathscr{X}$가 그 모든 점에서 '배꼽 모양'일 조건이다.[B.11]

B9. 중력 상수를 양수로 유지하기

T_{ab}로 기술되는 질량이 없는 중력 근원 장들과, '모자 쓴 형태'로 취한, 그리고 $\omega = -\Omega^{-1}$로써 다시 쓴, A5의 방정식(P&R 4.10.12)이 암시하는 중력장(또는 '중력자장') ψ_{ABCD} 사이의 상호작용을 조사하면 CCC가 암시하는 물리적 해석에 대한 통찰을 좀 더 얻을 수 있다. 다음 식

$$\nabla^A_{B'}(-\omega\psi_{ABCD}) = 4\pi G\nabla^{A'}_B((-\omega)^2 T_{CDA'B'})$$

으로부터 우리는 '모자가 없는' 양을 써서 똑같은 방정식을 유도할 수 있다.

$$\nabla_{B'}^{A} \psi_{ABCD} = -4\pi G \{\omega \nabla_{B}^{A'} T_{CDA'B'} + 3N_{B}^{A'} T_{CDA'B'}\}.$$

이때, 이 방정식이 (음수에서 양수로) 0을 지나 매끈하게 증가함에 따라 계속 잘 작동함에 유의하라. 이것은 𝔤 계측으로 썼을 때 전체 계의 변화를 지배하는 일군의 편미분방정식들이 $\mathscr{C}^{\wedge}$에서 $\mathscr{C}^{\vee}$로 $\mathscr{X}$를 관통해 지나갈 때 어려움을 겪지 않는다는 사실을 보여준다.

우리가 $\mathscr{C}^{\vee}$로 나아갈 때 원래의 $\hat{g}$ 계측을 사용하는 것으로 돌아간다고 상상해 보자. 그렇다면($\mathscr{X}$에서의 초기 '결함'은 차치하고), 시공간 $\mathscr{C}^{\vee}$의 변화에 대해 우리의 고전적인 방정식들이 우리에게 제공하는 심상은 붕괴하는 우주모형일 것이다. 이는 무한대에서 안쪽으로 기하급수를 역으로 돌린 방식으로 줄어들며 우리 자신의 우주의 먼 미래에 대해 예상되는 것을 시간을 거꾸로 돌린 것과 아주 비슷해 보일 것이다. 하지만 여기에는 중요한 해석의 문제가 있다. 왜냐하면 ω가 음수에서 양수로 부호를 바꿀 때 '유효중력 상수'(위 공식에서 ω가 커짐에 따라 우변의 첫 항이 우세하기 시작할 때 특히 $-G\omega$에서 보여지듯이)가 $\mathscr{X}$를 건너간 이후 부호를 바꾸기 때문이다.[B.12] CCC가 제공하는 또 다른 해석은 양자장론 등과의 물리적 일관성을 고려해 보면 이 초기 $\mathscr{C}^{\vee}$ 영역에서의 물리학에 대한 이 특별한 해석(음의 중력 상수를 가진)은 중력 상호작용이 중요해질 때 물리적인 방식으로 적절하게 유지될 수가 없다. CCC의 관점은, 그 대신, 우리가 $\mathscr{C}^{\vee}$ 영역 속으로 계속 나아감에 따라 $\hat{g}$ 계측이 주는 물리적 해석을 채택하는 것이 보다 적절해진다는 것이다. 여기서는 지금 양수인 등각인수 ω가 지금 음수인 Ω를 대체하며 유효중력 상수는 이제 다시 양수가 된다.

B10. 가짜 g 계측 자유도 없애기

이 단계에서 자연스럽게 드러나는 문제 하나는, CCC의 요구조건에 따르면 우리가 $\mathscr{C}^\vee$ 속으로의 진행이 유일할 것을 원한다는 것이다. 이는 등각 인수에서의 자의성으로부터 생겨나는 원치 않는 부가적 자유도가 없었다면 문제가 되지 않았을 것이다. 이대로라면 이 자유도는 어떤 가짜 자유도를 주게 되는데, 이는 $\mathscr{C}^\vee$의 비등각 불변 중력 동역학에 부적절한 영향을 미치게 된다. 이 가짜 자유도는 $\mathscr{X}$를 관통하는 진행이 $\mathscr{C}^\vee$의 물리학으로 결정되지 않는 이 부가적인 데이터에 의존하지 않도록 하기 위해서 제거될 필요가 있다. $\overset{\vee}{g}$ 계측 선택에 있어서의 이 가짜 '게이지 자유도'는 새로운 계측 $\overset{\vee}{g}_{ab}$를 얻기 위해 g_{ab}에 적용될 수 있는 등각인수 $\tilde{\Omega}$로 표현될 수 있다(앞의 내용과 부합하여).

$$g_{ab} \mapsto \tilde{g}_{ab} = \tilde{\Omega}^2 g_{ab}.$$

여기서 이전과 마찬가지로

$$\omega \mapsto \tilde{\omega} = \tilde{\Omega}\omega$$

를 채택하였다. 우리가 지금까지 $\tilde{\Omega}$에 요구했던 모든 것은 그것이 $\mathscr{C}$에서 양의 값을 가진 매끈하게 변화하는 스칼라 장이라는 것이다. 이는 g 계측에서 ϖ 방정식을 만족한다. 이것은 스칼라 곡률 $\tilde{R}$이 4Λ와 같게 유지되기 위해 요구되는 것이다. ϖ 방정식은 표준적인 형태의 이차 쌍곡선 방정식이다. 그래서 만약 $\tilde{\Omega}$의 값과 그 수칙 도함수 값이 모두 $\mathscr{X}$에서 매끈한 함수로 정해진다면 $\tilde{\Omega}$($\mathscr{X}$의 충분히 높은 것에 대해)에 대한 유일한 풀이를 얻을 것으로 기대할 수 있다. 만약 우리가 $\tilde{g}$ 계측에 대해 어떤 독특한 성격을 규정짓기 위해 이런 값들이 어떻게 선택될 것인지 안다면, 이것은 자명하다. 그래서 의문이 생긴다. 이 가짜 자유도를 없애기 위해 우리가 이 계측에 어떤 조건을 요구할 수 있을까?

하지만 $\tilde{R} = 4\Lambda$를 보존하는 부류의 척도 재조정 속에서 등각 불변인 $\tilde{g}$ 계측(어쩌면 $\tilde{\omega}$ 장과 함께)에 어떤 조건을 부과해봤자 그런 종류의 것들로 는 우리가 얻을 수 있는 게 없다. 그래서 한 가지 사소한 예를 들자면, $\tilde{g}$ 계측의 스칼라 곡률 $\tilde{R}$이 4Λ가 아닌 어느 다른 값을 가져야 한다는 것을 우리의 요구조건 중 하나로 사용할 수 없다. 그리고 그것이 실제로 4Λ의 값을 가져야 한다고 요구하는 것은 그게 무엇이든 그 장에 대해 부가적인 조건을 나타내지는 못하며 그래서 우리가 없애고자 하는 가짜 자유도를 감소시키기 위한 그 이상의 제한조건으로 사용할 수 없다. $\mathscr{X}$에 수직인 벡터 $\tilde{N}^a$를 제곱한 길이 $\tilde{g}_{ab}\tilde{N}^a\tilde{N}^b$가 어떤 특정한 값을 가져야 한다(첨자들은 $\tilde{g}$을 이용해서 올리거나 내린다)는 요구조건을 제안하더라도, 약간 더 미묘하긴 하지만 똑같은 논리가 적용된다. 왜냐하면 만약 그 값이 $\Lambda/3$과 다른 아무 값으로 선택된다면, 그렇다면 (앞에서 봤듯이 P&R 9.6.17) 그 조건은 만족할 수 없다. 반면 만약 그 값이 실제로 $\Lambda/3$으로 선택된다면, 그러면 그 조건은 우리의 가짜 자유도에 대해 전혀 제한조건을 나타내지 못한다.

같은 요구조건에도 또한

$$\tilde{D}_{ab}\tilde{\omega} = 0$$

과 같은 비슷한 문제가 생긴다. 이는 등각인수 선택에 대한 어떤 조건도

나타내지 않는데, 이는 등각 불변의 성질(앞서 지적했던)

$$\tilde{D}_{ab}\omega = \tilde{\Omega}D_{ab}\omega$$

때문이다. 따라서 $\tilde{D}_{ab}\tilde{\omega} = 0$은 $D_{ab}\omega = 0$과 동등하다. $\tilde{D}_{ab}\tilde{\omega} = 0$과 같은 조건은 여러 가지 성분들이 존재하기 때문에 어느 경우든 그 모습 그대로 효용이 없다. 그리고 우리가 요구하는 것은 $\mathscr{X}$의 각 점당 단지 두 개의 조건을 표현하는 무언가이다($\mathscr{X}$의 각 점에서의 $\tilde{\Omega}$와 그 수직 도함수를 적시하는 것과 같은). 게다가 (위에서 봤듯이) $D_{ab}\omega$는 관계식 $\tilde{D}_{ab}\tilde{\omega} = 4\pi G\omega^3 T_{ab}$ 때문에 $\mathscr{X}$에서 3차수로 0으로 간다는 점, 즉

$$\tilde{D}_{ab}\tilde{\omega} = O(\omega^3)$$

임을 주목할 필요가 있다. 하지만 우리가 요구할 수 있는 그럴듯해 보이는 조건은 $\mathscr{X}$에서 $\tilde{N}^a\tilde{N}^b\tilde{\Phi}_{ab} = 0$일 것이다. 좀 더 구체적으로, 우리는 이 제안을 다음과 같이 쓸 수 있다.

$$\tilde{N}^a\tilde{N}^b\tilde{\Phi}_{ab} = O(\omega).$$

사실 우리는 이 양이 $\mathscr{X}$에서 2차로 사라질 것을 요구할 수도 있었다. 즉

$$\tilde{N}^a\tilde{N}^b\tilde{\Phi}_{ab} = O(\omega^2)$$

이다. 이는 $\tilde{\Omega}$를, 그리고 $g_{ab} = \tilde{\Omega}^2\mathfrak{g}_{ab}$를 통해 g 계측을 고정하기 위해 필요한 $\mathscr{X}$의 각 점당 두 개의 요구조건들에 대해 적절한 후보가 될 수도 있을 것이다. D_{ab}의 정의로부터 이 대안적 조건은 각각

$$\tilde{N}^{AA'}\tilde{N}^{BB'}\tilde{\nabla}_{A(A'}\tilde{\nabla}_{B')B}\tilde{\omega} = O(\omega^2), \text{ 또는 } O(\omega^3)$$

을 요구하는 것과 동등하다. 텐서 표기법에서는 위의 두 가지 다른 표현

$$\tilde{N}^a\tilde{N}^b(\tfrac{1}{8}\tilde{g}_{ab} - \tfrac{1}{2}\tilde{R}_{ab}), \qquad \tilde{N}^a\tilde{N}^b(\tilde{\nabla}_a\tilde{\nabla}_b - \tfrac{1}{4}\tilde{g}_{ab}\tilde{\square})\,\tilde{\omega}$$

로 표기된다. 여기서 (물결선을 잠시 떼버리면)

$$\nabla_{A(A'}\nabla_{B')B} = \nabla_a\nabla_b - \frac{1}{4}g_{ab}\square$$

임에 유의해야 한다. 또한

$$N^{AA'}N^{BB'}\nabla_{A(A'}\nabla_{B')B}\omega$$
$$= N^aN^b\nabla_a\nabla_b\omega - \tfrac{1}{4}N_aN^a\square\omega$$
$$= N^aN^b\nabla_aN_b - \tfrac{1}{2}N_aN^a\{\omega^{-1}(N^bN_b - \tfrac{1}{3}\Lambda) + \tfrac{1}{3}\Lambda\omega\}$$

임에도 유의하자. 이는 오히려 적절한 대안적 조건 또는 한 쌍의 조건은 각각

$$N^aN^b\nabla_aN_b = O(\omega), \text{ 또는 } O(\omega^2)$$

를 부과하는 것일 수도 있음을 암시한다. 왜냐하면 이는 위의 조건을 아주 많이 단순화하기 때문이다(여기서 우리는 $N^bN_b - \tfrac{1}{3}\Lambda$가 각각 2차 또는 3차로 줄어든다는 점에 유의하였다). 반대로 만약 $N^bN_b - \tfrac{1}{3}\Lambda$가 $\mathscr{X}$에서 2차로 줄어든다면, $\mathscr{X}$에서

$$N^aN^b\nabla_aN_b = \tfrac{1}{2}N^a\nabla_a(N^bN_b) = \tfrac{1}{2}N^a\nabla_a(N^bN_b - \tfrac{1}{3}\Lambda) = 0$$

이다. 따라서 이 동등한 조건들 중 어느 것도 ($\tilde{N}^a\tilde{N}^b\nabla_a\tilde{N}_b = O(\omega)$ 또는 $\tilde{N}^b\tilde{N}_b$ $- \frac{1}{3}\Lambda = O(\omega^2)$의 형태로) $\tilde{\Omega}$에 대해 요구되는 제한조건들 중 하나의 대안으로 여길 수 있다. B6에서 주어진 위의 표현 $\Omega = \nabla^a\Pi_a/(\frac{2}{3}\Lambda - 2\Pi_b\Pi^b)$ 은 $\mathscr{X}$에서 Ω가 단순극을 가질 것을 요구한다는 점에 유의하라. 그래서 만약 분모가 2차로 줄어들면 분자 $\nabla^a\Pi_a$는 1차로 줄어들어야만 한다. 실제로 $\tilde{\nabla}^a\tilde{\Pi}_a = O(\omega)$ 또한 부과하기에 그럴듯한 형태의 한 가지 조건이다. 그리고 B8로부터 $\mathscr{X}$에서 $\nabla_{(a}N_{b)} = \frac{1}{4}g_{ab}\nabla_cN^c$이므로 $4N^aN^b\nabla_aN_b - N_aN^b\nabla_cN^c = O(\omega)$임을 상기하기 바란다.

우리는 B11에서 $\mathscr{C}^\vee$의 에너지 텐서 U_{ab}가 우리가 채택한 과정에 따라 반드시 자취 μ를 가져야 함을 보게 될 것이다. 이는 정지질량을 가진 중력 근원이 생겨남을 암시한다. 하지만 이 자취는 $3\Pi^a\Pi_a = \Lambda$일 때 0이 됨을 알 수 있다. 만약 이 정지질량의 존재가 빅뱅 이후 가능한 한 오래 유예된다면 CCC의 철학이 최상으로 충족된다는 관점을 가질 수도 있다. 따라서 우리는

$$3\tilde{\Pi}^a\tilde{\Pi}_a - \Lambda = O(\omega^3)$$

임을 요구하면 g 계측을 고정하기 위해 필요한 $\mathscr{X}$의 각 점당 적절한 두 숫자를 얻을 수 있다고 생각할 수도 있다. 실제로

$$2\pi G\mu = \omega^{-4}(1 - \omega^2)^2(3\Pi^a\Pi_a - \Lambda)$$

임을 알게 될 것이다. 이는 $3\Pi^a\Pi_a - \Lambda$가 0이 될 때 적어도 4차가 아니라면 $\mathscr{X}$에서 무한대가 된다. 하지만 이는 문제가 아니다. 왜냐하면 μ는 오직 $\breve{g}$ 계측에서만 나타나며 여기서 $\mathscr{X}$는 만약 우리가 $3\Pi^a\Pi_a - \Lambda$의 0을 3

차로 잡는다면 다른 무한한 곡률량이 μ를 압도하는 특이성 빅뱅을 나타내기 때문이다.

그래서 우리는 $\tilde{\Omega}$에 g 계측을 유일한 방법으로 고정하는 데에 충분한, $\mathscr{X}$의 각 점당 요구되는 두 가지 조건들에 대해 몇몇 대안적 가능성들이 있음을 살펴보았다. 이 글을 쓰고 있는 시점에서 어떤 것이 가장 적절해 보이는지(그리고 이 조건들 중 어떤 것이 다른 것들에 독립적인지도) 완전히 마음을 정하지 못했다. 하지만 나는 위에서 기술했듯이 $3\tilde{\Pi}^a\tilde{\Pi}_a - \Lambda$가 3차로 줄어드는 것을 선호한다.

B11. $\mathscr{C}^{\vee}$의 물질 내용물

후 빅뱅 영역 $\mathscr{C}^{\vee}$에서 우리의 방정식들이 물리적으로 어떻게 보일 것인지를 알아보기 위해서는, $\check{g}_{ab} = \omega^2 g_{ab}$ 계측으로 $\Omega = \omega^{-1}$와 함께, 모든 것을 '모자를 거꾸로 쓴' 양으로써 다시 써야만 한다. 앞서 말했듯이 나는 후 빅뱅의 총 에너지 텐서를 U_{ab}로 쓸 것이다. 이는 $\mathscr{C}^{\wedge}$에서 $\mathscr{C}^{\vee}$로 들어가는 (질량이 없는) 물질에 대한 등각적으로 척도조정된 에너지 텐서와의 혼돈을 피하기 위함이다.

$$\check{T}_{ab} = \omega^{-2}T_{ab} = \omega^{-4}\hat{T}_{ab}.$$

$\hat{T}_{ab}$는 자취가 없고 발산도 없으므로 $\check{T}_{ab}$도 또한 그러해야만 한다(척도조정은 A8과 부합한다).

$$\check{T}_a{}^a = 0, \qquad \nabla^a \check{T}_{ab} = 0.$$

후 빅뱅의 전체 에너지 텐서는 추가적으로 두 개의 발산이 없는 성분들을 포함해야만 한다는 것을 알게 될 것이다. 그래서

$$\check{U}_{ab} = \check{T}_{ab} + \check{V}_{ab} + \check{W}_{ab}$$

이다. 여기서 $\check{V}_{ab}$는 질량이 없는 장을 말한다. 이는 이제 $\check{g}$ 계측에서 실체로 자가 결합된 등각 불변 장이 되어 버린 유령장 Ω가 될 것이다. 왜냐하면 $\varpi = \Omega$는 이제 $\check{g}$ 계측에서 ϖ 방정식

$$\left(\square + \frac{R}{6}\right)\varpi = \frac{2}{3}\Lambda \varpi^3$$

을 만족하기 때문이다. 이것은 꼭 그래야만 하는데, ϖ 방정식은 g 계측에서 등각적으로 불변이고 $\varpi = -1$에 의해 만족되며, 이는 $\check{g}$ 계측에서 $\varpi = -\omega^{-1} = \Omega$가 되기 때문이다. 이것은 우리가 $\mathscr{C}^\wedge$에서 했던 것과 반대 방식으로 쓰인 독본일 뿐이다. 거기서는 '유령장' Ω가 g 계측에서 ϖ 방정식의 풀이로 여겨졌으며, 단지 우리를 물리적인 아인슈타인 $\check{g}$ 계측으로 되돌아가게 하는 척도인수로 해석하였다. 그 계측에서는 유령장이 단지 '1'이다. 그래서 어떤 독립적인 물리적 내용물이 없다. 이제 우리는 Ω를 물리적 아인슈타인 계측 $\check{g}$에서의 실제 물리적 장으로 바라보고 있으며 등각인수로서의 그 해석은 정반대이다. 왜냐하면 그것은 그 계측에서 그 장이 '1'인 g 계측으로 어떻게 돌아가는지를 알려주기 때문이다. 이 해석에 대해서는 등각인수 ω와 Ω가 서로 역수임이 매우 중요하다. 다만 음의 부호를 또한 동반할 필요가 있다. 그래서 $\check{g}_{ab}$에서 g_{ab}로 척도를 조정해

주는 것은 실제로는 $-\Omega$이다. 이런 역해석은 방정식들과 부합한다. 왜냐하면 적절한 계측에서 ϖ 방정식을 만족시켜야 하는 것은 ω가 아니라 Ω이기 때문이다.

그에 따라 텐서 $\check{V}_{ab}$는 $\check{g}$ 계측에서 이 장 Ω의 에너지 텐서이다.

$$\check{V}_{ab} = \check{T}_{ab}[\Omega].$$

우리는

$$
\begin{aligned}
4\pi G \check{T}_{ab}[\Omega] &= \Omega^2 \{\Omega \nabla_{A(A'} \nabla_{B')B} \Omega^{-1} + \Phi_{ABA'B'}\} \\
&= \Omega^3 D_{ab} \Omega^{-1} = \omega^{-3} D_{ab} \omega = \omega^{-2} D_{ab} 1 \\
&= \omega^{-2} \Phi_{ABA'B'}
\end{aligned}
$$

임을 알 수 있다. 자취가 없고 발산도 없는 성질이 유효함에 주목하라.

$$\check{V}_a{}^a = 0, \qquad \nabla^a \check{V}_{ab} = 0.$$

g 계측에서 ω가 만족하는 방정식은 ϖ 방정식이 아님을 인지하는 것이 중요하다. 우리가 보았듯이 이 방정식을 만족하는 것은 Ω, 즉 (−1을 곱한) ω의 역수이기 때문이다. 그래서

$$\left(\Box + \frac{R}{6}\right)\omega^{-1} = \frac{2}{3}\Lambda \omega^{-3}$$

즉

$$\Box \omega = 2\omega^{-1}\nabla^a \omega \nabla_a \omega + \frac{2}{3}\Lambda\{\omega - \omega^{-1}\}$$

이다. 따라서 $\check{g}$ 계측의 스칼라 곡률은 4Λ와 같다는 제한을 받지 않는다.

그 대신 (B2, P&R 6.8.25, A4 참조) 우리는

$$\check{R} = 4\Lambda + 8\pi G\mu$$

과 함께

$$\omega^2 \tilde{R} - R = 6\omega^{-1}\Box\omega$$

를 얻는다. 그래서

$$\omega^2(4\Lambda + 8\pi G\mu) - 4\Lambda = 6\omega^{-1}\{2\omega^{-1}(\nabla^a\omega\nabla_a\omega - \frac{1}{3}\Lambda) + \frac{2}{3}\Lambda\omega\}$$

이고 이로부터 우리는

$$\mu = \frac{1}{2\pi G}\omega^{-4}(1 - \omega^2)^2(3\Pi^a\Pi_a - \Lambda)$$

$$= \frac{1}{2\pi G}\{3\nabla^a\Omega\nabla_a\Omega - \Lambda(\Omega^2 - 1)^2\}$$

$$= \frac{1}{2\pi G}(\Omega^2 - 1)^2(3\Pi^a\Pi_a - \Lambda)$$

를 유도하게 된다(B6 참조). 전체 에너지 텐서 $\check{U}_{ab}$는 아인슈타인 방정식을 만족해야 한다. 그래서 우리는 $\check{R} = 4\Lambda + 8\pi G\mu$에 더해

$$4\pi G\check{T}_{(AB)(A'B')} = \Phi_{ABA'B'}$$

을 얻는다.

$\check{T}_{ab}$나 $\check{V}_{ab}$ 모두 자취가 없으므로, $\check{W}_{ab}$가 낙점을 받아 자취를 얻게 된다.

$$\check{U}_a{}^a = \check{W}_a{}^a = \mu$$

$$= \frac{1}{2\pi G}(3\Pi^a\Pi_a - \Lambda)(\Omega^2 - 1)^2.$$

그리고 위에서 주어진 $\check{U}_a{}^a$, $\check{T}_{ab}$, $\check{V}_{ab}$에 대한 식들을 받아들이면, 우리는

$$4\pi G\check{W}_{ab} = 4\pi G(\check{U}_{ab} - \check{T}_{ab} - \check{V}_{ab})$$

로부터 $\check{W}_{ab}$를 계산할 수 있고 $4\pi G\check{W}_{ab}$에 대한 다음의 식을 얻게 된다.

$$\frac{1}{2}(3\Pi^a\Pi_a + \Lambda)(\Omega^2 - 1)^2\check{g}_{ab} + (2\Omega^2 + 1)\Omega\nabla_{A(A'}\nabla_{B')B}\Omega$$

$$- 2(3\Omega^2 + 1)\nabla_{A(A'}\Omega\nabla_{B')B}\Omega - \Omega^4\Phi_{ab}.$$

이는 좀 더 해석이 필요하다.

B12. $\mathscr{X}$에서의 중력복사

$\mathscr{X}$(계측 g_{ab}를 가진)를 통해 $\mathscr{C}^\wedge$(계측 $\hat{g}_{ab}$를 가진)에서 $\mathscr{C}^\vee$(계측 $\check{g}_{ab}$를 가진)로 지나갈 때, 계측에 대한 무한대의 등각 척도 재조정의 한 가지 특징은, 처음부터 존재했고 ψ_{ABCD}(대개 $\mathscr{X}$에서 0이 아닌)에 의해 $\hat{g}$ 계측에서 기술되는 중력 자유도가 $\check{g}$ 계측에서 다른 양으로 전환되는 방식이다. 우리가 (A9, P&R 6.8.4)

$$\hat{\Psi}_{ABCD} = \Psi_{ABCD} = \check{\Psi}_{ABCD} = \mathrm{O}(\omega)$$

의 관계식을 갖는 반면, 그 등각 습성

$$\hat{\Psi}_{ABCD} = \hat{\psi}_{ABCD} = -\omega\psi_{ABCD} = -\omega^2\hat{\psi}_{ABCD}$$

은

$$\psi_{ABCD} = O(\omega^2)$$

을 말하고 있으므로 중력복사는 빅뱅에서 아주 크게 억제된다.

　　하지만 $\mathscr{C}^{\wedge}$에서 ψ_{ABCD}로 기술되는 중력복사에서의 자유도는 $\mathscr{C}^{\vee}$의 초기 단계에서 자신의 흔적을 남긴다. 이를 살펴보기 위해, 다음 관계식

$$\Psi_{ABCD} = -\omega\psi_{ABCD}$$

를 미분하면

$$\nabla_{EE'}\Psi_{ABCD} = -\nabla_{EE'}(\omega\psi_{ABCD}) = -N_{EE'}\psi_{ABCD} - \omega\nabla_{EE'}\psi_{ABCD}$$

를 얻는다. 그래서 바일 곡률이 $\mathscr{X}$에서 0이 되는 반면, 그것의 수직 도함수는 $\mathscr{I}^{\wedge}$에서 중력복사 방출(자유 중력자)에 대한 척도이다. $\mathscr{X}$에서

$$\Psi_{ABCD} = 0, \quad N^e\nabla_e\Psi_{ABCD} = -N^eN_e\psi_{ABCD} = -\tfrac{1}{3}\Lambda\psi_{ABCD}$$

이다. 또한, 비앙키 항등식으로부터(A5, P&R 4.10.7, P&R 4.10.8)

$$\nabla^A_{B'}\Psi_{ABCD} = \nabla^A_{B'}\Phi_{CDA'B'}, \quad \nabla^{CA'}\Phi_{CDA'B'} = 0$$

이고, 따라서 우리는

$$\mathscr{X}\text{에서 } \nabla^{A'}_{B}\Phi_{CDA'B'} = -N^A_B\psi_{ABCD}$$

를 얻는다. 이로부터 다음의 결과가 나온다.

$$\mathcal{X}\text{에서 } N^{BB'} \nabla^{A'}_{B} \Phi_{CDA'B'} = 0.$$

연산자 $N^{B(B'} \nabla^{A')}_{B})$는 $\mathcal{X}$를 따라 접하면서 작용한다($N^{B(B'} N^{A')}_{B} = 0$이기 때문
이다). 따라서 이 방정식은 $\Phi_{CDA'B'}$이 $\mathcal{X}$에서 어떻게 움직이는지에 대한
제한조건을 나타낸다. 또한

$$N^{C}_{A} \nabla^{D}_{A} \Phi_{BCB'D'} = - N^{C}_{A} N^{D}_{B} \psi_{ABCD}$$

를 주목하면, 이로부터 $\mathcal{X}$ 위의 ψ_{ABCD}의 전기 부분

$$N^{C}_{A}, \quad N^{D}_{B}, \quad \psi_{ABCD} + N^{C'}_{A}, \quad N^{D'}_{B}, \quad \psi_{A'B'C'D'}$$

은 기본적으로 $\mathcal{X}$ 위에서 다음과 같은 양

$$N^{a} \nabla_{[b} \Phi_{c]d}$$

이며 한편 자기 부분

$$i N^{C}_{A} N^{D}_{B} \psi_{ABCD} - i N^{C'}_{A} N^{D'}_{B} \overline{\psi}_{A'B'C'D'}$$

은 기본적으로 $\mathcal{X}$ 위에서

$$\varepsilon^{abcd} N_{a} \nabla_{[b} \Phi_{c]e}$$

이다(여기서 ε^{abcd}은 비대칭 레비-시비타 텐서이다). 이것은 $\mathcal{X}$의 내적 등각곡
률을 기술하는 코튼(-요크) 텐서이다.[B.13]

후주

1.1   해밀턴 이론은 모든 표준적인 고전 물리학을 포괄하며 양자역학과의 본질
       적인 연결고리를 제공하는 틀이다. 로저 펜로즈, 『실체에 이르는 길』(승산,
       2010), 20장을 볼 것.

1.2   플랑크 공식 : $E = h\nu$. 기호에 대한 설명은 후주 2.18을 볼 것.

1.3   Erwin Schrödinger, 『Statistical thermodynamics』(2판)(Cambridge University Press,
       1950).

1.4   '곱'이라는 용어는 m개 점의 공간과 n개 점의 공간을 곱한 공간은 mn개 점의
       공간이라는 점에서 보통의 정수 곱하기와 부합한다.

1.5   1803년 수학자 라자르 카르노Lazare Carnot는 『평형과 운동의 근본원리』를 출판
       하였는데, 여기서 그는 '활동 모멘트'의 상실, 즉 유용하게 행해진 일을 지적
       하였다. 이것은 에너지 또는 엔트로피의 전환이라는 개념을 가장 먼저 서술
       한 것이다. 사디 카르노Sadi Carnot는 계속하여 역학적인 일에서 '어떤 열량이
       언제나 상실된다'고 가정하였다. 1854년 클라우지우스Rudolf Clausius는 '내적
       일', 즉 '물체의 원자가 서로 미치는' 일과 '외적 일', 즉 '그 물체가 노출된 외계
       영향으로 일어난' 일이라는 발상을 발전시켰다.

1.6   Claude E. Shannon, Warren Weaver, 『The mathematical theory of communication』
       (University of Illinois Press, 1949).

1.7   수학적 용어로 말하자면, 이 문제가 생기는 것은 거시적인 식별불가능이 전이적이라고 불리는 것이 아니기 때문이다. 즉, 상태 A와 B가 식별불가능하고 상태 B와 C가 식별 불가능하지만 A와 C는 식별가능하다.

1.8   원자핵의 '스핀'은 그것을 제대로 이해하기 위해서는 양자역학적인 고려가 필요한 그런 것이다. 사실 핵이 크리켓 공이나 야구공이 그런 것처럼 어떤 축 주변으로 '회전하고' 있다고 상상해도 좋다. '스핀'의 총량은 부분적으로는 핵을 구성하는 양성자와 중성자의 개별 스핀에서 그리고 부분적으로는 이들의 서로에 대한 궤도운동에서 나온다.

1.9   E.L. Hahn, "Spin echoes"(*Physical Review*, 1950) **80**, 580-94.

1.10   J.P. Heller, "An unmixing demonstration"(*Am J Phys*, 1960) **28** 348-53.

1.11   하지만 블랙홀의 맥락에서는 엔트로피라는 개념이 진짜로 객관적인 것에 대한 어떤 척도를 갖는다. 이 문제는 2.6절과 3.4절에서 살펴볼 것이다.

2.1   적색편이에 대해서는 때때로 다양한 다른 가능한 해석들이 제시되었다. 가장 인기 있는 것들 중 하나는 일종의 '피곤한 빛tired light'이라는 제안이다. 이에 따르면 광자들은 우리를 향해 운동할 때 단지 '에너지를 잃을' 뿐이다. 또 다른 판본에서는 시간이 과거에 더 느리게 진행했다고 제안한다. 그런 기획들은 공간과 시간의 척도를 유별나게 정의하긴 하지만 표준적인 팽창하는 우주라는 심상과 동등한 것으로 다시 설명할 수 있다는 의미에서, 잘 확립된 다른 관측이나 원리들과 부합하지 않거나 또는 '도움이 되지 않는다'.

2.2   A. Blanchard, M. Douspis, M. Rowan- Robinson, and S. Sarkar, "An alternative to the cosmological 'concordance model'" (*Astronomy & Astrophysics*, 2003), **412**, 35-44. arXiv∶astro-ph/0304237v2 7 Jul 2003.

2.3 이 용어는 1949년 3월28일 BBC 라디오 방송에서 라이벌 관계였던 '정상상태 이론'의 강력한 지지자 프레드 호일Fred Hoyle이 다소 경멸적인 어투로 소개하였다(2.2절 참조). 이 책에서 약 1.37×10^{10}년 전에 명백히 발생했던 특별한 사건을 언급할 때는 이 용어 '빅뱅Big Bang'의 대문자를 쓸 것이다. 하지만 실제에서든 이론적 모형에서든 생겼을지도 모르는 다른 비슷한 사건을 말할 때는 명시적으로 대문자를 사용하지 않고 '빅뱅big bang'을 사용할 것이다.

2.4 암흑물질은 '어둡지' 않다(거대한, 눈에 보이는 어두운 먼지 영역처럼 그 흐릿한 효과로 분명히 보인다). 하지만 좀 더 적절하게 말하자면 눈에 보이지 않는 물질이다. 더욱이 '암흑 에너지'라고 불리는 것은, 아인슈타인의 $E = mc^2$에 부합하여 다른 물질에 끄는 영향을 미치는 보통의 물질이 가진 에너지와 판이하게 다르다. 대신 그것은 미는 힘이어서 지금까지 그 효과는 보통의 에너지와 아주 다른 뭔가의 존재, 즉 1917년 아인슈타인이 도입한 우주상수와 완전히 부합하는 것 같다. 이는 그 이후로 사실상 모든 표준 우주론 교과서에서 다루고 있다. 이 상수는 정말로 반드시 상수이다. 그래서 에너지와는 아주 다르게 독립적인 자유도가 없다.

2.5 Halton Arp *and* 33 *others*, "An open letter to the scientific community" (*New Scientist*, 22. May. 2004).

2.6 펄서는 중성자별 — 지름 약 10킬로미터의 유별나게 밀집된 천체로서 그 질량은 태양의 질량보다 다소 더 많다 — 이다. 이는 어마어마하게 강력한 자기장을 갖고 있고 급속하게 회전하며, 여기 지구에서 감지할 수 있는 전자기복사를 정밀하게 반복적으로 폭발하듯 방출한다.

2.7 묘하게도 프리드만 자신은 실제로 공간 곡률이 0인 가장 쉬운 경우를 명시적으로 다루지는 않았다. *Zeitschrift fur Physik* **21** 326-32.

2.8 즉, 가능한 위상학적 동일시는 논외로 한다. 이는 여기서 우리의 관심사가 아니다.

2.9 $K = 0$이고 $K < 0$인 경우 모두 공간 기하가 유한한, 위상학적으로 닫혀서 막힌 판본(공간 기하의 어떤 먼 점들을 서로가 같다고 일치시킴으로써 얻게 되는)이 존재한다. 하지만 이 모든 상황에서 광역적인 공간 등방성은 상실된다.

2.10 초신성은 유별나도록 격렬하게 폭발하는 죽어가는 별(질량이 우리 태양보다 다소간 더 큰)이다. 이 때문에 며칠 동안은 살고 있는 전체 은하가 방출하는 빛을 능가하는 밝기를 갖는다(2.4절 참조).

2.11 S. Perlmutter 외, (*Astrophysical*, 1999) J **517** 565. A. Reiss 외, (*Astronomical*, 1998) J **116** 1009.

2.12 Eugenio Beltrami, "Saggio di interpretazione della geometria non-euclidea" (*Giornale di Mathematiche*, 1868) **VI** 285-315. Eugenio Beltrami, "Teoria fondamentale degli spazii di curvatura costante" (*Annali Di Mat., ser.II*, 1868) **2** 232-55.

2.13 H. Bondi, T. Gold, "The steady-state theory of the expanding universe" (*Monthly Notices of the Royal Astronomical Society*, 1948) **108** 252-70. Fred Hoyle, "A new model for the expanding universe" (Monthly Notices of the Royal Astronomical Society, 1948) **108** 372-82.

2.14 나는 내 절친한 친구인 데니스 시아머에게서 물리학과 물리학이 주는 흥분을 많이 배웠다. 그는 본디와 디랙의 영감을 불러일으키는 강의에 참석하는 것 외에도 당시에 정상상태 우주론에 강력한 집착을 보였다.

2.15 J.R. Shakeshaft, M. Ryle, J.E. Baldwin, B. Elsmore, J.H. Thomson (*Mem RAS*, 1955) **67** 106-54.

2.16 근본적인 물리학에서는 대개 온도를 '켈빈Kelvin' 단위(온도 척도를 따라 그냥

문자 'K'로 표기한다)로 측정한다. 이는 절대 0도 위에서의 백분(즉 섭씨) 단위 수를 일컫는다.

2.17 CMBR, CBR, MBR 같은 약자 또한 가끔 사용된다.

2.18 주어진 온도 T에 대해, 진동수 ν에서의 흑체 강도에 대한 플랑크의 공식은 $2h\nu^3/(e^{k\nu/kT}-1)$이다. 여기서 h와 k는 각각 플랑크 상수와 볼츠만 상수이다.

2.19 R. C. Tolman, 『*Relativity, thermodynamics, and cosmology*』 (Clarendon Press, 1934).

2.20 국소적인 은하 무리들은 (태양계가 있는 은하수를 포함하는 은하단) CMB의 좌표계에 대해 상대적으로 약 630km/s로 움직이는 것 같다. A. Kogut 외, (*Astrophysical*, 1993) J **419** 1.

2.21 H. Bondi, 『Cosmology』(Cambridge University Press, 1952).

2.22 한 가지 진기한 예외는 이상한 생명체 군락이 의존하고 있는 대양 바닥의 기묘한 곳에 있는 화산분화구이다. 화산활동은 방사능 물질에 의한 열에서 기인한다. 이 물질은 어떤 다른 별들에서 온 것으로, 과거 꽤 오래 전에 초신성 폭발 때 그런 물질들을 토해 냈다. 그런 별들이 태양의 낮은 엔트로피 역할을 넘겨 받았지만, 본문에서 지적한 일반적인 사항들에는 변함이 없다.

2.23 한편으로는 후주 2.22에서 말했던 방사능 물질에 의한 작은 양의 열 때문에, 다른 한편으로는 화석연료의 연소와 지구 온난화에서 오는 효과 때문에 이 방정식을 약간 고쳐야 한다.

2.24 이 일반적인 사항은 어윈 슈뢰딩거가 1944년 그의 놀라운 책 『생명이란 무엇인가』에서 처음으로 지적한 것으로 보인다.

2.25 로저 펜로즈, 『황제의 새 마음: 컴퓨터, 마음, 물리 법칙에 관하여』(이대 출판부, 박승수 옮김, 1996).

후주

2.26 이 영뿔을 '광원뿔'이라고 부르는 것이 아주 일반적인 용법이다. 하지만 나는 그 용어를 광선이 어떤 사건 p를 관통해 훑고 지나가는 전체 시공간에서의 자취를 위해 남겨두려고 한다. 한편 영뿔은 (여기서 사용된 의미에서) 단지 점 p의 접공간(즉 p에서 미분적으로)에서 정의된 구조이다.

2.27 민코프스키 기하를 좀 더 명확히 하기 위해, 우리는 어떤 임의의 관측자 정지 좌표계와 보통의 직교 좌표계 (x, y, z)를 골라 사건의 공간적 위치를 그 관측자의 시간 좌표에 대한 시간좌표 t와 함께 적시할 수 있다. $c = 1$이 되게 공간과 시간 척도를 잡으면 영뿔은 $dt^2 - dx^2 - dy^2 - dz^2 = 0$으로 주어짐을 알 수 있다. 원점의 광원뿔(후주 26 참조)은 $t^2 - x^2 - y^2 - z^2 = 0$이다.

2.28 여기서 말하고 있는 질량이라는 개념('무거운massive', '질량이 없는massless')은 정지질량에 대한 것이다. 나는 3.1절에서 이 문제로 돌아올 것이다.

2.29 1.3절을 떠올려 보면, 보통의 동역학 방정식은 시간에 대해 가역적이다. 그래서 동역학적 움직임 — 물리계의 초미세적인 요소들이 지배하는 — 에 관한 한, 우리는 인과관계가 미래에서 과거로 진행할 수 있다고 똑같이 말해도 좋다. 하지만 본문에서 사용한 '인과 관계'라는 개념은 표준적인 어법에 부합한다.

2.30 길이 $= \int \sqrt{g_{ij} dx^i dx^j}$. 로저 펜로즈, 『실체에 이르는 길』(승산, 2010), 그림 14.20(제1권 p. 498) 참조.

2.31 J. L. Synge, 『Relativity: the general theory』(North Holland Publishing ,1956).

2.32 겉보기에 통찰력 있어 보이는 푸앵카레의 분석을 완전히 그 기초부터 실제로 허물어버리는 것이 바로 이 자연스러운 계측의 존재이다. 그는 공간의 기하가 기본적으로 관습의 문제이며, 유클리드 기하학이 가장 단순하므로 물리학을 위해 사용하는 데에 언제나 최상의 기하라고 주장하였다. Poincaré,

『Science and Method』(Dover Publications, 2003).

2.33 입자의 정지 에너지는 그 입자가 정지한 좌표계에서의 그 에너지이다. 따라
서 입자의 운동으로부터는 (운동에너지) 이 에너지에 대한 기여가 없다.

2.34 '탈출 속도'는 중력 작용을 하는 천체 표면에서의 속력으로서, 어떤 물체가 그
천체에서 완전히 탈출하여 그 표면으로 다시 떨어지지 않을 수 있도록 하는
데에 필요한 속력이다.

2.35 이는 준성 3C273이다.

2.36 R. Penrose, "Zero rest-mass fields including gravitation: asymptotic behaviour" (*Proc. Roy. Soc.*, 1965) **A284** 159-203의 부록 참조. 그 논증은 미완성 상태이다.

2.37 이것의 근저에 깔려 있는 다소 기괴한 상황은 내 책『황제의 새 마음』(이대 출
판부, 1996)와 관련이 있다.

2.38 갇힌 면의 존재는 지금 우리가 '준 국소적' 조건이라고 쉽게 부르는 것의 한
예이다. 이 경우 우리는 그 표면에서의 미래지향적 영 수직들이 모두 미래로
수렴하는 그런 닫힌 공간성 위상학적 2차원 면(대개 위상학적인 2차원 구)
이 존재한다고 주장한다. 어떠한 시공간에서도 그 수직들이 이런 성질을 갖
는 공간성 2차원 면의 국소적 조각들이 있을 것이다. 그래서 그 조건은 국소
적인 것이 아니다. 하지만 갇힌 면은 그런 조각들이 결합해서 하나의 닫힌 면
(즉, 콤팩트 위상)을 형성할 수 있을 때만 생겨난다.

2.39 R. Penrose, "Gravitational collapse and space-time singularities" (Phys. Rev. Lett.,
1965) **14** 57-9. R. Penrose, "Structure of space-time", in Batelle Rencontre (ed. C.M.
deWitt, J.A. Wheeler) (New York: Benjamin, 1968).

2.40 이런 맥락에서 비특이성 시공간이 가질 필요가 있는 — 그리고 '특이점'이 방
해하는 것으로 드러나는 — 유일한 요구조건은 '미래 영 완전성'이라고 불리

는 것이다. 이 요구조건은 모든 영 측지선이 그것의 '아핀 변수'값이 무한히 커질 때까지 미래 속으로 연장될 수 있다는 것이다. S. W. Hawking, R. Penrose, 『The nature of space and time』(Princeton University Press, 1996).

2.41 R. Penrose, 'The question of cosmic censorship' in 『Black holes and relativistic stars』 (University of Chicago Press, 1994).

2.42 R. Narayan, J.H. Heyl, "On the lack of type I X-ray bursts in black hole X-ray binaries : evidence for the event horizon?" (Astrophysical, 2002) J **574** 139-42.

2.43 엄밀한 등각도형이라는 발상은 내가 1962년 무렵부터 체계적으로 사용했던(펜로즈 1962, 1964, 1965를 볼 것) 좀 더 느슨한 표기법인 대략적인 등각 도형을 따라 브랜던 카터(1966)가 처음으로 정식화하였다. B. Carter, "Complete analytic extension of the symmetry axis of Kerr's solution of Einstein's equations" (Phys. Rev., 1966) **141** 1242-7. R. Penrose, "The light cone at infinity", in Proceedings of the 1962 conference on relativistic theories of gravitation, Warsaw (Polish Academy of Sciences, 1962). R. Penrose, "Conformal approach to infinity", in Relativity, groups and topology. The 1963 Les Houches Lectures (ed. B. S. DeWitt, C.M. DeWitt) (New York : Gordon and Breach, 1964). R. Penrose, "Gravitational collapse and space-time singularities" (Phys. Rev. Lett., 1965) **14** 57-9.

2.44 우연히도 폴란드 어 'skraj'는 'scri'와 발음이 똑같고 경계(주로 숲의 경계를 말하긴 하지만)를 뜻한다.

2.45 시간을 거꾸로 돌린 정상상태 모형에서는 그런 궤도를 따르며 자유운동을 하는 우주비행사가 점점 더 큰 속도로 지나가는 주변의 물질들이 안쪽으로 향하는 운동과 직면하게 될 것이다. 이 물질들은 마침내 유한한 경험시간 속에 무한한 운동량 충격을 가지며 광속에 다다르게 된다.

2.46 J.L. Synge (Proc. Roy. Irish Acad., 1950) **53A** 83. M. D. Kruskal "Maximal extension
of Schwarzschild metric" (Phys. Rev., 1960), **119** 1743–5. G. Szekeres, "On the
singularities of a Riemannian manifold" (Publ. Mat. Debrecen, 1960) **7** 285–301. **C.**
Fronsdal, "Completion and embedding of the Schwarzchild solution?? (Phys. Rev.,
1959) **116** 778–81.

2.47 S. W. Hawking , "Black hole explosions" (Nature, 1974) **248** 30.

2.48 우주사건지평선과 입자지평선이라는 개념은 볼프강 린들러가 "Visual
horizons in world-models", Monthly Notices of the Roy (Astronom. Soc., 1956) **116**
662에서 처음으로 정식화하였다. 이들 개념과 (개략적) 등각도형 사이의
관계는 로저 펜로즈가, T. Gold, 『The nature of time』 (Cornell University Press,
1967), pp. 42–54 속의 '정지질량 0인 장에 대한 우주적 경계조건(Cosmological
boundary conditions for zero reset-mass fields)'에서 지적하였다.

2.49 이것은 $C^-(p)$가 미래를 향하는 인과 곡선에 의해 사건 p로 연결할 수 있는
점들의 집합의 (미래) 경계라는 의미에서 그렇다는 뜻이다.

2.50 2.4절에서 말했듯이 국소적인 중력 붕괴에서 불가피하게 특이점이 생긴다
는 것을 내 자신의 연구를 통해서 보이자 뒤이어 스티븐 호킹이 그런 결과
를 또한 어떻게 얻을 수 있는지를 보여주는 일련의 논문을 저술했다. 이는 우
주론적 맥락에서 좀 더 광역적으로 적용된다(Proceedings of the Royal Society
의 몇몇 논문들(S. W. Hawking, G. F. R. Ellis, 『The large-scale structure of space-
time』 (Cambridge University Press, 1973). 1970년에 우리는 힘을 모아 이 모든 형
태의 상황을 망라하는 아주 포괄적인 정리를 제시하였다. S. W. Hawking, R.
Penrose, "The singularities of gravitational collapse and cosmology"(Proc. Roy. Soc.
Lond., 1970) **A314** 529–48.

2.51 나는 이런 종류의 논증을 R. Penrose (1990), "Difficulties with inflationary cosmology", in Proceedings of the 14thTexas symposium on relativistic astrophysics (ed. E. Fenves)를 통해 뉴욕 과학학술원에서 처음으로 제시했다. 급팽창 옹호자들로부터 어떤 반응도 얻지 못했다.

2.52 D. Eardley는 초기 우주에서 화이트홀이 대단히 불안정하다고 주장하였다. "Death of white holes in the early universe" ((Phys. Rev., 1974) Lett. 33 442-4). 하지만 이 때문에 화이트홀이 초기조건의 일부가 되지 않는 것은 아니다. 그리고 이것은 여기서 내가 말하고 있는 것과 완전히 부합한다. 화이트홀은 시간이 반대방향으로 진행할 때 블랙홀이 다양한 비율로 형성될 수 있는 것과 꼭 마찬가지로 다양한 비율로 당연히 사라질 수도 있다.

2.53 A. Strominger, C. Vafa, "Microscopic origin of the Bekenstein-Hawking entropy" (Phys. Lett., 1996) **B379** 99-104와 비교해 보라. A. Ashtekar, M. Bojowald, J. Lewandowski, "Mathematical structures of loop quantum cosmology" (Adv. Theor. Math. Phys., 2003) 7 233-68. K. Thorne, 『Black holes: the membrane paradigm』 (Yale University Press, 1986).

2.54 어디선가 나는 두 번째 지수가 '124'가 아닌 '123'으로 이 숫자를 제시한 적이 있었다. 하지만 이제 나는 암흑물질의 기여를 포함하기 위해 그 값을 올리고 있다.

2.55 $10^{10^{124}}$를 $10^{10^{89}}$로 나누면 $10^{10^{124}-10^{89}} = 10^{10^{124}}$를 얻는다. 차이가 거의 없다.

2.56 R. Penrose, 'The question of cosmic censorhsip', in 『Black holes and relativistic stars (ed. R. M. Wald)』 (University of Chicago Press, 1998) *J. Astrophys.* **20** 233-48 1999년에 재발행.

2.57 부록 A3의 리치 텐서 참조.

2.58 부록 A의 규칙을 사용하여.

2.59 하지만 시선을 따라 렌즈의 다른 효과들이 어떻게 '더해지는지'에 관한 비선형 효과들이 있을 것이다. 여기서 나는 이런 것들을 무시하고 있다.

2.60 A. O. Petters, H. Levine, J. Wambsganns, 『Singularity theory and gravitational lensing』 (Birkhauser, 2001).

2.61 R. Penrose, S. W. Hawking, W. Israel, 『General relativity: an Einstein centenary survey』(Cambridge University Press,1979) pp. 581-638의 '특이점과 시간 비대칭(Singularities and time-asymmetry)'. S. W. Goode, J. Wainwright, "Isotropic singularities in cosmological models" (Class. Quantum Grav., 1985) **2** 99-115. R.P.A.C. Newman, "On the structure of conformal singularities in classical general relativity" (Proc. R. Soc. Lond., 1993) **A443** 473-49. K. Anguige and K. P. Tod, "Isotropic cosmological singularities I. Polytropic perfect fluid spacetimes"(New York: Ann. Phys., 1999) **276** 257-93.

3.1 A. Zee, 『Quantum field theory in a nutshell』(Princeton University Press, 2003).

3.2 광자가 정말로 엄밀하게 질량이 없다고 믿을 만한 훌륭한 이론적 근거(전하 보존과 관계된)들이 있다. 하지만 관측적 결과에 관한 한, 광자의 질량에 대해서는 $m < 3 \times 10^{-27}$eV의 상한이 존재한다. G.V. 치비소프, "Astrofizicheskie verkhnie predely na massu pokoya fotona" (Uspekhi fizicheskikh nauk, 1976) **119** no.3 **19** 624.

3.3 몇몇 입자 물리학자들 사이에는 '등각 불변'이라는 용어를 공통적으로 사용한다. 이는 여기서 사용된 것보다 훨씬 더 약하다. 즉, 그 불변은 단지 '척도 불변'으로서, Ω가 상수인 훨씬 더 제한적인 변환 $\mathbf{g} \to \Omega^2\mathbf{g}$을 요구할 뿐이다.

3.4 하지만 등각 변칙이라고 불리는 것과 관련된 문제가 있다. 이에 따르면 고전적인 장의 대칭성(여기서는 엄밀한 등각 불변)이 양자적 맥락에서는 정확하게 사실이 아닐 수도 있다. 이것은 우리가 여기서 관심을 갖고 있는 극도로 높은 에너지에서는 그다지 중요하지 않을 것이지만, 정지질량이 도입되기 시작할 때 등각 불변이 '사라져 없어지는' 방식으로 어쩌면 어떤 역할을 수행할 수도 있다.

3.5 D. J. Gross, "Gauge theory - Past, present, and future?" (Chines J Phys., 1992) **30** no. 7.

3.6 대형강입자충돌기는 반대방향의 입자 빔을 입자당 7×10^{12} 전자볼트(1.12μJ)의 에너지로, 또는 납 원자핵을 핵당 574 TeV (92.0μJ)의 에너지로 충돌시키도록 돼 있다.

3.7 급팽창에 관한 문제는 3.4절과 3.6절에서 논의하였다.

3.8 S. E. Rugh and H. Zinkernagel, "On the physical basis of cosmic time" (*Studies in History and Philosophy of Modern Physics*, 2009) **40** 1-19.

3.9 H. Friedrich, "Cauchy problems for the conformal vacuum field equations in general relativity", (Comm. Math. Phys., 1983) 91 no.4, 445-72. H. Friedrich, "Conformal Einstein evolution", in The conformal structure of spacetime : geometry, analysis, nuumerics (ed. J. Frauendiener, H. Friedrich) (Lecture Notes in Physics, 2002). Springer. H. Friedrich, 'Einstein's equation and conformal structure', in 『The geometric universe : science, geometry, and the work of Roger Penrose』 (eds. S. A. Huggett, L.J.Mason, K.P. Tod, S.T. Tsou, and N.M.J. Woodhouse), (Oxford University Press, 1998).

3.10 그런 불일치 문제의 한 가지 예가 소위 할아버지 역설이다. 이 예에서는 어떤 사람이 시간을 거스르는 여행을 떠난 뒤 자신의 생물학적 할아버지가 자신

의 할머니를 만나기 전에 그를 죽이게 된다. 그 결과 여행자의 부모 중 한 명 (그리고 그 연장선에서 그 여행자 자신도)은 잉태되지 못했을 것이다. 이것은 그가 결국 시간을 거슬러 여행할 수 없었음을 암시한다. 이는 그 할아버지가 여전히 살이 있고, 그 여행자가 임신이 되었기에 그가 시간을 거슬러 여행해서 그 할아버지를 죽이는 것을 허용하게 된다는 뜻이다. 따라서 각 가능성은 그 자신을 부정하게 되는, 그런 형태의 논리적 모순이다. Rene Barjavel, 『Le voyageur imprudent (*The imprudent traveller*)』(1943). (사실 이 책에서는 그 여행자의 할아버지가 아니라 조상이라고 언급돼 있다.)

3.11 $\mathcal{P}$에서의 이 척도는 'd$p \wedge$dx'의 거듭제곱이다. 여기서 dp는 위치 변수 x에 상응하는 운동량 변수를 말한다. 예컨대 로저 펜로즈의 『실체에 이르는 길』(승산, 2010) 20.2장을 볼 것. 만약 dx가 Ω 인수만큼 척도변화를 한다면, dp는 Ω^{-1}로 척도 변화한다. $\mathcal{P}$에서의 이 척도 불변은 기술되고 있는 물리학의 여느 등각 불변과는 독립적으로 유효하다.

3.12 R. Penrose, 'Causality, quantum theory and cosmology', in 『On space and time』(ed. Shahn Majid), (Cambridge University Press, 2008). R. Penrose, 'The basic ideas of Conformal cyclic Cosmology', in 『Death and anti-death, Volume 6 : Thirty years after Kurt Godel(1906-1978)』(ed. Charles Tandy), (Ria University Press, Stanford, Palo Alto, CA., 2009).

3.13 일본에 있는 수퍼 가미오칸데 물 체렌코프 복사검출기(Super-Kamiokande water Cherenkov radiation detector)에서 진행한 최근 실험은 양성자 수명의 하한으로 6.6×10^{33}년을 제시하였다.

3.14 주로 쌍소멸이다. 제임스 보르켄J. D. Bjorken이 내게 이 문제를 명확히 해 준데 대해 감사한다. J. D. Bjorken, S. D. Drell, 『Relativistic quantum mechanics』

(McGraw-Hill, 1965).

3.15 지금으로서는 중성미자와 관련한 관측적 상황이 이들 질량들 사이의 차이가 0일 수 없다는 것이다. 하지만 세 가지 형태의 중성미자 가운데 하나는 질량이 없을 가능성은 여전히 기술적으로 존재하는 것 같다. Y. Fukuda et al, "Measurements of the solar neutrino flux Super-Kamiokande's first 300 days" (*Phys. Rev. Lett.*, 1998) **81** (6) 1158-62.

3.16 이 연산자들은 모든 군의 원소들과 교환되는 군의 생성자로부터 구축할 수 있는 양들이다.

3.17 H.-M. Chan and S. T. Tsou, "A model behind the standard model" (*European Physical Journal*, 2007) **C52**, 635-663.

3.18 미분연산자는 그들이 작용하는 양이 시공간에서 어떻게 변화하는지를 측정한다. 여기서 사용된 '∇' 연산자의 명시적인 뜻을 알기 위해서는 부록을 볼 것.

3.19 R. Penrose, "Zero rest-mass fields including gravitation: asymptotic behaviour" (Proc. R. Soc. Lond, 1965) **A284** 159-203.

3.20 사실 부록 B1에서 **g** 또는 **ĝ**이 아인슈타인의 물리적 계측인가에 관한 내 규칙들은 이와 반대이다. 그래서 0으로 가는 경향이 있는 것은 'Ω^{-1}'이다.

3.21 이것은 $\mathscr{B}^-$에서의 물질의 성질이, 프리드만 모형의 먼지라기보다 3.3절에서 기술한 톨먼의 복사 모형에서처럼, 복사의 성질이라는 것에 의존한다.

3.22 '미분' $d\Omega/(1-\Omega^2)$는 카탄의 미분형 계산법에 따라 1형 또는 동반벡터로 해석된다. 하지만 표준적인 미적분의 규칙을 이용하면 $\Omega \rightarrow \Omega^{-1}$하의 불변을 쉽게 검증할 수 있다. 로저 펜로즈, 『실체에 이르는 길』(승산, 2010) 참조.

3.23 나는 개인적으로 우주의 물질 밀도에 기여하는 것을 '암흑 에너지'로 부르는

현대의 경향이 다소 부적절하다고 생각한다.

3.24 크기가 120차수만큼 너무나 큰 그런 값을 얻는 것조차 '재규격화 과정'이라는 어떤 신념행위를 필요로 한다. 그것 없이는 그 값 대신 '∞'의 값을 얻을 것이다(3.5절 참조).

3.25 천체역학에 기초해서 G의 변이에 대한 제한조건을 결정한 값은 $(\mathrm{d}G/\mathrm{d}t)/G_0 \leqslant 10^{-12}$이다.

3.26 R. H. Dicke, "Dirac's cosmology and Mach's principle", (Nature, 1961) **192** 440-441. B. Carter, 'Large number coincidences and the anthropic principle in cosmology', in 『IAU Symposium 63: Confrontation of Cosmological Theoriers with Observational Data (pp. 291-98)』(Reidel, 1974).

3.27 A. Pais, 『Subtle is the Lord: the science and life of Albert Einstein』(Oxford University Press, 1982).

3.28 R. C. Tolman, 『Relativity, thermodynamics, and cosmology』(Clarendon Press, 1934). W. Rindler,『Relativity: special, general, and cosmological』(Oxford University Press, 2001).

3.29 해석적 확장에 대한 엄밀한 개념은 로저 펜로즈,『실체에 이르는 길』(승산, 2010)에 기술돼 있다.

3.30 소위 말하는 '허수'는 $i^2 = -1$을 만족하는 양 i처럼 제곱해서 음수가 되는 어떤 양 a이다. 로저 펜로즈,『실체에 이르는 길』(승산, 2010), 4.1장을 볼 것.

3.31 B. Carter, 'Large number coincidences and the anthropic principle in cosmology', in 『IAU Symposium 63: Confrontation of Cosmological Theories with Observational Data (pp. 291-8)』(Reidel, 1974), John D. Barrow, Frank J. Tipler, 『The anthropic cosmological principle』(Oxford University Press., 1988).

3.32 L. Susskind, "The anthropic landscape of string theory arXiv：hep-th/0302219". A. Linde (1986), "Eternal chaotic inflation" (*Mod. Phys. Lett.*, 1986) **A1** 81.

3.33 Lee Smolin, 『The life of the cosmos』 (Oxford University Press, 1999).

3.34 Gabriele Veneziano, "The myth of the beginning of time" (*Scientific American*, May. 2004).

3.35 폴 스타인하트, 닐 투록, 『끝없는 우주: 빅뱅 이론을 넘어서 : 21세기에 시작된 우주론의 혁명 』(살림, 2009).

3.36 예를 들어, C. J. Isham, 『Quantum gravity：an Oxford symposium』 (Oxford University Press, 1975) 참조.

3.37 Abhay Ashtekar, Martin Bojowald, "Quantum geometry and the Schwarzchild singularity". http：//www.arxiv.org/gr-qc/0509075

3.38 예를 들어, A. Einstein (1931), *Berl. Ber.* 235, A. Einstein, N. Rosen (1935), *Phys. Rev. Ser.* 2 **48** 73.

3.39 후주 2.50 참조.

3.40 후주 3.11 참조.

3.41 어떤 다른 은하에 훨씬 더 큰 블랙홀이 있다는 좋은 증거가 있다. 현재 기록은 절대적으로 어마어마한 질량인 $\sim 1.8 \times 10^{10} M_\odot$을 가진 블랙홀로서 대략 작은 은하 전체와 맞먹는 질량이다. 하지만 우리의 $\sim 4 \times 10^6 M_\odot$ 블랙홀보다 훨씬 더 작은 블랙홀을 가진 은하들 또한 상당히 많이 존재할 것이다. 본문에서 제시한 정확한 숫자는 논증을 위해서는 전혀 결정적으로 중요하지는 않다. 내 생각에 그것은 실제로 다소간 낮은 편이지 않을까 싶다.

3.42 J. D. Bekenstein, "Black holes and the second law" (Nuovo Cimento Letters, 1972) **4** 737-740. J. Bekenstein, "Black holes and entropy" (Phys. Rev., 1973) **D7**, 2333-46.

3.43 J. M. Bardeen, B. Carter, S. W. Hawking, "The four laws of black hole mechanics" (Communications in Mathematical Physics, 1973) **31** (2) 161-70.

3.44 사실 (진공에서) 정적인 블랙홀은 그것이 형성되는 방식을 기술하기 위해서는 엄청나게 많은 수의 변수들이 필요함에도 불구하고, 그것을 완전하게 규정짓기 위해 겨우 10개의 숫자만 필요할 뿐이다. 그 위치 (3), 속도 (3), 질량 (1), 그리고 각운동량 (3). 그래서 이 10개의 거시적 변수들은 위상공간에서 절대적으로 어마어마한 영역을 명명하는 것처럼 보인다. 이는 볼츠만 공식에 의해 거대한 엔트로피값을 준다.

3.45 http://xaonon.dyndns.org/hawking.

3.46 레너드 서스킨드, 『블랙홀 전쟁 : 양자역학과 물리학의 미래를 둘러싼 위대한 과학논쟁』(사이언스 북스, 2011).

3.47 D. Gottesman, J. Preeskill, "Comment on 'The black hole final state'" (2003), hep-th/0311269. G. T. Horowitz, J. Malcadena, "The black hole final state" (2003), hep-th/0310281. L. Susskind, 'Twenty years of debate with Stephen', in 『The future of theoretical physics and cosmology (ed. G. W. Gibbons et al.)』(Cambridge University Press, 2003).

3.48 호킹은 일찍이 펑 자체가 우주검열 추측을 위반해서 기술적으로 순간적인 '맨 특이점'을 나타낼 것이라고 지적하였다. 우주검열의 가정이 고전적인 일반 상대성 이론에 제한되는 것은 기본적으로 이 이유 때문이다. R. Penrose, 'The question of cosmic censorship' in 『Black holes and relativistic stars(ed. R.M Wald)』(University of Chicago Press, 1994).

3.49 James B. Hartle, 'Generalized quantum theory in evaporating black hole spacetimes', in 『Black Holes and Relativistic Stars (ed. R. M. Wald)』 (University of Chicago Press,

1998).

3.50 그것은 '무복제 정리'로 불리는 양자이론의 잘 알려진 결과로서 알려지지 않은 양자 상태의 복사를 금지한다. 나는 이것이 여기 적용되지 말아야 할 어떤 이유도 알지 못하겠다. W. K. Wootters, W. H. Zurek, "A single quantum cannot be clones" (*Nature*, 1982) **299** 802–3.

3.51 S. W. Hawking, "Black hole explosions" (Nature, 1974) **248** 30. S. W. Hawking, "Particle creation by black holes" (Commun. Math. Phys., 1975) **43**.

3.52 호킹의 보다 새로운 논증은 《네이처Nature》에 온라인으로 출판된 『Hawking changes his mind about black holes』(doi : 10.1038/news040712-12) 참조. 이는 끈 이론과 관계 있는 추론적 발상에 기초하고 있다. S. W. Hawking, "Information loss in black holes" (*Phys. Rev.*, 2005) **D72** 084013.

3.53 슈뢰딩거 방정식은 복소 일차 방정식이며, 시간을 뒤집으면 그 '허수'의 숫자 i가 −i로 (i = $\sqrt{-1}$) 바뀌어야만 한다. 후주 3.30 참조.

3.54 더 많은 정보는 로저 펜로즈의 『실체에 이르는 길』(승산, 2010), 21-3장을 볼 것.

3.55 W. Heisenberg, 『Physics and beyond』 (Harper and Row, 1971) pp. 73–6. 또한 A Pais, 『Niels Bohr's times』 (Clarendon Press, 1991), p.299를 볼 것.

3.56 디랙은 현재의 양자장론이 어느 경우든 정말로 단지 '임시적인 이론'이라는 관점을 견지한 채, 측정의 문제를 해결하기 위해 그 모습대로의 양자역학을 '해석하는' 문제에는 흥미를 보이지 않았던 것으로 보인다.

3.57 P.A.M. Dirac, 『The principles of quantum mechanics. 4th edn』 (Clarendon Press, 1982) [1st edn 1930].

3.58 L. Diósi, "Gravitation and quantum mechanical localization of macro-objects" (Phys.

Lett., 1984) **105A** 199–202.

L. Diósi, "Models for universal reduction of macroscopic quantum fluctuations" (Phys. Rev., 1989) **A40** 1165–74.

R. Penrose, 'Gravity and state-vector reduction', in 「Quantum concepts in space and time」(eds. R. Penrose and C.J. Isham) (Oxford University Press, 1986) pp. 129–46.

R. Penrose, 'Wavefunction collapse as a real gravitational effect', in 「Mathematical Physics 2000 (eds. A. Fokas, T.W.B. Kibble, A.Grigouriou, and B.Zegarlinski)」 (Imperial College Press, 2000) pp. 266–282.

R. Penrose, "Black holes, quantum theory and cosmology" (Fourth International Workshop DICE 2008), (J. Physics Conf. Ser., 2009). **174** 012001. doi : 10.1088/1742–6596/174/1/012001

3.59   3.59 공간적으로 무한할지도 모르는 우주를 다룰 때는 엔트로피 같은 양의 총량값이 무한대로 나올 것이라는 문제가 항상 존재한다. 하지만 아주 중요한 점은 아니다. 일반적이고 전반적인 공간 균질성을 가정하면 그 대신 커다란 '함께 움직이는 부피'(그 경계는 일반적인 물질의 흐름을 따른다) 속에서 작업할 수 있기 때문이다.

3.60   S. W. Hawking, "Black holes and thermodynamics" (Phys. Rev., 1976) **D13(2)** 191. G.W. Gibbons, M.J. Perry, "Black holes and thermal Green's function", (Proc Roy. Soc. Lond., 1978) **A358** 467–94. N. D. Birrel, P.C.W. Davies, 「Quantum fields in curved space」(Cambridge University Press, 1984).

3.61   폴 토드와의 개인적 의견교환.

3.62   후주 3.11 참조.

3.63   나는 블랙홀 엔트로피를 야기하는 '정보 손실'과 관련된 나 자신의 관점이 종

종 드러나는 것과는 다르다고 생각한다. 내가 이에 대해 지평선을 결정적인 위치로 여기지 않는다는 면에서 그렇다(왜냐하면 어느 경우든 지평선은 국소적으로 구별 가능하지 않기 때문이다). 반면 나는 정보 파괴에 책임이 있는 것은 사실상 특이점이라는 관점을 갖고 있다.

3.64 후주 3.42 참조.

3.65 W.G. Unruh, "Notes on black holes evaporation" (Phys. Rev., 1976) **D14** 870.

3.66 G.W. Gibbons, M.J. Perry, "Black holes and thermal Green's function" (Proc Roy. Soc. Lond, 1978), **A358** 467-94. N.D. Birrel, P.C.W. Davies, 『Quantum fields in curved space』(Cambridge University Press., 1984).

3.67 Wolfgang Rindler, 『Relativity: special, general and cosmological』(Oxford University Press, 2001).

3.68 H.-Y.Guo, C.-G, Huang, B.Zhou (Europhys Lett., 2005) **72** 1045-51.

3.69 린들러 관측자들이 포괄하는 영역은 전체 $\mathbb{M}$이 아니라는 의견에는 이의를 제기할 만하다. 하지만 이 반론은 $\mathbb{D}$에도 적용된다.

3.70 J. A. Wheeler, K. Ford, 『Geons, black holes, and quantum foam』(Norton, 1995).

3.71 A. Ashtekar, J. Lewandowski, "Background independent quantum gravity: a status report", Class. Quant. Grav., 2004) **21** R53-R152. doi:10.1088/0264-9381/21/15/R01, arXiv:gr-qc/0404018.

3.72 J.W. Barrett, L. Crane, "Relativistic spin networks and quantum gravity" (*J. Math. Phys.*, 1998) **39** 3296-302. J.C. Baez (2000), 『An introduction to spin foam models of quantum gravity and BF theory』(Lect. Note Phys, 2000). 543 25-94. F. Markopoulou, L. Smolin, "Causal evolution of spin networks" (*Nucl. Phys.*, 1997) **B508** 409-30.

3.73 H.S. Snyder, (*Phys. Rev.*, 1947) **71(1)** 38-41. H.S. Snyder, (*Phys. Rev.*, 1947) **72(1)** 68-71. A. Schild , (*Phys. Rev.*, 1949) **73**, 414-15.

3.74 F. Dowker, "Causal sets as discrete spacetime", (*Contemporary Physics*, 2006) **47** 1-9. R.D. Sorkin, 'Causal sets: discrete gravity', (Notes for the Valdivia Summer School), in 『Proceedings of the Valdivia Summer School (ed. A. Gomberoff and D. Marolf)』 (2003) arXiv: gr-qc/0309009.

3.75 R. Geroch, J. B. Hartle (1986), 'Computability and physical theories', *Foundations of Physics* **16** 533-50. R. W. Williams, T. Regge (2000), 'Discrete structures in physics', *J. Math. Phys.* **41** 3964-84.

3.76 Y. Ahmavaara, (J. Math. Phys., 1965) **6** 87. D. Finkelstein,『Quantum relativity: a synthesis of the ideas of Einstein and Heisenberg』 (Springer-Verlag, 1996).

3.77 A. Connes, 『Non-commutative geometry』 (Academic Press, 1994). S. Majid, "Quantum groups and noncommutative geometry" (J. Math. Phys., 2000) **41** (2000) 3892-942.

3.78 브라이언 그린, 『엘러건트 유니버스』(승산, 2002). Norton. J. Polchinski, 『String theory』 (Cambridge University Press, 1998).

3.79 J. Barbour, 『The end of time: the next revolution in our understanding of the universe』 (Phoenix, 2000). R. Penrose, 'Angular momentum: an approach to combinatorial space-time', in 『Quantum theory and beyond (ed. T. Bastin)』 (Cambridge University Press, 1971).

3.80 트위스터 이론에 대한 설명은 로저 펜로즈, 『실체에 이르는 길』(승산, 2010) 33 장 참조.

3.81 G. Veneziano, "The myth of the beginning of time" (Scientific American, May. 2004).

또한 후주 3.34 참조.

3.82 로저 펜로즈, 『실체에 이르는 길』(승산, 2010), 28.4장 참조.

3.83 양자 떨림을 고전적인 물질분포에서의 실제 불규칙성으로 '현실화'하려면 사실상 3.4절의 끝 부분에서 말했던 **R**과정을 명백히 할 필요가 있다. 이는 일원적 변화 **U**의 일부가 아니다.

3.84 D.B. Guenther, L.M. Krauss, P. Demarque, "Testing the constancy of the gravitational constant using helioseismology" (*Astrophys.* J., 1998) **498** 871–6.

3.85 사실 $\mathscr{B}^-$에서 $\mathscr{D}$로의 변화를 고려하기 위한 표준적인 과정들이 있다. 하지만 이는 하지안의 예비적인 CMB 자료 분석에 적용되지 않았다(곧 본문에서 기술될 것이다).

3.86 원 모양이 그렇게 왜곡되는 것은 이전 이언에서도 생길 수 있다. 비록 내 생각에 이는 더 작은 효과일 것이지만 말이다. 어느 경우든 만약 이런 일이 벌어진다면, 그 효과는 다루기가 훨씬 더 어려울 것이며, 여러 가지 이유로 인해 분석하는 데 큰 골칫거리가 될 것이다.

3.87 V.G. Gurzadyan, C.L. Bianco, A.L. Kashin, H. Kuloghlian, G. Yegorian, "Ellipticity in cosmic microwave background as as tracer of large-scale universe" (*Phys. Lett.* A, 2006) **363** 121–4.

V.G. Gurzadyan, A.A. Kocharyan, "Porosity criterion for hyperbolic voids and the cosmic microwave background" (*Astronomy and Astrophysics*, 2009) **493** L61–L63 [DOI: 10.1051/000-6361:200811317].

A.1 R. Penrose, W. Rindler, 『Spinors and space-time, Vol. I: Two-spinor calculus and relativistic fields』(Cambridge University Press, 1984) R. Penrose, W. Rindler, 『Spinors and space-time, Vol. II: Spinor and twistor methods in space-time geometry』 (Cambridge University Press, 1986).

A.2 P.A.M. Dirac, 『The principles of quantum mechanics, 4th edn』 (Clarendon Press, 1982) [1st edn 1930]. E.M. Corson, 『Introduction to tensors, spinors, and relativistic wave equations』 (Blackie and Sons Ltd Ltd., 1953).

A.3 C.G. Callan, S. Coleman, R. Jackiw, (New York: *Ann. Phys*, 1970) **59** 42. E.T. Newman, R. Penrose, (*Proc. Roy. Soc.*, Ser. A, 1968) **305** 174.

A.4 이는 일반 상대성 이론의 선형화된 극한에서의 스핀 2 디랙-피어츠 방정식이다. Dirac, P.A.M., Relativistic wave equations (*Proc. Roy. Soc. Lond.*, 1936) **A155**, 447-59. M. Fierz, W. Pauli, "On relativistic wave equations for particles of arbitrary spin in an electromagnetic field" (*Proc. Roy. Soc. Lond.*, 1939) **A173** 211-32.

B.1 현재의 공식은 3.2절에 부합하여 $\mathscr{C}^\wedge$에서 붕괴하는 정지질량 또한 결합되도록 수정되어야만 한다. 하지만 이 때문에 문제가 상당히 복잡해질 것 같다. 그래서 당분간 나는 우리의 '깃'이 $\mathscr{C}^\wedge$에서 어떤 정지질량을 포함하지 않는다는 가정으로 잘 다룰 수 있는 상황들에 주의를 제한하고 있다.

B.2 나는 $\hat{\Lambda} = \check{\Lambda}$가 그 자체로 큰 가정이라고 믿지 않는다. 이는 단지 편의상의 문제일 뿐이다. 현 상태로서 이는 그저 조정의 문제일 뿐이어서, 한 이언에서 다음 이언으로 물리적 상수들이 어떻게 변하더라도 다른 양들이 보상해 줄 것이다. 덧붙이자면, 3.2절에서 소개했던 표준적인 '플랑크 단위'의 한 대안으로 $G = 1$이라는 조건을 $\Lambda = 3$으로 대체하는 것을 고려해볼 수 있다. 이것이 여기서 제시하듯 CCC의 형식과 아주 잘 맞기 때문이다.

B.3 E. Calabi, "The space of Kähler metrics" (Proc. Internat. Congress Math. Amsterdam,

1954), pp. 206-7.

B.4 유령장: 이 용어 또한 문헌에서는 다소 다른 다양한 의미로 사용되었다.

B.5 후주 3.9 참조.

B.6 후주 3.9 참조.

B.7 상수 A, B에 대해 $\Omega \rightarrow (A\Omega + B)/(B\Omega + A)$로 바꾸면 총 자유도를 얻는다. 이로 인해 $\Pi \mapsto \Pi$이다. 하지만 Ω가 X에서 극(그리고 ω는 0)을 가진다고 요구하면 이 애매함을 다룰 수 있다.

B.8 K.P. Tod, "Isotropic cosmological singularities: other matter models" (*Class. Quant. Grav.*, 2003) **20** 521-34. [DOI: 10.1088/0264-9381/20/3/309]

B.9 후주 3.28 참조.

B.10 이 연산자는 사실상 트위스터 이론에서 다루는 '아인슈타인 다발'에 대한 그의 정의에서 소개되었다. C.R. LeBrun, "Ambi-twistors and Einstein's equations" (*Classical Quantum Gravity*, 1985) **2** 555-63. 이는 이스트우드와 라이스가 도입했던 훨씬 더 일반적인 일군의 연산자들의 일부를 이룬다(M.G. Eastwood and J.W. Rice, "Conformally invariant differential operators on Minkowki space and their curved analogures" (Commun. Math. Phys., 1987) **109** 207-28, Erratum, *Commun. Math. Phys.* **144** (1992) 213). 이는 또한 다른 맥락에서도 중요하다 (M.G. Eastwood, 'The Einstein bundle of a nonlinear gravition', in 『Further advances in twistor theory vol III』(Chapman & Hall/CRC, 2001) pp. 36-9. T.N. Bailey, M.G. Eastwood, A.R. Gover, "Thomas's structure bundle for conformal, projective, and related structures" (*Rocky Mtn. Jour. Math.*, 1994) **24** 1191-217.). 이는 '아인슈타인에 등각적인' 연산자로 알려지게 되었다. R. Penrose, W. Rindler, 『Spinors and space-time, Vol. II: Spinor and twistor methods in space-time geometry』(Cambridge

University Press, 1986)의 124쪽 각주를 볼 것.

B.11 나와 K.P. 토드가 이 해석을 지적하였다. 펜로즈와 린들러(1986)에서 이 조건은 '점근적 아인슈타인 조건'으로 불렸다. R. Penrose, W. Rindler, 『Spinors and space-time, Vol. II: Spinor and twistor methods in space-time geometry』(Cambridge University Press, 1986).

B.12 중력 상수에서 이렇게 실질적으로 부호가 바뀌는 것을 바라보는 다른 방법들이 있다. 그중 하나는 등각 무한대가 교차할 때 복사장의 '그르긴 습성 (Grgin behaviour)'과 중력 근원의 '반 그르긴 습성(anti-Grgin behaviour)'을 비교하는 것이다. 펜로즈와 린들러(1986)의 9.4장, pp. 329-32 참조. R. Penrose, W. Rindler, 『Spinors and space-time, Vol. II: Spinor and twistor methods in space-time geometry』(Cambridge University Press, 1986).

B.13 K.P. 토드, 개인적인 의견교환.

찾아보기

* 굵게 표기한 페이지에는 해당 개념에 대한 그림이 실려 있다. 후주를 참고해야 하는 사안은 후주(note)를 뜻하는 n과 함께 해당 후주 번호를 표기해 두었다.

2-스피너 형식 299~301

    표기법 300

3차원면 분기점 218, 230, 247

    가로지르는 동역학 326

    등각 기하 289, 342

    등각척도인수 215~216, **215**, 217

    방정식 313~342

    수직인 4벡터 $\mathbf{N}$ 321~322

    위상 공간 203

    전반적인 공간 기하 279

    중력복사 340~342

4차원 시공간 117, 153, 235

$\Lambda \to$ 우주상수

$\Lambda\mathbf{g}$ 182, 220, 265~266

ϖ 방정식 266~267

    등각적으로 불변 316~318

ϖ장 317

    등각척도 317

    새로운 암흑 물질 218, 290

$\mathscr{B}$ 3차원 면에서의 등각 인수 230

$\mathscr{B}$ 초공간 면

등각곡률의 사라짐 184, 216

이언의 시작 201~202

이전 시공간의 확장 187, 195

$\mathscr{C}^{\wedge}$(앞에 있는 4차원 영역) 315

    방정식 315~316

    아인슈타인 계측 314

    에너지 텐서 335

$\mathscr{C}^{\vee}$(뒤따르는 4차원 영역) 315

    물질 내용물 336~340

    아인슈타인 계측 314

    에너지 텐서 314

D막 235

E. R. 해리슨 283

$\mathbf{g}$ 계측 125~126, 133, 218

    재조정 128, 215

$\mathfrak{g}_{ab}$ 계측 316~318

    가짜 자유도 331~332

    아인슈타인의 물리적 계측 314, 318~320, 323, 356

g_{ab} 계측 313

$\check{g}_{ab}$ 계측 313

$\hat{g}_{ab}$ 계측 313

$\tilde{g}_{ab}$ 계측 331~336

$\mathscr{I}^+$ 초공간 면
  등각도형 154~156
  이언의 나중 단계 201
  질량이 없는 입자 200
$\mathscr{I}^-$ 초공간 면
  등각도형 154~156
J. 로버트 오펜하이머 139
R. C. 톨먼 227
W^+, W^- 입자 194
Y. B. 젤도비치 283
Z 입자 194

ㄱ

가브리엘레 베네치아노 234, 281
가상입자 270
가속도 26, 121, 268, 271
갇힌 면 143~144, 173, 350n[2.38]
  가정 148
강력한 우주검열 168, 178, 247
강한 상호작용 193~194
객관적인 엔트로피 65, 266, 345n[1.11]
거꾸로 시간을 돌리다 26
거시적인 변수 48, 50, 57~62
  특별한 가치 49~51
거시적인 식별 불가능 61~62, 345n[1.7]
거시적인 측정 40~41, 63~64
  저장된 정보 63~64
검은 난쟁이 별 147, 206
결정론적인 방식 313

계의 과거로의 변화 73~75
계의 시간에 따른 변화 50, 93
계의 양자 상태 251
  환원 252
계의 열에너지 24
계측 텐서 **g** 180
고무판 기하학 125
고무판 변형 123~125, 180
곱 공간 53~54, 344n[1.4]
  듬성갈기 영역 53~54
공간기하 93, 95
과거 목적론 78
관측 데이터 292
광년 82, 121
광선을 가로지르는 에너지 선속 144
광속 c 132, 221, 225
  아인슈타인의 질량 에너지 방정식
    24, 133, 209, 346n[2.4]
  우주상수 공식 220
광원뿔 135, 168~169, 260, 262~263, 282,
    289~290, 322, 348n[2.26], 349n[2.27]
  → 영뿔
광자 193
  (관측적인) 질량의 한계 354n[3.2]
  먼 미래 우주 197, 201, 203
  슈뢰딩거 방정식 214, 250~251
  지구의 표면 115
  초기 우주 102~104
광초 121
광합성 114

구면 대칭성을 가진 시공간, 등각도형의
　표현 151, **152**
근본적인 입자들의 정지질량 209~211
글루온 194
급팽창 우주론 11, 278, 281~283
급팽창 위상 240
　빅뱅 이전 20, 186, 195, 229, 281
　빅뱅 현재 83, 282, 335
기름과 물의 분리의 예 43~44
긴 줄(민코프스키-로렌츠적 시공간) 130
길이척도 127~128
끈 이론 134~135, 234~235, 281, 359

ㄴ

낮은 엔트로피 구조 112
낮은 엔트로피 근원 114
낮은 엔트로피 상태 50, 69, 114, 116
　달걀 49, 73~75, 77~78, 83, 112~114
　빅뱅 79~81, 83, 85, 89, 91, 95, 97~99,
　　103, 112
네일 튜록 14, 235
높은 엔트로피 상태 51, 108, 111, 172
높은 엔트로피 초기상태 172
뉴턴 역학 27, 72
뉴턴 제2법칙 25, 28, 108
뉴턴 제3법칙 26
뉴턴 중력이론 108

ㄷ

다양체 125~126

부여된 계측 27
닫힌 공간성 곡선 201
닫힌 우주 모형 **93**, 97, 225, **226**
달걀
　낮은 엔트로피 상태 52, 71, 112, 116
　낮은 엔트로피 구조 112
　박살 27~28, 30~31, 52, 75, 80
　자가조립 85
달랑베르시안 연산자 302
데니스 시아머 9~11, 347n[2.14]
데이비드 스퍼겔 14, 292
데이비드 핀켈슈타인 161, 163
도식적인 등각도형 247, 351n[2.43]
도플러 이동 90, 110
독특한
　빅뱅 89~187
　낮은 엔트로피 상태 112, 116
동시적인 사건 119~120
　로렌츠적인 시공간 129~131
　주관적 120
동역학적 법칙/이론 27~28, 30~31,
46~48, 79~81, 172, 231
동역학적 움직임 79, 149, 348
듬성갈기
　곱 공간 55
　구성 상태 42~43
　엔트로피 표현 50~51
　위상공간 49, 59
듬성갈기 영역
　다른 부피/다른 크기 61, 62, 71, 73~74

다시 그리기 61

불명확한 경계 63~64

우주의 기원 80~81

이웃 71, **72**

드 지터 시공간 **160**, 160, 167, 210

   대칭 161~162, 168, 172, 174, 181,

      191, 210, 260

   등각도형 **160**, 160~168, 178~179, 197

등각 곡률 184, 212, 215~216, 277, 342

등각 구조 127~129, 136, 188, 211,

      218, 313, 315

   축약 48, 180

등각 기하 99, 117, 127, 194, 205, 215, 289

등각도형

   →도식적인 등각도형

   →엄밀한 등각도형

   무한한 영역 153, 166

등각 변칙 354n[3.4]

등각 불변 354n[3.3]

   맥스웰 장 방정식 301

   양-밀스 방정식 308, 326

등각 스피너 303, 310

등각 시공간 143, 153, 193, 200, 202, 313

등각도형에서의 정확한 구형 대칭성 246

등각순환우주론(CCC) 203~205, **202**

   관측이 주는 암시 279~296

   구조 205~223

   멀리 떨어진 우주의 미래 197

   시간 궤적을 잃어 버린 중력이 없는

     물리학 212

양자 중력 270~278

   초기 우주 194~195, 240

등각인수 166, 215~217, 229, 232,

     319~325, 330~332, 337

등각척도인수 216

디랙-피어츠 방정식 326, 365n[A.4]

ㄹ

라자르 카르노 344n[1.5]

란다우 한계 147

로그 39

   곱 55~56, 343

   기본 50

   볼츠만의 엔트로피 공식 50, 177

   자연 로그 38, 50

로렌츠적인 시공간 129~130

   시공간 간격 130

   직교성 129~130

로버트 W. 윌슨 9, 102

로버트 디케 10, 102

루트비히 볼츠만 34

리 스몰린 14, 233

리만 기하학 129

리만-크리스토펠 곡률 텐서 302

리우빌의 정리 52

리치 곡률 276

리치 스칼라 303

리치 텐서 299, 316

린들러 관측자 268~269

린들러 지평선 270

ㅁ

마르틴 보요발트 236

마지막 산란면 103, 111, 282

마텐 슈미트 141

마틴 라일(경) 102

맥스웰 장 방정식 192

    기호 193, 213

    등각불변 192~194, 212~217, 240, 289

    자유장 방정식 307, 310

맥스웰 장 텐서 179, 300

맥스웰 전자기 이론 27

맥스웰의 악마 19, 60

먼 미래 운명(블랙홀의 운명) 243, 250

모리츠 C. 에셔 94~95, **94**

    다른 종류의 기하 **94**, 95, 124, 154~155

무작위 17

무작위 데이터 292

무한한 등각 표현 **94**, 153~154, 155

미래 영 완전성 350n[2.40]

미래, 제2법칙의 변화 85

미래 목적론 80

미분동형사상 125, 180

미분연산자 213, 356n[3.18]

믹스마스터 우주 146

민코프스키 시공간 117, 120, 153

    등각 다양체 154~156, **155** 186,
      201~202

    등각도형 151, 153~168, 178, 197, 216,
      228, 246~247, 250, 255, 282, 293

    시공간 간격 130

아인슈타인 우주의 등각 부분영역
    157~158, **158**

    영 뿔 117, 120~137, 153~154, 184,
      192~193, 205

밀키웨이 은하수

    블랙홀 109, 149, 242

    외부 위상공간 54, 259

    움직이는 CMB 112, 349n[2.20]

ㅂ

바일 곡률 가정(WCH) 184

    CCC 217

    등각도형 186

    토드의 제안 186, 195, 201, 215, 241,
      247~248

바일 곡률 183, 277, 303

    CCC의 관점 277

    영상왜곡 182, 296, 364n[3.86]

    초기형태의 특이점에서의 사라짐
      184, 186, 216, 241, 341

바일 곡률 텐서

    미래경계 289

    수직 도함수 341

    조정 311

베르너 하이젠베르크 252

베스토 슬리퍼 89

베켄슈타인 176, 242~243, 258, 260, 267,
    269

    엔트로피 공식 242~243

    호킹 엔트로피 240, 242~243, 258

벨린스키-칼라트니코프-리프쉬츠의
  사색 173
변화곡선 47~48, 52, 71, **72**, 74~75, 77,
  80~86
볼츠만 공식 53, 256, 359n[3.44]
볼츠만 엔트로피 55
  곱 공간 55~56
  로그 55, 62, 73, 177, 256
볼프강 린들러 13, 352n[2.48]
불변화(대수적 과정) 180
불일치 문제 201
  예시 355n[3.10]
붉은 거인 별 147
붕괴하는 우주 모형 177, 330
브라이언 P. 슈미트 95
브랜던 카터 223, 232, 351n[2.43]
블라디미르 A. 벨린스키 146
블랙홀 22, 109~110
  →등각순환우주론(CCC)
  궁극적인 운명 164
  변수 244, 358
  숫자의 변수 245, 359n[3.44]
  시간의 역방향 80
  온도 163~164, 243, 259, 264
  우주사건지평선 **139**, 260, 262, 267, 270,
    352n[2.48]
  은하수 53, 110, 149, 256, 293, 348n[2.20]
  정보 손실 250~258, 260, 267
  중력 복사 286, 288
  중력 붕괴 141, 143, 148, **162**, 178, 137,

  143, 147, **247**
  크기 359n[3.41]
  특이성 140~142
  '펑'하고 사라짐 164, 197, 199, 243, 245,
    360n[3.48]
  형성 110, 116, **139**, 148, 177, 234, 243,
    258~259, 261, 264, 288
블랙홀 정보역설 250
블랙홀의 온도 163~164, 243, 259, 264
비안키 항등식 305, 341
비응집 복사 228
빅 크런치 95, 225, 237
빅뱅 9~11, 21, 89
  기원 201
  듬성갈기 영역의 크기 80, 81, 83
  빅뱅 이전 22, 186, 195, 229, 281
  빅뱅 이후 103, 191
  엔트로피 111, 116
  조직화 20~22
  처음 소개된 때 345n[2.3]
  특별함 81, 89~187
빅뱅의 3차원 면 282
  →ℬ 3차원 면
빅뱅 이전에 대한 초기의 제안들
  225~237
빗방울 충돌(CMB 순환) 291

ㅅ
사건지평선
  단면적 321~322

블랙홀 161, 178, 260

우주 260, 262, 267, 352n[2.48]

사디 카르노 344n[1.5]

사울 펄무터 95

상대론적 우주론 10, 107

색조 36~37, 43, 62, 66~67

생물학적 원리 113, 232

섞인 페인트의 비유(엔트로피) 33~35

세계선

질량이 없는 입자 123, 132~135,

질량이 있는 입자 **122**, 125, 132~134

수브라마니안 찬드라세카르 146

수소 원자/분자 9, 221

슈바르츠실트 반지름 162~163

슈바르프실트 풀이

등각도형 161, **162**, 163

아인슈타인 일반 상대성 이론의

방정식 161, 163

에딩턴-핀켈슈타인 확장 161, **162**, 163

크루스칼/싱/세케레시/프론스달

확장 162

스티븐 호킹 163~165, 352n[2.50]

블랙홀에서의 정보 손실 250~251

스핀 메아리 65

시간 정향된 영뿔 153

시간과 공간의 단위 121

시간성 곡선 135, 201

시간성 측지선 135~136, 154, 160

시간을 거꾸로 돌린 정상상태 모형
351n[2.45]

시간의 가역성 27

시간 측정 133, 200

시공간

민코프스키의 117, 120

민코프스키 이전의 117, **118**

시공간 계측 → **g** 계측

시공간 곡률 130, 139, 141, 145, 205, 225,
246~247, 274

양 302

중력장 107, 144, 164, 179~183, 198,
205, 212, 219, 289, 321, 326, 329

시공간 도형 95

과질량의 별 137~138, **139**

우주 팽창 **96**

프리드만의 우주론 모형 **93**, 141

시공간 모형 151, 156

시공간 특이점 137, 139, 141, 166, 168, 173,
186, 225, 236, 246, 249, 267, 273~276

시공간의 맨 특이점 148

쌍곡면 135, 154, 156, 159, 280

쌍곡선 기하 99, 124~127

부여된 계측 125~126

에셔의 묘사 **94**, 126, **127**, 154~156

쌍곡선 평면 98, 124, 128

등각 다양체의 확대 155~156

등각표현 98~100, 126~127

ㅇ

아노 펜지어스 9, 102

아미르 하지안 14, 292

아브헤이 아쉬테카르 14

아인슈타인 곡률 276

아인슈타인 우주 156~157

  민코프스키 시공간 156, **157**

  엄밀한 등각도형 156~168, **157**

  직관적인 그림 **157**

아인슈타인 원기둥 156~157, **157**

아인슈타인 일반 상대성 이론 91~92,

  107, 117, 122, 133, 161, 163, 181, 205

  시공간 곡률 130, 139, 141, 145, 205, 225,

  246~247, 274

  영 뿔 117, 120~124, 129~132, 137

  일반 공변 125

  정상상태 모형 9, 11, 103~104, 142, 160,

  350

아인슈타인 질량 에너지 방정식 26, 133,

  209, 346n[2.4]

아인슈타인 장 방정식 265~266, 304

아인슈타인 텐서 181, 228, 277, 299, 303

아인슈타인 특수 상대성 이론

  117~120, 130

  전하 보존 353

알렉산더 프리드만 95, 346n[2.7]

알베르트 아인슈타인 93, 225, 346n[2.4]

암흑 물질 92, 184, 198, 206, 209, 218~220,

  241, 264, 283, 291, 346n[2.4]

  분포에 대한 지도 184, 353n[2.60]

  새로운 암흑 물질로써의 ϖ장 질량 218

  자유도 240, 241

  정지질량의 사라짐 208

암흑 에너지 92, 219~220, 346n[2.4],

  357n[3.23]

압력이 없는 유체(먼지) 95, 138, 144

  오펜하이머-스나이더 블랙홀

  138, 140~141, 144

  프리드만 모형 95, 138~139, 144, 227,

  201~229, **231**

앙리 푸앵카레 98, 349n[2.32]

약전기 이론 194

약한 상호작용 193~194

약한 에너지 조건 144, 266

양-밀스 방정식 308, 326

양-밀스 이론 193, 309

양-밀스 장 308

양성자 붕괴 206, 356n[3.13]

양자 떨림 272, 278, 283, 364n[3.83]

  불규칙성 물질분포의 현실화 283, 363

  인플라톤 장 172~176, 278, 283

양자 시계 132~134

양자 얽힘 249

양자역학

  광자 192~195

  수학적 과정 251~252

  시작점 104

  임시적인 이론 253, 361n[3.56]

양자이론 250

  간단한 묘사 254

  무복제 정리 360n[3.50]

양자중력

  CCC 271~278

고리 변수 236

튕기는 제안 197

플랑크 상수 효과 274

양자장 이론 220, 250

양전자

전하 소멸 208

언루 효과 268

엄밀한 등각도형 151~164, 351n[2.43]

개념 157, **161, 162**

에너지 보존 법칙 25~26, 113

에드윈 허블 91

에딩턴 163, 182

에르빈 슈뢰딩거 347

광자 198~200, 205

슈뢰딩거 방정식 214, 250~252, 299,

301, 311, 360n[3.53]

중력자 198~200, 205, 214

에르빈 한 65

에우제니오 벨트라미 100, 347n[2.12]

엔트로피

가합적인 성질 39

객관성 67, 345n[1.11]

먼 미래 71~77, 239, 259

볼츠만의 정의 51~53, 253

블랙홀 110, 176, 242~243

블랙홀에서의 정보 손실 253, 257

블랙홀의 형성 110, 148, 258~261

올리브기름과 물의 분리 45

욕조 예시 62~63

유리관 66~67, **66**

우주배경초단파 10

우주론 262

정의 30, 41~45, 48, 53, 60, 67

증가 26, 29

측정기구 60~61, 252

페인트 혼합물 62

엔트로피 측정기구 60~61

증가 60

역수 제안 322~323

열역학 법칙 18~20

→ 열역학 제1법칙

→ 열역학 제2법칙

열역학 제1법칙 26

열역학 제2법칙 25~87

CCC 237

박살이 난 달걀/자가조립 예 85

부등식 21

블랙홀 246

상자 안 기체 예 108~109

생명의 전제 조건 84

스핀 메아리 65

시간의 경과 200

위반 52, **67**, 75, **175**, 262~264, 264

일반성 26, 66

중력 효과 137

페인트 혼합물 예 62

열적평형 74, 83, 105~106, 109

중력 이론 107~108

열핵반응 115

영 뿔

민코프스키 4공간 117, 120~121

시간 정향된 122, 153

일반 상대성 이론 123

영 뿔 구조 136, 184, 192~193, 200

영 측지선 136, 154

오펜하이머–스나이더 모형
140, 254~255

등각도형 160~161, **162**

빅뱅 속 조직 279

지구 위 생명체 113

온도

등각온도 261, 263~264, 267

정의 26

척도 347n[2.16]

플랑크 단위 177, 181, 261, 265, 222,
365n[B.2]

호킹(블랙홀 표면) 249, 259, 267~269,
271

외부 위상공간 256

우주 검열 148~149, 168, 178, 247, 255,
360n[3.48]

우주

공간 기하 97

닫힌 225~226

엔트로피 260, 265, 267~268, 271

초기 상태 27, 106, 175

팽창 91, 198

우주론 모형 94~95

우주상수 94, 97, 156, 346n[2.4]

CCC 284

관측값 220, 270

암흑 에너지 스칼라 장 265

진공 에너지 270~271

우주 엔트로피 260, 265, 267~268, 271

우주 온도 262, 263, 267~268

우주 원리 112

우주 팽창 91, 198

똑같은 부피를 가진 듬성갈기 영역
106~108

씨앗 22, 233

우주론에서의 구형 대칭성 141

우주사건지평선 166~167, 260, 262, 267,
270, 352n[2.48]

거대한 블랙홀 262~264

공간 단면의 넓이 261

등각도형 165~167

린들러 지평선 270

우주 엔트로피의 문제 239, 260

정보 손실 266

우주의 공간 기하(평평한 우주) 97

우주의 단열 팽창 106~107

우주의 변화 곡선 47, 81, 86

끝 75, 83, 86

시작 86

우주의 휘감는 고리 201

위상 125

위상공간

→ 듬성갈기 영역

→ 변화 곡선

듬성갈기 51, 59

부피 척도 48, 203, 355n[3.11]

블랙홀 정보 손실에 뒤이은 변화
254~257

'외적' 54

자연스러운 척도 48

위상공간 부피 52

붕괴하는 우주 모형 177

블랙홀에서의 정보 손실 감소 257

우주 257

윌리엄 파울러 232

유령장 198~199, 318~319, 326, 337,
366n[B.4]

역할 318~319

유클리드 기하학 **94**, 126, 129, 239, 348

쌍곡선 기하 126~127

유효 중력 상수 218, 330

은하의 자유도 56

음의 에너지 밀도 142

의사반경 127

이브게니 미하일로비치 리프시츠 141

이삭 마르코비치 칼라트니코프 141

이스트우드-라이스 연산자
327, 366n[B.10]

이언 202

이전의 이언, 지수적 팽창 281

인과 관계 122, 349n[2.29]

인과 곡률 133

인류 원리 232

인류적 추론 83

인플라톤 장 172, 174, 176, 278, 283

양자 떨림 272, 278, 283, 363

일반 공변의 원리 125

일반 상대성

아인슈타인 이론 91~92, 107, 122, 161,
163, 181, 205

영 뿔 117~136

일원적 변화 251

위반 253

입자지평선 168~169, 352n[2.48]

등각도형 **168**

입자가속기(LHC) 194, 354n[3.6]

ㅈ

자(유클리드 또는 리만 기하학) 130~132

자연 로그 38, 50, 127

자연선택의 영향하에 놓여 있는 모형 234

적색편이 91, 102, 138, 198, 345n[2.1]

전기적으로 대전된 무거운 입자 206

전기적으로 대전된 질량이 없는 입자 207

전기적으로 대전된 질량이 있는 입자 206

전자

소멸 208

전자 계측 211

전자 축퇴압 146

전자기장

중력의 유사물 181, 215

전자기파(빛)의 진행 214

정보 손실

관측 효과 267

드 지터 시공간의 절반 149, **160**

블랙홀 253~254, 257

시간을 거꾸로 돌림 351n[2.45]

자유도의 손실 253~254, 260

특이점 267

정상상태 모형 101

등각도형 **160**

명백한 증거 102

아인슈타인의 일반 상대성 이론
142~143

정수 49

정지 에너지 132, 191~192, 349n[2.33]

정지 질량

붕괴 209~211, 356n[3.17]

양자 시계 134

초기 우주 191, 219

캐시미어 연산자 210

정지질량이 0인 에너지 텐서 309

제임스 클러크 맥스웰 60, 179

조르주 르메트르 134

조지 가모브 102

조지 스무트 104

존 A. 휠러 161, 231, 285

존 L. 싱 133, 163

존 마더 104

존 프레스킬 250

준 국소적 조건 350n[2.38]

중력 렌즈 효과 183

중력 뭉침 115~116, 227, 239, 260

중력 복사 286~288

양자적 구성물 192, 198, 205

전파 214

중력 붕괴

리프시츠와 칼라트니코프 141, 145,
173

시공간 특이점 139, 141, 166, 352n[2.50]

오펜하이머와 스나이더의 모형 140

펜로즈 140~146, 172~173, 352n[2.50]

호킹 352n[2.50]

중력상수

부호(+/−) 329~330

약화 287

우주상수 221

효과 219~221

중력 자유도 179

붕괴하는 우주모형에서의 활성화 173

빅뱅에서의 비활성화 184

중력 퍼텐셜 에너지 17

중력 효과 219

중력의 유사물 181, 215

중력자

먼 미래 우주 201, 205

슈뢰딩거 방정식 214, 301, 311, 360

중력장

광선 182, 184

시공간 곡률 181

전자기장 179~180

중력장에서의 광선 효과 182, **185**

적용 183~184

중성미자 208~209, 211, 356n[3.15]

중성자 축퇴압 147

중성자별 147~148, 233, 346n[2.6]

중입자

  →중성미자, 양성자

  중입자당 엔트로피 242

  현재 우리의 관측 가능한 우주 속

    177~178, 262, 264

지구 상의 생명 83, 115, 231

  물리적 상수 365

지구

  CMB 348n[2.20]

  슈바르츠실트 반지름 163

  에너지 균형 115

  탈출, 연속 29

지수적 팽창 281, 283

  아주 초기 우주 192, 210, 239, 241, 278

  우주 온도 268

  우주의 먼 미래 330

  이전의 이언 280, 284~285

진공 에너지

  우주상수 272

진동수 스펙트럼 104~105

진동하는 우주모형 225, **226**

  톨먼의 수정본 227

질량 분포 184, 296

  비균질성 296

질량이 없는 입자

  →양성자

  →중력자

  등각/영 뿔 구조 136, 184, 193, 200

  사용할 수 없는 시계 134

세계선 123, 135

  이전 이언 280, 284~285

  이전 이언의 먼 미래 277, 281

질량이 없는 자유장 방정식 301

  →슈뢰딩거 방정식

질량이 없는 중력 근원 191~192, 331

질량이 있는 입자

  세계선 **122**, 135

  시계 133

ㅊ

찬드라세카르 한계 147

찰스 W. 마이스너 146

척도 불변 265, 283~284, 354n[3.3], 355n,[3.11]

  초기 밀도 요동 283

초공간 면 200~201

초기 밀도 요동 283

초신성 폭발 95, 147, 347n[2.10]

최종 형태 특이점 184

추상 첨자 300

축소된 플랑크 상수 221

측지선 **127**, 127~129, 135~136, 154, 160, 268

ㅋ

칼라비 방정식 316

캐시미어 연산자 210, 356n[3.16]

코튼-요크텐서 289, 342

쿼크 173~74, 209

큰숫자 N 221
  디케의(그리고 카터의) 논증 223
  우주상수 공식 221
  이전 이언의 변화할 가능성 285
킵 손 250

ㅌ

타원 기하학 94~95
태양
  낮은 엔트로피 근원 114
  슈바르츠실트 반지름 162~163, 244
  어두운 하늘에 있는 하나의 뜨거운 점
    20~21, 114~115
  에너지 공급 114
  진화 후기 단계 146
텐서 표기법 180, 333
토마스 골드 101, 347n[2.13]
톨먼의 모형 226, 227
톨먼의 복사로 가득찬 우주모형 197
튕기는 제안 197
특이성 138
  등각도형 157, 160, 165~166
  블랙홀 140, 234, 248, 259
  빅뱅 특이점(블랙홀과 비교) 275
  정보 손실 267
  중력 붕괴 140, 148, 352n[2.50]

ㅍ

파동 방정식
  전자기파 103, 214

중력파 198, 205, 287~288
파동함수 252
  붕괴 252
파선 161, **226**, 255
폴 디랙 221
폴 슈타인하르트 235
폴 토드 13, 186~187, 362n[3.61]
  바일 곡률 가정 187
표면 중력(블랙홀) 267
푸앙카레 군 210
  →캐시미어 연산자
프레드 호일 101, 232, 347n[2.13]
프리드만-르메트르-로버트슨-워커 93
  붕괴하는 우주의 대칭성에서 벗어나
  는 정도 174
프리드만의 우주론 모형 93, 141
  가정 141
  닫힌 우주모형 **93**, 115, **226**, 228~229
  등각도형 158~159, 165~166
  먼지 227~231, **231**
  시공간 도형 **93**
  지수적 팽창 281, 283, 286
  톨먼이 제안한 모형(복사로 가득찬)
    227
플라스마 103
플랑크 공식 114, 133, 344n[1.2], 348n[2.18]
플랑크 길이 221, 246, 274, 277
플랑크 상수의 디랙 형태 221
플랑크 시간 221, 223, 245, 272
플랑크 에너지 222, 245

플랑크 질량 222, 245

플랑크 척도 270, 272, 274~277

　블랙홀 244~245

　양자 중력의 효과 274

　진공 떨림 270~271

플랑크 흑체 스펙트럼 47, **105**

ㅎ

하틀랜드 스나이더 138

할아버지 역설 19, 355n[3.10]

해리의 3차원면 296

해석적 확장 358n[3.29]

핵스핀 65, 67

핵자기공명(NMR) 65

허수 229, 358n[3.30]

헤르만 민코프스키 117

헤르만 본디 101, 347n[2.13]

해밀턴 이론 46, 344n[1.1]

헬륨 원자 103

헬무트 프리드리히 13, 200, 319

　우연의 일치 232

　이전 이언의 변화할 가능성 285

호킹 복사 198~199, 205, 243~244,
　249, 251, 263, 286

　감지/관측 286

호킹 온도 249, 259, 265~267, 271

호킹 증발하는 블랙홀 **165, 255**

　시공간 도형 **255**

　엄밀한 등각도형 **255**

　정보 손실 250~258

화산분화구(대양바닥) 348n[2.22]

화이트홀 175, 178, 248, 352n[2.52]

　등각도형 **179**

화이트홀 형태의 초기 특이점 사건
　178~180

흑체 복사 104, **105**

흑체 스펙트럼 49

흰 난쟁이별 146~148, 206

힉스 보손 191

힉스 장 219, 308

시간의 순환

1판 1쇄 인쇄 2015년 3월 23일
1판 1쇄 발행 2015년 3월 30일

지은이 로저 펜로즈
옮긴이 이종필
펴낸이 황승기
마케팅 송선경
편집 최형욱
디자인 김슬기

펴낸곳 도서출판 승산
등록날짜 1998년 4월 2일
주소 서울시 강남구 역삼2동 723번지 혜성빌딩 402호
대표전화 02-568-6111
팩시밀리 02-568-6118
웹사이트 www.seungsan.com
전자우편 books@seungsan.com
ISBN 978-89-6139-060-6   93400

값 20,000원

이 도서의 국립중앙도서관 출판시도서목록(CIP)은
서지정보유통지원시스템 홈페이지(http://seoji.nl.go.kr)와
국가자료공동목록시스템(http://www.nl.go.kr/kolisnet)에서 이용하실 수 있습니다.
(CIP제어번호: CIP2015007686)